Bang,
sance de l'univers

Âge des ténèbres

yonnement fossile

Dépôt légal : mai 2021

170 bis, boulevard du Montparnasse, 75680 Paris cedex 14
ISBN : 978-2-410-01738-0

Théo Drieu

34 petits et grands secrets de l'univers

Belin

Les premières étoiles s'allument

Sommaire

Introduction

« Le monde ne mourra jamais par manque de merveilles mais uniquement par manque d'émerveillement. »

Gilbert Keith Chesterton

Aussi loin que je puisse me souvenir, j'ai toujours été accompagné de six fidèles amis à qui je dois l'ensemble de ce que j'ai appris. On peut les appeler Quand, Où, Quoi, Comment, Pourquoi et Qui. Ils font, je pense, partie des ingrédients essentiels de l'augmentation du goût de la vie. Et à force de les mettre à toutes les sauces, j'ai été fasciné par ce que l'homme (le terme d'« homme » embrasse évidemment aussi les femmes) est capable d'apprendre sur le monde qui l'entoure.

Je me suis plongé dans la science et ses outils qui nous permettent de partiellement lever le voile sur les mystères du cosmos, des lois qui le gouvernent, de la matière, de la vie, du temps qui passe et de nos origines. J'ai vu la science comme une méthode permettant de prendre de la hauteur et un peu de recul pour faire de la magie sans les mensonges. Mais aussi une arme de réflexion et de distraction massive. Avec délice, j'y ai trouvé une partie des réponses que je cherchais, ainsi que bon nombre de questions vertigineuses que je ne m'étais jamais posées. Et lorsqu'on m'a proposé d'écrire un livre sur le sujet, je n'ai pas su lequel choisir. N'étant spécialiste de rien, ayant toujours préféré savoir un petit peu de tout plutôt que tout d'un petit peu, j'ai donc décidé d'assumer ces centres d'intérêt disparates et bariolés.

Quand le monde a-t-il commencé ? D'où venons-nous ? De quoi les choses sont-elles faites ? Comment fonctionne l'intérieur de ma tête et celui d'une étoile, d'une planète ?

Il en ressort, maladroitement retranscrite dans cet ouvrage, une sélection de découvertes et d'événements s'étalant dans l'espace et dans le temps. Ces histoires, qu'elles aient lieu là, maintenant en vous dans l'infiniment petit, au cœur de la matière, ou qu'elles soient situées à des millions d'années-lumière dans des ailleurs hallucinants, concentrent toutes, subjectivement lové en elles, un zeste de sublime parfois entremêlé d'une sensation diffuse d'absurdité.

Dans tous les cas, si vous n'avez pas peur des douces cacophonies de la nature, si vous considérez que consacrer quelques heures de votre vie aux milliers de phénomènes tapis en creux dans une milliseconde, comme aux distances temporelles effarantes qui nous précèdent, n'est pas du temps perdu alors ce livre est fait pour vous. Mais gardez en tête qu'en tournant ces pages, vous allez vraisemblablement perdre l'esprit car la réalité peut parfois dépasser la fiction comme si, dans le fond, la nature avait plus d'imagination que les plus délurés de nos contes de fées, souvent dépassés par ces contes de faits.

Tout le temps qui s'est écoulé

« Le passé, c'est l'éternité morte. »

Alexandre Dumas

Ce livre concentre beaucoup d'histoires mais puisqu'il faut bien commencer quelque part, autant prendre ce moment.

Vous lisez là, dans votre présent. Maintenant tentez de vous représenter à quelle distance de vous se situe votre premier baiser ? Est-il plus proche de l'an 2000 ou de l'invention d'internet (1983) ?

En 1515, c'est Marignan, oui mais avant ? À quand remonte la maîtrise du feu par les premiers hommes ? À quelle distance temporelle ces premières flammes se situent-elles par rapport à nous et à l'extinction des dinosaures ou à la formation de notre Soleil ?

Quand on n'a pas la mémoire des dates, on en est souvent réduit à résumer toutes ces durées en se disant : ces événements se sont déroulés il y a très longtemps, les plus lointains d'entre eux remontent à la nuit des temps. C'est pourquoi, quand on souhaite se représenter les distances temporelles parfois monstrueuses qui nous séparent d'événements passés, on peut faire appel à des frises chronologiques. En utilisant ces lignes temporelles, on parvient alors à se situer et à mettre ces événements en perspective les uns par rapport aux autres.

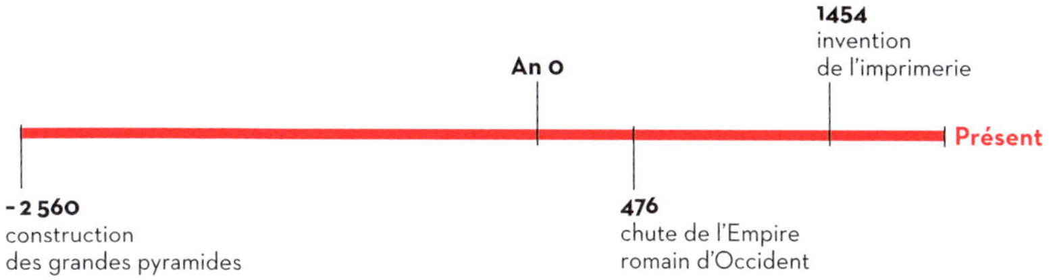

Ainsi peut-on rendre compte du fait que les Romains qui vivaient en l'an 400 sont, dans le temps, plus proches de nous que la construction des grandes pyramides ne l'était d'eux. Et ces monuments sont eux-mêmes trois fois plus près de notre présent que des peintures de la grotte de Lascaux, réalisées en – 15 000 approximativement.

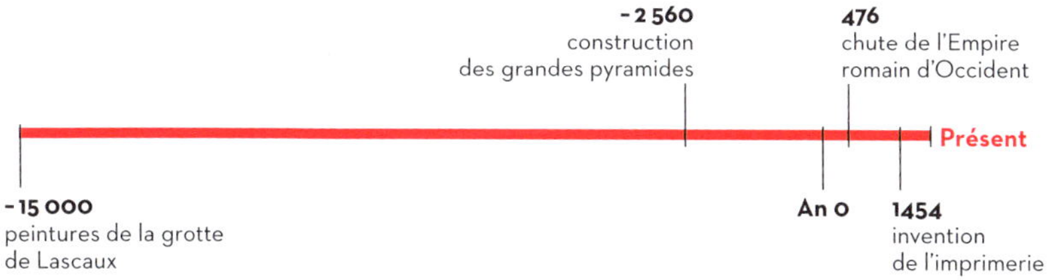

Quant à la domestication du feu par les premiers hommes, elle se situe près de trente fois plus loin de notre présent que ne le sont les peintures de Lascaux.

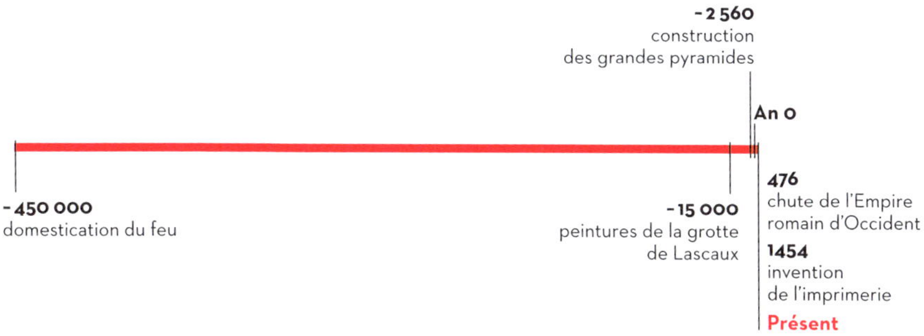

La maîtrise de ces premières flammes est, elle-même, cent cinquante fois plus proche de nous que de l'extinction des dinosaures (– 66 millions d'années) qui, à l'échelle de la frise précédente, se situerait à 150 pages de là !

Continuons notre petit jeu, en représentant les 13,8 milliards d'années d'existence de notre univers, cette fois-ci compressées le long d'une ligne temporelle courant de la première à la dernière page de cet ouvrage ; laquelle correspondrait à notre présent. Sur celle-ci, chaque ligne traversant deux pages équivaut à 78,4 millions d'années, chaque centimètre représente une durée de 2,6 millions d'années, et la longueur de ce trait - , cette toute petite ligne de temps, correspond sur notre frise à 260 millénaires. Dès lors, on peut avoir une vision générale de tout le temps qui s'est écoulé depuis que le monde est monde, et vous n'avez plus qu'à faire défiler les pages pour traverser la grande Histoire.

Malheureusement, bien qu'une telle frise ait le talent de nous vriller l'arrière du crâne, en plaçant en perspective les durées délirantes qui nous séparent d'événements situés dans des passés si lointains, elle présente aussi un défaut majeur. Cette représentation rend difficilement compte des distances temporelles qui séparent des événements *relativement* rapprochés les uns des autres. Songez que, placée sur la frise qui court tout le long de cet ouvrage, la distance qui sépare notre présent de la construction des grandes pyramides tiendrait dans un tiers d'un dixième de millimètre.

Nous voici confrontés à l'impossibilité de distinguer à l'œil nu notre présent d'événements s'étant déroulés il y a plus de 5 000 ans ! En réalité, même à l'aide de ces lignes temporelles, on en vient rapidement à perdre le fil. L'immensité des durées qui nous précèdent crée des frises chronologiques trop longues pour être appréhendées d'un seul regard.

Heureusement pour nous, il existe un moyen astucieux permettant de percer les secrets du temps plié ; il prend la forme d'un étrange et ingénieux calendrier cosmique imaginé en 1977 par le génialissime Carl Sagan. Le principe de ce calendrier est de compresser tout le temps qui s'est écoulé, les 13,8 milliards d'années d'existence de notre univers, jusqu'à les faire tenir, non pas sur une ligne temporelle, mais dans une seule de nos années ! Ainsi, dans ce calendrier cosmique, chaque mois représente 1,15 milliards d'années ; chaque jours 37,8 millions d'années ; chaque heure 1,6 million d'années, chaque minute 26 millénaires et chaque seconde 438 ans ! Sur ce calendrier, la naissance de notre univers – le Big Bang – se situe le 1er janvier à minuit et notre présent se trouve au soir du 31 décembre, à 23 h 59 min 59,9999999999 s. Dès lors, il est possible de mettre en perspective des durées de temps monstrueuses et surtout de rendre compte des distances temporelles qui séparent les événements les uns des autres. Pour s'en convaincre, partons revivre, dans les grandes lignes, l'année cosmique qui vient de s'écouler.

1er janvier à 00 h 00

Tout commence ici par le Big Bang. Soyons honnête, pour se faire une toute petite idée de ce qu'a pu être le Big Bang, le mieux est encore de mettre à la poubelle le bon sens, votre cerveau, les concepts de début et de fin et la poubelle elle-même, tout en vous tapant la tête contre le mur dit de Planck entre chaque mot des phrases précédentes.

Car, quand on commence cette histoire, on est toujours un peu en retard, face à un mur, une limite, qui n'est pas le 0. Entre l'instant zéro inaccessible et ce moment, nos connaissances s'effondrent, c'est le néant, ou plutôt l'inconnu car aussi loin qu'on puisse remonter l'univers est déjà né en 0 (*plus précisément 0,0000000000000000 00000000000000000000000001 seconde après le temps dit « de Planck » dans la réalité*). Ce mur, situé à 10^{43} secondes après le Big Bang, est tout simplement l'instant avant lequel les équations des physiciens commencent à péter les plombs. Avant le mur, le bébé univers défie les lois actuelles de la physique : densité et température deviennent infinies et les équations perdent pied. C'est ce que les physiciens appellent une singularité. Dans un sens, l'univers se « Planck » de l'autre côté de ce rideau. Et lorsqu'il s'ouvre enfin, l'univers observable est confiné dans un volume minuscule (*10^{33} cm*) des millions de milliards de fois plus petit que la taille d'un atome.

Ici se trouve tout ce qui existe, a existé et existera un jour : atomes, planètes, étoiles et galaxies. Non seulement ici mais partout, tout est potentiellement là, en ce point réuni. Dans l'univers, rien de solide n'existe encore, pratiquement toute sa masse est sous la forme d'une énergie colossale, le thermomètre affiche 100 000 milliards de milliards de milliards de degrés. Et, à partir de ce point minuscule, dans un laps de temps incroyablement petit, *entre 10^{35} et 10^{32} secondes dans la réalité*, le bébé univers entre en crise de croissance : c'est l'inflation accélérée. Il se met à enfler, à se dilater dans des proportions qui défient l'imagination, *son rayon est multiplié par 10^{50}*.

Il serait tentant de se représenter l'univers en expansion comme une sorte de point suspendu dans un vide obscur et sans bord, mais il n'y a pas « d'autour » autour de l'univers en expansion, pas d'extérieur. On ne peut pas admirer le Big Bang depuis un poste d'observation éloigné, il n'existe aucun endroit où se retirer. L'univers n'est pas en expansion dans un vide plus grand que lui ; le seul espace qui existe est celui qu'il crée en se dilatant. Le Big Bang n'est pas quelque chose qui s'est passé à l'intérieur de l'univers car le truc qui fit BANG est l'univers lui-même ! En une fraction de seconde, il a posé de bonnes bases : matière, énergie, espace et temps et quatre forces fondamentales ; quatre fantastiques pour les gouverner tous. Ce sont les quatre chefs d'orchestre qui fixent les règles du jeu et sont responsables de tous les phénomènes qu'on observe dans la nature. La première à se déployer est la gravité, *à* 10^{43} *secondes dans la réalité et* 10^{32} *°C.* Dotée d'un pouvoir d'attraction sur la matière, elle est une force qui déforme, tend, tire et étire les ficelles du tissu de l'espace-temps. C'est elle qui fait que plus les courbes sont prononcées plus le temps passe lentement ; elle explique comment deux corps s'attirent, mais pas pourquoi les gens tombent amoureux. Puis vient l'interaction forte, *à* 10^{35} *secondes dans la réalité et* 10^{27} *°C,* qui assure la cohésion des noyaux atomiques et cimente la matière, suivie de près par l'électromagnétisme *à* 10^{12} *secondes dans la réalité et* 10^{15} *°C* qui pilote la lumière, l'électricité, le magnétisme, les réactions chimiques et enfin l'interaction faible, qui se cache derrière la radioactivité et permettra entre autres aux étoiles de briller.

Apparition des premières galaxies

Pendant ces premiers millionièmes de secondes, l'univers est alors une soupe primitive infernale. Les particules élémentaires qui s'y déplacent ont des vitesses proches de celle de la lumière : un simple électron peut contenir autant d'énergie qu'un TGV lancé à grande vitesse et la matière y prend la forme d'une purée uniforme, qui baigne dans du rayonnement et sans structure d'aucune sorte. Si, du début, vous n'avez pas tout compris, c'est qu'en fin de compte vous êtes sain d'esprit. Car perdre ses repères est toujours le prix à payer pour s'être aventuré dans des temps aussi reculés.

À cette époque, pour d'hypothétiques yeux humains, il n'y aurait rien à voir. L'univers est alors si dense, qu'il empêche toute lueur de passer. Les rayons lumineux y sont sans arrêt absorbés, réémis, réabsorbés par un brouillard incandescent et opaque. L'espace continue à se dilater au point que, quand la température passe sous la barre des 2700 °C, noyaux atomiques et électrons se combinent. Nous venons de passer le premier quart d'heure du calendrier cosmique, *380000 ans dans la réalité*. Nous sommes le 1er janvier à 00 h 15 et toute la lumière du monde peut enfin circuler.

1er janvier à 00 h 15

Partout en même temps, l'univers en entier passe presque instantanément, d'opaque à transparent. Produisant un flash d'une intensité considérable, il se retrouve baigné d'une lueur orangée qui va doucement se fatiguer et refroidir. Les vestiges de cette lumière fatiguée par 13,8 milliards d'années de voyage dans l'espace sont encore aujourd'hui visibles dans le ciel sous la forme du rayonnement fossile :

un infime murmure radio qui baigne le ciel tout entier et qu'on peut capter quelle que soit la direction qu'on observe. Si vous disposez d'un vieux poste de télévision cathodique, vous pouvez même en apercevoir les effets. Sur un canal où il « neige », environ 1 % des perturbations qu'on voit danser à l'écran sont dues à ce rayonnement qui vient créer du bourdonnement parasite. La prochaine fois que vous trouvez qu'il n'y a rien à la télé, rappelez-vous qu'il existe une chaîne qui diffuse la naissance de l'univers ! L'espace qui continue son expansion étire progressivement les longueurs d'onde qui vont passer par le rouge avant de sortir du domaine du visible. En à peine quelques secondes à l'échelle du calendrier, dans cet univers sans étoile, les ténèbres font leur retour. Elles vont régner pendant trois jours, *100 millions d'années dans la réalité.*

3 janvier

D'immenses nuages de gaz s'effondrent maintenant sur eux-mêmes, ils vont, dans la foulée, allumer les toutes premières étoiles qui sortent l'univers de l'obscurité. La matière aux grandes échelles commence à se structurer et, d'ici une dizaine de jours, les nuages de gaz et les premières étoiles vont se regrouper pour former les premières galaxies.

13 janvier

Voilà que l'univers se dote de milliards de structures galactiques, chacune d'entre elles contenant suffisamment de gaz et de poussière pour allumer des centaines de milliards d'étoiles. Pourtant, notre Soleil, tout comme la galaxie dans laquelle nous sommes – la Voie lactée – n'existe pas encore. Pour voir cette dernière se former, il va falloir patienter jusqu'au...

15 mars

Notre galaxie commence à être modelée. Elle ne ressemble alors en rien à ce qu'elle est aujourd'hui. Comme la quasi-totalité des jeunes galaxies, elle héberge à cette époque en son centre un trou noir supermassif et très actif: un quasar. Celui-ci, théâtre de gigantesques jets de matière et de rayonnement, ne restera tout au plus actif que quelques heures, voire quelques jours à l'échelle du calendrier. Puis, lors des deux mois qui suivent, dans un ballet de nuages de gaz qui s'entremêlent, s'influencent et se perturbent, notre galaxie va en incorporer de plus petites. Sous l'action de la force centrifuge, les ensembles de gaz qui la constituent commencent à se regrouper et l'ensemble s'aplatit pour prendre lentement la forme d'un disque. Nous sommes maintenant...

Mi-mai

La Voie lactée s'est dotée de la forme spiralée qu'on lui connaît. C'est dans son plan que se concentre désormais la formation des nouvelles étoiles. Parmi les centaines de milliards d'astres qui s'y trouvent, aucun n'est encore notre Soleil. Pendant trois mois et demi à l'échelle du calendrier, des étoiles naissent, vivent; d'autres meurent et explosent en éjectant leurs matières ; des nébuleuses se déchirent, des nuages de gaz interstellaires s'effondrent sur eux-mêmes, et l'un d'entre eux commence à former notre Système solaire... Nous sommes au soir du...

31 août

Dans le second bras spiralé d'une galaxie parmi tant d'autres, un immense nuage de gaz moléculaire et de poussière éparpillé dans un volume de plusieurs années-lumière de diamètre commence à se contracter sous l'effet de son propre poids. Notre Système solaire est en train de naître. S'effondrant sur elles-mêmes, les nappes de gaz accélèrent et l'ensemble se met à tourner. En l'espace de quelques heures, *1 à 10 millions d'années dans la réalité*, sous l'effet combiné de la gravité et de la rotation, la majorité de la matière va s'accumuler au centre dans une bulle de gaz en condensation. Au centre du système, la contraction gravitationnelle a fait monter la pression et la température. Les atomes y entrent en collision de plus en plus fortement et, lorsque dans ce brasier agité le thermomètre atteint deux millions de degrés, des noyaux d'hydrogène, *plus précisément de deutérium*, vont occasionnellement se mettre à fusionner, créant ainsi une source d'énergie interne qui s'oppose à la contraction. Profondément enfouie derrière un voile de gaz opaque qu'elle éclaire faiblement depuis l'intérieur, une étoile banale – et exceptionnelle car c'est la nôtre – vient de s'allumer.

Parallèlement, une partie de la matière s'est étalée sur un plan pour y former un disque protoplanétaire. Ici, dans ce milieu turbulent, se trouve toute la matière qui va donner naissance aux futures planètes du système. De minuscules grains de poussière coagulent et grossissent au gré des collisions. Ils sont les points de départ des mondes à venir. En quelques minutes du calendrier, *quelques millénaires dans la réalité*, certains d'entre eux deviennent des blocs de l'ordre du kilomètre. Se croisant sur des orbites fortement instables, ils fusionnent, se percutent les uns avec les autres, s'agrégeant en corps de plus en plus gros, et finissent par former des planétésimaux.

Ces embryons de planètes, de taille comparable à la Lune, commencent à nettoyer leurs orbites en les débarrassant lentement des poussières qui s'y trouvent et, ce faisant, ils continuent à prendre de l'ampleur. D'ici quelques heures, il ne restera dans la partie interne du système qu'une petite douzaine de protoplanètes.

1er septembre

Au centre du système qui porte son nom, trône maintenant une étoile qui a changé de carburant. Le Roi-Soleil est devenu une étoile stable, entrée dans sa séquence principale et dont le moteur thermonucléaire ronronne à l'hydrogène. Une journée aura été nécessaire, à l'astre naissant pour aspirer à lui la quasi-totalité des gaz alentours. La chaleur et les vents solaires qu'il produit agissent désormais tels des chasse-neiges sur les gaz et les poussières environnantes qui, repoussés en périphérie, vont alimenter la formation des géantes gazeuses. Sur les trajectoires des orbites encore imparfaitement nettoyées ne restent plus que des blocs suffisamment massifs pour avoir résisté à la chaleur et à l'intensité de la jeune étoile.

2 septembre

La formation du système est maintenant achevée. Un peu plus d'une journée à l'échelle du calendrier, *50 millions d'années dans la réalité*, a été nécessaire pour que 99,86 % de la matière du nuage initial se retrouve dans l'étoile, et près des deux tiers de la matière délaissée par le Soleil se sont retrouvés dans la géante Jupiter. Le reste du système s'est partagé les miettes, et c'est avec une toute petite partie de ces 0,05 % de matière délaissée par l'étoile et Jupiter que notre planète Terre s'est formée.

Lorsque la Terre apparaît, les deux tiers de l'histoire de l'univers se sont déjà écoulés.

Quant à l'aspect de cette Terre des temps reculés, disons que si vous disposiez d'une hypothétique machine à remonter le temps pour la visiter, la première chose que vous feriez après en être sorti, serait de remonter dedans avec une partie de vos jambes en moins. Notre monde, qui vient à peine de naître, est une planète infernale entièrement recouverte d'un unique océan de lave de plusieurs centaines de kilomètres de profondeur. Il n'y a alors aucun paradis sur Terre: tout n'est qu'un véritable enfer. Un enfer dépourvu de lune jusqu'au soir du...

3 septembre

Lorsque notre satellite fait son entrée fracassante, dans un grincement de fin du monde, la Terre primitive rentre alors en collision avec une protoplanète de la taille de Mars, *il y a 4,51 milliards d'années dans la réalité.* Sous la violence inouïe du choc, les deux astres fusionnent et une partie de la matière éjectée par l'impact va former un anneau de débris qui, en moins d'une seconde à l'échelle du calendrier – *quelques dizaines d'années dans la réalité selon les simulations* –, vont s'agglomérer pour former la Lune.

Notre satellite est alors vingt fois plus près de nous qu'il ne l'est aujourd'hui, *situé à 22 000 kilomètres de la surface de la Terre contre 400 000 actuellement.* L'impact a également accéléré la rotation de la planète, qui tourne alors quatre fois plus rapidement sur elle-même qu'elle ne le fait actuellement. À la surface, les puissants effets de marée engendrés par la proximité de notre satellite soulèvent littéralement le sol en fusion, provoquant parfois des marées de lave.

6 septembre

Un voile sombre et opaque a fini par se former dans le sillage du dégazage des océans magmatiques qui dote progressivement la planète d'une atmosphère surchauffée et dense, riche en méthane, dioxyde de carbone, hydroxyde de soufre et en vapeur d'eau.

10 septembre

La Terre toujours incandescente est le théâtre d'éruptions permanentes. De gigantesques failles volcaniques balafrent de toute part la planète. C'est par ces fissures, qui crachent leurs laves sur des milliers de kilomètres, que s'échappe le trop-plein d'énergie accumulé par les collisions à répétition et celle provenant des matériaux radioactifs que la Terre contient et qui la réchauffent de l'intérieur. Dans cet enfer, on pense que la pression au sol, qui avoisine les 200 bars, agit comme un couvercle sur une cocotte-minute et permet à l'eau de se maintenir à l'état liquide, malgré une température atmosphérique de plus de 300 °C. Pendant les heures qui suivent, à peine le sol brûlant touché, l'eau retourne à l'état de vapeur. Jusqu'à ce que, dans cet environnement de pluies torrentielles, sous un ciel pesant deux cents fois plus lourd que le nôtre aujourd'hui, la température ait suffisamment chuté pour que commencent à se former les tout premiers océans à la limite de l'ébullition. Fortement chargés en métaux dissous et pauvres en oxygène, ceux-ci prennent des teintes de rouille verte. À l'horizon, il n'existe aucune chaîne de montagnes, aucun continent. Seuls les volcans percent les eaux peu profondes, dont le niveau va bientôt se mettre à monter.

13 septembre *– 4,1 milliards d'années dans la réalité*

La migration des planètes géantes vers la partie externe du Système solaire est venue repousser et déstabiliser les ceintures d'astéroïdes qui se retrouvent à plonger vers l'intérieur du système. C'est le début du grand bombardement tardif, un pilonnage en règle et intensif qui va s'étaler sur une petite semaine à l'échelle du calendrier, *environ 200 millions d'années dans la réalité*, et marquer la Lune à jamais. Elle garde encore aujourd'hui, à sa surface, les stigmates de ce grand bombardement sous la forme de gigantesques cratères d'impact. Sur Terre, ceux qui sont alors creusés vont être effacés par l'érosion, le volcanisme, et le mouvement des plaques qui renouvelle la croûte en surface. Si, au cours de cette semaine, le feu nourri apporte sur Terre la désolation, il transporte aussi un trésor. Les grandes quantités d'eau, piégées dans ces roches venues du ciel, vont progressivement faire monter le niveau global de tous les océans. Cette pluie d'astéroïdes s'estompe aux alentours du...

20 septembre

La vie apparaît, dans les océans primitifs, on ne sait pas précisément où, ni comment.

Toujours est-il, qu'un tout petit sac de produit chimique, une sorte de chaos en équilibre dynamique s'est mis à avoir le hoquet, comme s'il implosait ou se dupliquait. D'insignifiantes petites bulles sont ainsi devenues des cellules, sortes de filtres sans queue ni tête, des boules de vie d'un micron à peine. On retrouve ainsi, dans les formations géologiques datant de ces époques, les traces de l'activité d'archées, des organismes unicellulaires se nourrissant d'ions ferreux d'où ils tirent leur énergie. Une dizaine de jours plus tard, sur les rivages des océans primitifs, on retrouve d'étranges structures : des stromatolithes.

30 septembre *vers - 3,5 milliards d'années*

De larges dépôts de carbonates fossiles sont formés par l'activité de cyanobactéries, des tapis microbiens organisés en colonies qui pratiquent une nouveauté, la photosynthèse. En utilisant l'énergie du Soleil, l'eau et le gaz carbonique de l'air pour former du sucre et du dioxygène, ces nouvelles formes d'êtres vivants vont, au fil du temps, se multiplier au point d'avoir une influence à l'échelle de la planète entière. L'activité de certaines formes de vie primitives commence à libérer de grandes quantités d'oxygène qui, en se combinant avec le fer dissous dans les océans, le font lentement précipiter. Au cours des semaines qui suivent, cela forme de grands dépôts de rouille : océans et mers passent d'une couleur vert clair à des teintes orangées, rouges ou tirant vers le violacé. Et lorsque tout le fer dissous se retrouve oxydé et déposé au fond des mers, les océans commencent à troquer leur teinte orangée pour le bleu qu'on connaît.

29 octobre *vers - 2,45 milliards d'années*

Sous l'action du vivant, la Grande Oxydation commence. C'est au tour de l'atmosphère de se charger en oxygène et aux terres émergées de rouiller. Les roches de surface, riches en fer, s'oxydent et passent d'une teinte verdâtre, caractéristique d'un milieu réducteur, à des aspects bigarrés d'orange et de rouge. Il est fort probable que vous ayez actuellement chez vous des objets que l'activité de ces formes de vie primitives a contribué à former. 90 % du minerai de fer exploité dans le monde aujourd'hui provient de formations géologiques datant de ces époques. En parallèle, en attaquant les minéraux et en se liant à eux, l'oxygène contribue à faire exploser leurs variétés. Au cours de cette période, le nombre de minéraux présents sur Terre va passer de quelque 2 500 types différents à près de 4 500.

Les organismes capables de respirer, d'utiliser l'oxygène pour produire de l'énergie, prennent peu à peu le pas sur ceux pratiquant la fermentation, qui sont majoritairement intoxiqués par l'arrivée en masse de l'oxygène. Sur l'ensemble de la planète, toute l'activité du vivant se cantonne sous l'eau, voire sous la glace.

30 octobre

Vue de l'espace, notre planète bleue ressemble désormais à une gigantesque boule de neige. Entièrement recouverte d'un épais manteau de blanc, elle est entrée dans une période glaciaire du genre colossal qui va maintenir son emprise gelée pendant plus d'une semaine de notre calendrier. *C'est la glaciation huronienne, qui s'étend de – 2,4 à – 2,1 milliards d'années dans la réalité.*

6 novembre

Vraisemblablement sauvée de ce bourbier glacé et enneigé par des phénomènes de volcanisme intense, la Terre est de nouveau recouverte d'eau vive. On y trouve désormais des organismes qui sont, comme on dit, plus que la somme de leurs parties : une vie composée de cellules spécialisées commence à émerger. *La pluricellularité débute vers – 2,1 milliards d'années dans la réalité.* Puis, au cours de la semaine qui suit, apparaissent toutes sortes de bactéries, des cellules avec noyaux, les premières plantes et même des animaux.

15 novembre

Sous l'effet des mouvements de convection produits par la chaleur du cœur de notre planète, la croûte terrestre se fracture et se déchire, centimètre par centimètre, donnant progressivement naissance aux premiers continents clairement identifiés. D'ici une petite semaine, la nature va mettre au point une innovation permettant un brassage terriblement efficace du patrimoine génétique.

20 novembre *vers - 1,5 milliards d'années*

Et voilà que certains micro-organismes inventent une pratique à laquelle nous prenons souvent plaisir encore aujourd'hui, nous humains : la sexualité. Il n'existe, à la surface de tous les continents, toujours aucune trace de vie à l'air libre. Tout se passe sous l'eau, où la vie dans sa grande majorité reste sous forme unicellulaire.

30 novembre

Les formes de vie pluricellulaires prennent leur essor. La vie sous forme multicellulaire complexe est apparue au minimum vingt-cinq fois au cours de l'évolution, la plus éloignée en date se situant autour de début novembre. Les taux d'oxygène dans l'air continuent lentement de grimper et, au cours des dix jours qui suivent, des chaînes de montagnes se forment, des fleuves découpent et dessinent les reliefs, des sommets sont sablés par les vents, les calottes polaires oscillent au rythme des saisons et de la position des continents, jusqu'à ce que le grand hiver ne fasse son retour.

11 décembre

En l'espace de quelques minutes du calendrier (*quelques dizaines de milliers d'années dans la réalité*), les calottes polaires se propagent au point de recouvrir la quasi-totalité du monde d'une couche de glace épaisse par endroits de plusieurs kilomètres. La température moyenne du globe a chuté jusqu'à – 50 °C et notre planète bleue est de nouveau blanche, prise entre les griffes des glaces. C'est le Cryogénien, un monde gelé qui va rester en place pendant deux jours et demi à l'échelle du calendrier, *85 millions d'années dans la réalité*. On pense que c'est un regain d'activité volcanique, aidé par le mouvement des plaques tectoniques, qui nous a sorti de ce bourbier enneigé. Cela fait une journée que les températures sont redevenues plus clémentes, lorsque la Grande Oxydation fait son retour.

14 décembre *vers - 600 millions d'années*

La quantité d'oxygène présente dans l'air monte en flèche, pour passer de 1 à près de 20 % en l'espace d'une dizaine d'heures du calendrier. Toutes les formes de vie se cantonnent toujours sous l'eau, désespérément réduites dans leur grande majorité à de petits organismes unicellulaires dont l'étude est peu captivante pour qui n'est pas un biologiste passionné. Il n'existe encore aucun os, aucune mandibule, ou carapace. Tout est ici relativement petit et mou. Mais cela va bientôt changer.

16 décembre

début du Cambrien, de - 541 à - 485 millions d'années

86 % de l'histoire de la Terre est déjà derrière nous. Le volume des masses continentales s'est stabilisé. Dans le ciel, les temps restent agités, la fréquence des météorites venant occasionnellement percuter la Terre est cent fois plus élevée qu'elle ne l'est aujourd'hui et la Lune continue de s'éloigner. La rotation de la Terre se ralentit, les jours durent désormais vingt heures et trente minutes. Plus familiers, les cieux et les océans sont maintenant bleus. Pourtant si vous pouviez vous téléporter ici, vous auriez la sensation d'être un extraterrestre sur votre propre planète. La même planète, un autre monde. À la surface, à perte de vue, aucune mousse, aucune plante, aucune trace de vie à l'air libre. Sur tous les continents, des déserts de roche, de sable ou de glace se partagent la totalité de la terre ferme, sur des milliers et des milliers de kilomètres. Seul le bruissement du vent et quelques rares averses occasionnelles viennent rompre ce silence

minéral. C'est pourtant à proximité de ces paysages austères que, sous l'eau, l'arbre du vivant va prendre son essor.

Dans la fin d'après-midi du 16 décembre, c'est l'explosion cambrienne. La vie dans son ensemble va prendre des couleurs et se diversifier en l'espace de quelques heures, *15 millions d'années dans la réalité.* Tous les modèles corporels encore existants à ce jour apparaissent. On retrouve maintenant sur Terre des formes de vie pluricellulaires variées, des coraux, des éponges et quantité d'animaux à coquilles ou à exosquelettes tels que *Anomalocaris* – le géant des mers de cette époque – qui ne dépasse guère les 30 centimètres. Si bien qu'à marcher sur ces rivages sans vie, vous seriez littéralement la plus imposante créature vivante de la planète entière. La variété des créatures peuplant notre monde devient bientôt telle qu'il serait possible d'écrire des livres complets sur chacune des heures des journées qui suivront. Les événements et les formes du vivant qui seront mis en avant pour les deux semaines à suivre relèvent nécessairement d'un choix partial.

17 décembre

Les quatre paires de pattes articulées des arthropodes commencent à arpenter les mers et les océans. Ces créatures-là vont rapidement occuper tous les milieux, et leur nombre autant que leur diversité vont à terme faire d'eux les maîtres incontestés – quoique discrets – du règne animal. Songez qu'aujourd'hui 8 espèces animales recensées sur 10 sont des arthropodes.

18 décembre

C'est maintenant au tour des poissons, les premiers vertébrés, de faire leur apparition dans les étendues peu profondes où se développent d'immenses récifs coralliens riches en mollusques et en arthropodes. Cela fait près de quatre mois que tout se passe encore et toujours sous l'eau. Les continents appartiennent toujours aux déserts, aux vents et aux volcans. Pour espérer voir des formes de vie s'aventurer sur la terre ferme, il va nous falloir faire un saut d'une journée.

19 décembre

En milieu de matinée de ce 19 décembre, quelques mousses et algues s'aventurent timidement sur les rivages. C'est le début d'une longue et lente colonisation des terres. L'hémisphère nord est alors recouvert d'un gigantesque océan. Au sud, le supercontinent Gondwana ceinture une mer intérieure chaude et peu profonde, la température moyenne y est de 45 °C.

6 heures plus tard à la mi-journée

limite Ordovicien-Silurien, vers – 445 millions d'années

Le climat a drastiquement changé. Le niveau des eaux baisse, les taux d'oxygène dans l'eau et dans l'air, ainsi que les températures, chutent. Pour les êtres vivants de cette époque, l'enfer vient du froid. La formation et la débâcle des grandes calottes de glace au pôle Sud font osciller le niveau des mers et, bientôt, la venue d'un épisode glaciaire particulièrement marqué va faire baisser d'une centaine de mètres le niveau global de tous les océans de la planète. C'est une forme de déluge à l'envers. La quasi-totalité des récifs coralliens et des écosystèmes associés va disparaître. À l'échelle du globe, un tiers seulement des espèces survivra. Une crise parmi tant d'autres, la vie s'en remettra.

En fin de journée

Silurien, de - 443,4 à - 419,2 millions d'années

On retrouve dans les mers des orthocères, d'imposants mollusques céphalopodes, de près de dix mètres, ainsi que des euryptérides, des scorpions de mer du Silurien, chasseurs habiles pouvant atteindre les deux mètres de long et dont les pinces coupantes articulées terrorisent les tropiques.

Puis vers 21 h 00 *- 430 millions d'années*

Sur les rivages, de petits crustacés s'aventurent dans la vase, ils sont les premiers animaux à marcher sur la terre ferme. De petites plantes se développent désormais le long des cours d'eau. Centimètre par centimètre, mousses et algues commencent véritablement leur conquête des continents. Mais, pour que la vie affecte réellement les paysages à l'air libre, il va nous falloir encore patienter une journée.

20 décembre, 5 h 00

Les premiers proto-amphibiens foulent timidement les rivages de l'océan universel, Panthalassa. Ces créatures à l'apparence de gros têtards sont maintenant capables d'inhaler l'air frais à pleins proto-poumons. Les millions d'années et les minutes s'égrènent, ils s'adaptent et des os solides se développent dans leurs nageoires. Bientôt ils auront définitivement quitté la mer pour vivre essentiellement dans l'atmosphère. Dans leur conquête d'un monde nouveau, ils suivent de près mille-pattes, scorpions et acariens qui ont, eux, depuis longtemps maintenant, fait leur trou entre les fougères du Dévonien. En ce début de matinée, l'heure n'est plus du tout à la glace, toutes les calottes ont fondu et le niveau des eaux est remonté de près de 300 mètres. Plantes, mousses et algues poursuivent leur progression à l'air libre. À la mi-journée, nous sommes rentrés dans le Carbonifère (*– 340 millions d'années*). Les tout premiers reptiles évoluent ici, sous les arbres, les prêles et les fougères géantes. Et lorsque le Soleil se couche sur la journée du 20 décembre, les végétaux se sont entièrement approprié les terres où ils règnent en maître. Aucun grand herbivore ne les menace encore. Par leurs effets sur l'érosion et la sédimentation, ils vont peu à peu modifier et façonner le climat.

22 décembre

Sur Terre, tout est de plus en plus vert, les plantes ont développé des systèmes racinaires et, deux jours après être sortie de l'eau, la vie a entièrement colonisé les terres. Le climat est fortement contrasté, les étés sont très chauds et les hivers mordants. Une grande partie du territoire qui deviendra un jour la France se trouve plus ou moins au niveau de l'équateur, recouvert en grande partie d'une imposante chaîne de montagnes. Le monde est principalement recouvert de vastes forêts marécageuses luxuriantes. C'est à cette période qu'entrent en scène les premiers insectes. Les plantes, elles, viennent d'inventer quelque chose de fabuleux, capable de patienter des années dans un sol hostile avant de se mettre à vivre : la graine. On trouve aussi ici les tout premiers reptiles qui pondent des œufs. Pendant plusieurs millions d'années dans la réalité, le taux d'oxygène dans l'air crève le plafond, pouvant atteindre près de 40 % (il est de 21 % aujourd'hui) si bien que tout prend feu plus facilement. Et quand la foudre frappe, elle est très souvent suivie par un incendie de forêt incontrôlable. Insectes et arthropodes ont profité de cet air gorgé en oxygène pour, à leur manière, se mettre à péter le feu et certains d'entre eux atteignent des tailles prodigieuses. Dans ces écosystèmes marécageux, il n'est pas rare de croiser des libellules d'un mètre d'envergure, des scorpions de 75 centimètres, ou des scolopendres de près de 2 mètres, tel *Arthropleura*, terreur rampante qui vit dans les sous-bois.

Si vous pouviez visiter cette période reculée, respirer et donc courir, fuir serait plus facile, l'occasion de prendre vos jambes à votre cou.

23 décembre *– 290 millions d'années*

En l'espace de quelques heures, un supercontinent est né. Au niveau de l'équateur, Eurasie et Gondwana entrent progressivement en collision, pour finir par former un seul et unique continent rassemblant la quasi-totalité des terres émergées : la Pangée. À la jonction s'est formée une chaîne de montagnes gigantesques, la chaîne hercynienne qui court sur des milliers de kilomètres de long, et coupe, de ses sommets rivalisant en taille avec les plus hautes cimes de l'Himalaya, le monde en deux. Les reliefs marqués de ce bourrelet planétaire vont profondément modifier le climat. D'imposantes calottes glaciaires font leur apparition et la majorité de la Terre est alors soumise à des conditions extrêmes. C'est dans cet environnement exigeant qu'apparaissent les premiers conifères, il y a 280 millions d'années. Bientôt, la vie sur Terre va devoir faire face à une terrible nouvelle extinction de masse.

24 décembre

Nous sommes en début d'après-midi, vers 15h00, quand l'extinction Permien-Trias commence, dans ce qui deviendra plus tard une partie de la Chine et de la Sibérie. Des éruptions volcaniques d'une ampleur phénoménale et des flots de magma continus percent la croûte terrestre au point de recouvrir une étendue d'une taille comparable à l'Europe, sur près de deux kilomètres d'épaisseur de lave. Ces immenses épanchements de basalte impactent la planète tout entière. Pour s'en faire une idée, imaginez une fresque de l'apocalypse et un ciel noir chargé de poussière d'où le Soleil s'éclipse. À 15000 kilomètres de là, de l'autre côté de la planète, le soir, les cendres en suspension dans l'air provoquent des incendies de couleur à l'horizon. Le dioxyde de soufre, craché par les volcans, se dissout dans l'eau de pluie et le ciel pleure des gouttes d'acide sulfurique. Appauvris en oxygène, les milieux marins sont étouffés par les algues roses, la température moyenne de surface monte jusqu'à 40 °C, l'eau des fleuves et des lacs s'évapore, et la surface se désertifie.

Lorsque la crise biologique la plus violente que la Terre ait connue se termine enfin, elle laisse derrière elle des écosystèmes ravagés ou exsangues : 70 % des espèces vivantes sur les continents et 95 % de celles des océans ont été rayées de la carte. L'éruption aura duré une vingtaine de minutes de notre calendrier, *quelque 500 000 ans dans la réalité*, mais la vie dans son ensemble prendra une demi-journée pour reconstruire des écosystèmes complexes, et deux jours et demi pour s'en remettre complètement.

En fin d'après-midi, l'ensemble des terres émergées de la Pangée est maintenant entièrement disloqué. Sur la terre ferme apparaissent des gymnospermes, des forêts riches en conifères, tels les sapins, sur lesquels poussent des genres de pommes de pin. En début de soirée, à l'intérieur des terres, au sud de la chaîne hercynienne, le climat est si chaud et sec que les forêts ont laissé place à de vastes régions désertiques. Des forêts tempérées et humides poussent à proximité du cercle polaire. On a ainsi pu retrouver des vestiges de ces mondes disparus sous forme de fossiles de plantes tropicales découverts dans des régions comme l'Alaska ou le Groenland, et à des latitudes situées à seulement 15° du pôle Sud.

25 décembre

Nous voilà arrivés au jour de Noël, une semaine et demie s'est écoulée depuis l'explosion cambrienne. Arbres, mousses et fougères poussent à perte de vue et les tout premiers dinosaures viennent de faire leur arrivée. Leur lignée va bientôt dominer le monde.

26 décembre

Dans un jeu de puzzle géant, les continents continuent à se fracturer ou à se regrouper selon les lignes de force ou de faiblesse de la croûte terrestre. L'Inde commence sa remontée vers le nord. Elle va prendre trois jours pour traverser l'océan Indien avant de venir percuter l'Asie. À l'ouest, la valse des continents a poussé Madagascar à définitivement rompre avec l'Afrique. Les sommets de feue la chaîne hercynienne ont perdu de leur majesté. Le temps et l'érosion finiront par avoir raison de ces cimes désormais vieillissantes, qui doucement se tassent et s'étalent. Leurs vestiges rabotés et usés existent encore aujourd'hui : ils s'appellent le Massif central, les Vosges, les Appalaches ou la chaîne de l'Oural. Le supercontinent Pangée s'est divisé en deux masses continentales distinctes où le climat passe progressivement de sec à humide. Les déserts arides du Trias vont peu à peu se voir remplacés par des forêts tropicales luxuriantes. Nous sommes rentrés au Jurassique.

27 décembre *– 170 millions d'années*

Les territoires de ce qui deviendra un jour une partie de l'Europe de l'Ouest sont alors un immense chapelet d'îles entourées par une mer tropicale peu profonde, riche en récifs coralliens où vivent quantité d'ammonites. Pourtant, malgré la douceur de ce climat tropical humide, qui dessine de ses plages de sable blanc des paysages de carte postale idylliques, vous n'auriez vraisemblablement pas aimé vous attarder ici. Sous la surface de ces eaux chaudes évoluent des prédateurs véloces, des reptiles marins tels que les ichthyosaures ou les plésiosaures qui, avec leur cou démesuré, avoisinent couramment les 10 mètres de long. Les cieux de cette époque sont les territoires de reptiles volants, les ptérosaures, bientôt rejoints, dans l'après-midi de ce 27 décembre, par de petits dinosaures à plumes capables de planer. Quelques heures du calendrier plus tard, les voilà déjà en train de voler. C'est l'acte de naissance des tout premiers oiseaux. Dans ces décors épiques du Jurassique, les premiers mammifères dits modernes squattent désormais toutes les niches écologiques. Dépassant rarement la dizaine de centimètres, la plupart vivent dans des arbres ou dans des trous. Pour eux, c'est une bonne option que de rester petits, de faire dans la discrétion. Ils se nourrissent d'insectes la nuit, à l'ombre des rois de la jungle, les dinosaures qui semblent s'être lancés dans une course au gigantisme.

En début de soirée, vers 19 h, apparaissent les stégosaures, les allosaures et, vers 23 h, les vastes forêts de conifères se retrouvent arpentées par les plus gros animaux que la Terre ferme n'ait jamais portés : les sauropodes dont la masse peut atteindre jusqu'à vingt fois celle d'un éléphant.

28 décembre

Les dinosaures continuent à régner sur une journée torride, tout au plus. Aux pôles, de petites calottes de glace peinent à se maintenir quelques heures du calendrier. La grande mer intérieure d'Amérique du Nord est devenue le terrain de chasse de reptiles marins géants apparentés aux lézards et aussi aux serpents: les mosasaures. Sur la terre ferme, dans les couverts végétaux, les plantes ont mis au point plus d'un tour pour se disperser. Sur certains arbres, on trouve maintenant des graines avec de la chair autour. D'autres se parent désormais de teintes qui diffèrent enfin du vert. Les plantes à fleurs ont fait leur apparition, suivies de près par les insectes pollinisateurs tels les abeilles et les papillons.

29 décembre en fin d'après-midi

Crétacé supérieur, vers - 100 millions d'années

Toute la planète transpire en cette fin d'après-midi. Nous sommes rentrés dans l'une des périodes les plus chaudes de l'histoire de notre planète. Toutes les glaces, des pôles aux sommets des montagnes, ont fondu, un tiers des terres se retrouvent submergées et, aux latitudes tropicales, la température moyenne de l'eau tourne autour de 36 °C. On retrouve des forêts denses et des marais parfois jusqu'aux régions polaires. Au pôle Nord, durant l'été, il peut faire autour de 20 °C. Partout, conifères, fougères et mousses s'entremêlent avec un nouveau venu: l'arbre à feuilles. À se promener ici, dans ces forêts luxuriantes, à l'exception des râles et grognements des dinosaures, les sons de la nature vous seraient presque familiers. Les bruissements et vrombissements des insectes accompagnent les battements d'ailes des oiseaux. On peut trouver sur les arbres des fruits dont les nuances de sucré du Crétacé nous sont à jamais perdues. Ce monde grouillant de vie luxuriante va encore perdurer une demi-journée à l'échelle du calendrier jusqu'à ce que soudain, au petit matin du 30 décembre, la fête s'arrête net.

30 décembre

Il est **6 h 30** et le trône des rois de la jungle est sur le point de vaciller. Un astéroïde d'une dizaine de kilomètres de diamètre vient percuter notre planète à quelque 65 000 kilomètres à l'heure. Il va laisser derrière lui un cratère de 180 kilomètres de diamètre, et le monde dévasté. La puissance de l'impact engendre dans sa foulée une onde sismique fragilisant l'ensemble de la croûte terrestre. De l'autre côté du globe, dans ce qui deviendra un jour une partie de l'Inde, des centaines de volcans se réveillent, crachant dans l'atmosphère des gaz toxiques en quantité. Les poussières et les gaz éjectés transforment alors, dans la plupart des régions du monde, le jour en nuit. À l'échelle du calendrier, ce ciel voilé de cendre se dissipera en un dixième de seconde. Pour 75 % des espèces vivant alors sur notre planète, l'histoire s'arrête là. *Exit*, les ptérosaures, mosasaures, ammonites et dinosaures. Pour ces derniers, c'est la fin d'un règne sans pareil qui aura duré quatre jours et demi à l'échelle de notre calendrier, *165 millions d'années dans la réalité*. Ont disparu, à peu de chose près, tous les animaux de plus de 25 kilos. Il reste des grenouilles, des oiseaux et des crocodiles, un peu de poissons, des requins et surtout des mammifères qui vont se mettre à occuper la plupart des niches écologiques laissées vacantes par la catastrophe.

Quelques heures plus tard, la végétation est repartie de plus belle, c'est le Paléogène. Sur Terre il n'y a plus aucun tyrannosaure, mais des euphorbes, des passiflores et du latex. Dans les grandes forêts tempérées de feuillus, pour économiser leur énergie, les arbres apprennent à perdre leurs feuilles en se délestant de leur couverture pour l'hiver, ils inventent sans le savoir les couleurs de l'automne.

Il est près de **10 h** du matin quand, en Amérique du Sud, apparaissent d'énormes oiseaux incapables de voler, certains peuvent mesurer jusqu'à 3 mètres de haut pour un poids de plus de 200 kilos. On trouve même dans les forêts tropicales de cette région du monde des tortues d'eau douce géantes et omnivores (*Carbonemys*) et des serpents de deux tonnes réparties sur 13 mètres : les Titanoboa, entre – 61,7 et 58,7 millions d'années. De nouveau, des calottes de glace recouvrent les pôles. En stockant l'eau sous forme de glace, elles vont assécher les mers intérieures d'Amérique du Nord, d'Afrique et d'ailleurs.

Il est **13 h** lorsque le mercure se met à remonter en flèche, lors du maximum thermique Paléocène/Éocène. Les températures moyennes vont prendre huit degrés en 45 secondes, *en 20 000 ans dans la réalité*.

À **17 h**, soit vers – 50 milliards d'années, les chauves-souris et leurs mains démesurées prennent leur envol. Une heure plus tard, dans les grandes plaines d'Asie centrale, apparaît *Andrewsarchus mongoliensis*, un imposant mammifère carnivore aux allures de phacochère, une sorte d'hyène sous stéroïdes et montée sur sabots, 1,80 m au garrot pour un poids de 800 kilos. Sur la terre ferme, les ancêtres terrestres des cétacés commencent à retourner à l'eau et, pour pouvoir mieux respirer, ils vont voir migrer leurs trous de nez jusqu'au sommet de leur tête. Lorsque **22 h** sonne, on les retrouve entièrement sous l'eau, certains devenus chasseurs carnivores, mesurant près de 20 mètres pour un poids d'environ 60 tonnes, les basilosaurus.

Vers **23 h**, on retrouve dans les forêts tropicales d'Asie centrale les Paraceratherium, des herbivores géants à l'apparence de rhinocéros mais dépourvus de cornes. Aussi grands que des immeubles de quatre étages, ils peuvent afficher sur la balance près de 20 tonnes. Nous entrons maintenant dans le dernier jour de l'année.

31 décembre

En début de matinée, la disposition des continents ressemble désormais à peu de chose près à celle qu'on connaît aujourd'hui. Ce qui deviendra plus tard le Sahara est en partie couvert de forêts humides. Vers **10 h** du matin, on retrouve dans les mers du globe une espèce de requin, les mégalodons, jusqu'à trois fois plus imposante que le grand blanc. Ils écumeront les mers pendant 20 millions d'années avant de disparaître aux alentours de **21 h 30**.

Il est midi quand apparaissent les premiers cétacés. Ils deviendront d'ici quelques heures les plus lourdes créatures que la Terre n'ait jamais connues. Les ancêtres de tous les grands singes dont nous faisons partie arrivent en début d'après-midi peu après **14 h** mais il faut encore patienter jusqu'à **19 h 30** pour espérer croiser les premiers hominidés !

Trois quarts d'heure plus tard, à **20 h 15**, – 6 millions d'années, le détroit de Gibraltar se ferme sous l'effet du mouvement des plaques tectoniques. Coupée de l'alimentation en eau de l'océan Atlantique, la mer Méditerranée va alors presqu'entièrement s'évaporer en l'espace de quelques secondes du calendrier, laissant en lieu et place un désert de sel situé sous le niveau des océans et profond de 2 500 mètres par endroits. Lors de cet événement baptisé « Crise de salinité messinienne », les ancêtres du Rhône et du Nil qui continuent de couler, comme tous les fleuves du pourtour de la Méditerranée, creusent à leurs embouchures des canyons de plusieurs centaines de mètres de profondeur. En arrachant les roches à la croûte par la force de leur débit, ils se frayent un chemin jusqu'au fond de la mer asséchée pour y alimenter péniblement d'immenses lacs salés. On retrouve encore aujourd'hui les traces de leur force brute, marquées dans les relevés sismiques des couches géologiques. Cette cuvette asséchée de la taille d'un petit continent restera en place une courte demi-heure, *700 000 ans dans la réalité*, avant que de violents séismes ne rouvrent le détroit et qu'un débit d'eau monstrueux – estimé à mille fois celui de l'Amazone – ne vienne remplir la Méditerranée en un dixième de seconde du calendrier. Lorsque ce déluge provenant de l'océan Atlantique est enfin terminé, le niveau global de tous les océans de la planète a baissé de près de six mètres.

Vers **21 h**, apparaissent les Australopithèques qui, bien avant l'apparition d'Homo sapiens, vont peupler l'Afrique puis une bonne partie du monde. Bientôt de nombreuses autres espèces du genre Homo vont voir le jour. À **22 h 20**, voici Homo habilis ; à **22 h 30**, Homo rudolfensis ; à **22 h 40**, Homo ergaster qui commence à tailler et travailler des outils dans la pierre ; à **23 h 20**, Homo erectus est peut-être le premier hominidé à faire cuire ses aliments ; à **23 h 35** apparaît Homo heidelbergensis et à **23 h 44** l'imposante carrure des femmes et des hommes de Néandertal.

Toutes ces espèces d'hominidés se sont depuis éteintes. Pourtant beaucoup de ces ancêtres, de ces cousins, savaient maîtriser le feu, fabriquer des abris et des outils et avaient des formes de représentation symbolique, voire peut-être même des formes élaborées de langage. Néandertal enterrait probablement déjà ses morts et portait des bijoux. Toutes ces nouveautés, longtemps considérées comme actes de naissance de l'humanité, n'ont pas été qu'à nous, elles sont apparues à différents degrés de maîtrise et de complexité chez l'ensemble des hominidés. Et voilà qu'enfin, en cette toute fin de soirée, lors du dernier quart d'heure de la dernière heure de la dernière journée du calendrier, Homo sapiens s'invite sur la scène du monde. L'horloge affiche **23 h 48**.

Nous sommes encore à l'aube de l'humanité, *en – 300 000*, pourtant morphologiquement ces humains-là sont déjà nous. Sur la ligne temporelle qui court tout au long de cet ouvrage, toute l'histoire de l'homme moderne tient sur cette longueur - à la dernière page.

Il est **23 h 50** quand on découvre comment domestiquer et conserver le feu. À **23 h 54**, nos ancêtres s'aventurent hors de l'Afrique et, au cours des quatre minutes qui suivent, ils vont coloniser progressivement l'ensemble du monde à raison d'une cinquantaine de kilomètres par génération. Croisant sur leur chemin d'autres espèces du genre Homo, avec lesquelles ils vont peut-être cohabiter, voire plus si affinités. Car, en se fréquentant, ces formes d'humanité différentes se sont peut-être fait la guerre, mais aussi sûrement l'amour. Les traces de ces rencontres, on les retrouve encore aujourd'hui en nous, inscrites dans notre ADN. Ainsi, toutes les populations eurasiennes, tous les descendants de celles et ceux qui ont quitté l'Afrique se promènent de nos jours avec 1 à 2 % de gènes provenant des Néandertaliens, et entre 4 à 6 % de gènes provenant des Dénisoviens chez les hommes modernes de Mélanésie. Les femmes et les hommes de Flores (**23 h 56**) et de Denisova (**23 h 58**) sont, d'après les données dont on dispose aujourd'hui, vraisemblablement apparus après Sapiens.

À **23 h 55**, on retrouve des parures de perles et des coquillages, *en – 135 000.* Une minute plus tard, à **23 h 56**, *il y a donc 100 000 ans*, nous ne sommes tout au plus que quelques milliers à centaines de milliers de Sapiens dans le monde entier. Grâce au langage, nos découvertes, innovations, ou idées continuent de passer de tête en tête. Survivant à la mort des individus, elles poursuivent leur propre route comme des silex parfaitement tranchants passent de mains en mains au travers des générations. Ceux qui n'oublient pas ne repartent pas de zéro. Et les objets qui nous entourent, tout comme la technique du geste, évoluent, deviennent plus efficaces et s'accumulent. Les secondes s'égrènent et, en quelques petits milliers de générations, on s'est mis à pêcher, à stocker et à transformer nos ressources, à confectionner des objets de plus en plus complexes, des lames, des harpons, des outils en os et à enterrer nos morts.

Deux minutes plus tard, à **23 h 58**, on réalise nos premières sculptures et peintures. Nous n'avons pas encore dépassé le million d'individus, et sommes encore loin de l'invention de l'écriture. Pourtant bien organisés, seulement armés de pierres taillées, du feu, du langage pour exprimer des idées, les Sapiens commencent déjà à avoir une influence à l'échelle de la planète entière. Dans le grand livre des espèces disparues, on a commencé à raturer un paquet de lignes peu après notre arrivée. À l'échelle du globe, au cours des deux dernières minutes, 80 % des espèces de plus d'une tonne semblent avoir disparu dans le sillage de nos migrations. En Europe, c'est 7 des 23 grands mammifères qui ont été rayés de la carte, en Amérique du Nord, 33 sur 45. Quant à l'Australie, elle a vu 15 des 16 membres de sa mégafaune disparaître dans les 30 secondes qui ont suivi l'arrivée des premiers d'entre nous, à **23 h 58 mn 10 s**, *il y a quelque 50 000 à 65 000 ans*. Alors, bien sûr, les changements climatiques de la fin du dernier âge glaciaire ont sans doute été un facteur aggravant. Mais, étrangement, presque toutes ces espèces avaient survécu à plusieurs périodes glaciaires et interglaciaires avant l'arrivée des premiers hommes.

À **23 h 58 mn 20 s**, on fabrique les premiers instruments de musique connus. À **23 h 58 mn 30 s**, *– 40 000*, on passe le détroit de Béring et on commence à peupler les Amériques. À **23 h 58 mn 48 s**, on commence à peindre dans la roche des histoires, celles des animaux qu'on fréquente ou qu'on chasse : rhinocéros laineux, élans mégalocéros, antilopes, aurochs, ours, mammouths, hyènes et lions des cavernes...

À **23 h 58 mn 50 s**, l'homme de Néandertal que nous avons croisé et avec lequel nous avons cohabité pendant près de 40 secondes s'éteint. À force de copiner avec les loups, on a fini par les apprivoiser et en faire des chiens, entre – 40 000 et – 20 000. À **23 h 59 mn 15 s**, on fabrique des casseroles en terre cuite et tout un tas de poterie.

Il est **23 h 59 mn 20 s** quand Sapiens laisse ses traces dans la grotte de Lascaux. Et à force de suivre les rennes, les saumons, les cours d'eau, la migration des aurochs, des chevaux ou des oiseaux, de fuir les chutes de neige ou la sécheresse, à **23 h 59 mn 30 s**, une partie d'entre nous s'est doucement installée dans les prairies alluviales de régions tempérées. Cette sédentarisation, entre – 14 500 et – 11 500, s'est passée indépendamment et plusieurs fois à travers le monde, avec peut-être à chaque fois des raisons différentes, était-ce pour ne pas s'éloigner de nos morts enterrés à proximité ? Afin de ménager les plus âgés qui ne pouvaient plus suivre le rythme ou peut-être avons-nous vu là des terres sacrées ? Toujours est-il que certains ont décidé de rester là où il y avait de l'eau et à manger toute l'année.

Puis, dans la foulée, on domestique les chèvres, en – 10 000 en Iran, et on fonde les premiers villages autour desquels Sapiens se met à ramasser et à semer des graines par millions. Nous avions déjà la culture, on a maintenant l'agriculture. Et comme beaucoup d'entre nous continuent à voyager, elle se propage ou apparaît d'elle-même dans d'autres régions du monde. La Terre, dans son ensemble, abrite alors quelques 5 millions d'habitants, à peu de chose près autant d'habitants que la Nouvelle-Zélande aujourd'hui.

À **23 h 59 mn 34 s**, en Mésopotamie, voilà qu'on se met à cultiver le blé et le millet entre - 9 500 et - 8 700. Une seconde plus tard, à **23 h 59 mn 35 s**, on fonde les toutes premières villes, telle Jéricho en - 9 200.

À **23 h 59 mn 37 s**, dans plusieurs régions d'Asie, le riz devient une source de vie entre – 8 000 et – 7 000. Et pendant qu'on transforme et transporte les plantes, on continue de faire de même avec les animaux. Moutons, bœufs et zébus sont à leur tour domestiqués aux alentours de –8 000. À **23h59 mn 39 s**, en Papouasie-Nouvelle-Guinée, on commence à cultiver la banane et le taro. Les porcs sont domestiqués en – 7 000 en Chine, les chats à la même époque dans le bassin méditerranéen et les poules en – 6 000 en Asie du Sud-Est. Il est **23h59 mn 44 s** lorsque, en Amérique centrale, on se met à cultiver maïs, courges et haricots, et en haut des montagnes andines, les pommes de terre, entre – 5 000 et – 3 000. Une seconde plus tard, en – 4 500, dans les steppes kazakhes, l'on dompte et monte les chevaux. Et au cours des quatre secondes qui suivent, on dresse, à travers le monde, buffles en – 4 000, lamas en – 3 500, vers à soie et pigeons en – 3 000.

À **23h59 mn 47 s**, on fond le cuivre et on commence à travailler les métaux. En Afrique, dans les zones marécageuses du fleuve Niger, on se met à cultiver le riz africain puis, au sud du Soudan, le mil et le sorgho.

À **23h59 mn 48 s**, on met au point l'écriture, sortant ainsi de la Préhistoire pour entrer dans ce que l'homme a coutume d'appeler « l'Histoire ». Grâce à l'écriture, les techniques peuvent désormais être gravées dans la pierre, inscrites sur l'argile et bientôt le papier. Les idées vont pouvoir se diffuser bien plus vite, et souvent au-delà de leur culture d'origine. La trotteuse n'a pas encore eu le temps de trancher une seconde supplémentaire que, dans la foulée, en Mésopotamie, dans la vallée de l'Indus et en Égypte, naissent les premières grandes civilisations.

Et l'horloge commence à sonner les 12 coups de minuit.

Deux battements de la petite aiguille plus tard sont érigées les grandes pyramides de Gizeh.

Il est **23 h 59 mn 50 s** et, dans le bassin du Mississippi, on commence à cultiver la courge et le tournesol, puis sont domestiqués l'éléphant d'Asie en – 2 000 dans la vallée de l'Indus, l'oie en – 1 500 en Europe, l'alpaga en – 1 500 au Pérou et le canard en – 1 000 en Chine.

En l'espace de trois coups de trotteuse, l'on maîtrise la métallurgie du fer ; apparaissent des alphabets, et l'on bâtit des cités telles Athènes ou Rome. À **23 h 59 mn 54 s**, c'est la naissance de la démocratie en Grèce. À l'échelle du globe, nous venons de passer les 100 millions d'habitants, soit la population de l'Égypte actuelle !

Une seconde plus tard, à **23 h 59 mn 55 s**, lorsque le christianisme apparaît, le monde compte quelque 170 millions d'habitants, dont près d'un quart vivent dans l'Empire romain qui est alors à son apogée. Une seconde plus tard... il s'effondre. Il est **23 h 59 mn 56 s**, nous rentrons dans le Moyen Âge. Partout à travers le monde d'autres empires naissent et meurent. En Amérique centrale, l'empire maya, à son tour, s'effondre. Il est **23 h 59 mn 57 s** quand la population mondiale passe les 250 millions, vers l'an 1000. Un petit peu moins d'humains vivent alors sur l'ensemble de la planète qu'actuellement dans l'archipel indonésien. Les Vikings posent le pied en Amérique du Nord en passant par le Groenland. On perfectionne les moulins à vent, invente le plâtre, les pansements, et les premières universités ouvrent leurs portes.

Il est **23 h 59 mn 58 s** et la trotteuse a déjà entamé son mouvement vers la seconde suivante lorsque la Renaissance en Europe commence. C'est la guerre de Cent Ans, la dynastie des Ming, Constantinople est prise par les Ottomans, et Christophe Colomb redécouvre l'Amérique. De ces échanges avec le Nouveau Monde découlera un grand bouleversement dans les aires de répartition des plantes et des animaux. Les champs de blé de l'Arkansas d'aujourd'hui sont à l'image des paysages du Croissant fertile, ceux de tournesols du sud de la France des décors provenant à l'origine du Mississippi. Quant au paysage du *far west* américain avec ses chevaux sauvages, il tire son origine de Mongolie.

Il est maintenant **23 h 59 mn 59 s**. Toute l'époque moderne tient dans cette ultime seconde : les grandes découvertes, les révolutions politiques, scientifiques et industrielles, les deux guerres mondiales... En 1800, on atteint le milliard d'êtres humains. Un huitième de seconde plus tard, en 1850, nous voilà 1,2 milliard, un chiffre énorme et pourtant inférieur à la population actuelle de l'Inde, estimée à 1,355 milliard. Pour que la population globale de notre planète en 1850 atteigne celle de l'Inde aujourd'hui il aurait fallu y ajouter un nombre d'humains équivalent à peu de chose près à la totalité des habitants vivant sur Terre en l'an 0 !

Et au cours du dernier quart de seconde de notre calendrier, le nombre d'Homo sapiens va être multiplié par quatre. Nous sommes passés de 2 milliards en 1930 à quelque 7,7 milliards en 2019. Durant ce court laps de temps, nous avons construit et inventé tant et tant d'objets pour la possession desquels il y a encore 438 ans – ou une seconde à l'échelle du calendrier – plus d'un roi aurait levé une armée. Nous avons construit des objets en métal qui volent et se jouent des nuages, sommes allés marcher sur la Lune et, un huitième de seconde après cet exploit, nous possédons presque tous dans nos poches des téléphones dont la puissance de calcul est supérieure à celle embarquée dans l'ensemble du vaisseau

Apollo. Aujourd'hui, on peut dire qu'on envoie – littéralement – du lourd ! Sur la balance, nos animaux d'élevage, essentiellement vaches et cochons, représentent 60 % des mammifères terrestres. Les humains et, dans une moindre mesure, leurs compagnons domestiques comptent pour 36 % et les animaux sauvages pour seulement 4 %. Nous en sommes arrivés au point où la totalité des oiseaux sauvages de notre planète pèse moins lourd que l'ensemble de nos poulets. 70 % de la biomasse de l'ensemble des oiseaux présents sur Terre sont de la volaille d'élevage. Depuis la révolution industrielle, le nombre des mammifères terrestres sauvages a été divisé par six, celui des mammifères marins par cinq, et la biomasse des plantes par deux.

En brûlant et consommant des quantités considérables d'énergies fossiles que la nature avait mis des semaines voire des mois de notre calendrier à former, nous avons – un peu sans le vouloir – modifié le climat de notre planète. Et ce sur des durées de temps si courtes qu'on en rivaliserait presque avec des crises naturelles engendrées par des événements tels que des éruptions volcaniques majeures, le mouvement des plaques tectoniques ou l'impact d'astéroïdes. Pourtant cette crise-là est bien due au comportement des derniers survivants d'une seule espèce du genre Homo : les Sapiens, qui ont, au cours du dernier quart de seconde, soumis les écosystèmes terrestres à plus de chamboulements qu'ils n'en ont connu durant les dix minutes précédentes. Malgré tout, en dépit de ce tableau un peu noirci, c'est aussi au cours de ces dernières secondes, qu'armés de leur seule curiosité, des membres de notre espèce ont permis de retracer en partie la grande Histoire du cosmos, de la vie et de nos origines. Ces humains, portés par les questions qu'ils se posèrent autour d'un feu, d'un livre, d'un télescope, d'un microscope ou d'internet, ont fini par découvrir, en se penchant sur l'histoire de notre monde, des ailleurs hallucinants, simplement situés autre part dans le temps. En scrutant le ciel, en se penchant sur les lois de la nature, en étudiant la composition des fossiles et des roches, en creusant le sol, du fond des mers jusqu'au sommet des montagnes, ils ont su ramener à la vie les histoires agitées de ces mondes aujourd'hui disparus. Et ce faisant, ces passés sont devenus, dans nos têtes, un grand nombre d'autres planètes. Peut-être aussi, nous ont-ils donné envie d'imaginer d'autres mondes possibles, ceux des secondes à venir, celles qui comptent pour que l'histoire continue. Ding dong, il est minuit pile, c'est aujourd'hui, l'histoire n'est pas finie, celle de l'avenir commence, il est encore temps de remettre les pendules à l'heure.

Car nous les Sapiens, au même titre que tous les êtres vivants aujourd'hui sur cette planète, sommes les descendants d'une longue lignée de vie ininterrompue dont l'histoire a commencé aux alentours du 20 septembre. Au cours de chacune des journées du calendrier qui nous précèdent, des volcans se sont allumés puis éteints, des mers intérieures asséchées, ouvertes ou fermées jusqu'à notre arrivée. Songez au fait que, sur les quelque 100 milliards de femmes et d'hommes dits modernes qui ont arpenté la planète depuis l'apparition de notre espèce, près de 7,7 % sont encore debout. Ces 7,7 milliards d'humains encore vivants sont aussi les derniers survivants du genre Homo. Ils vivent là, maintenant et vous en faites partie pour un bref instant. Car ramené à l'échelle du calendrier cosmique, la durée d'une longue vie humaine est de l'ordre de celle d'un battement de cil. Votre paupière descend et voilà que 45 ans se sont écoulés, elle remonte et c'est déjà fini.

L'infiniment grand : vers l'infini et au-delà

*« Le silence éternel
de ces espaces infinis
m'effraie. »*

Blaise Pascal

Dans le cosmos, quand on parle de « proche voisins », il faut mettre beaucoup d'espace entre les guillemets. Car quand on souhaite rendre compte des dimensions de l'espace, on se trouve très vite dépassé par l'ampleur et la taille du sujet. C'est pourquoi, pour entreprendre un voyage aux confins de l'univers connu, aussi loin qu'il soit possible d'aller, la meilleure façon de rendre compte de l'immensité des distances qui nous séparent des autres astres est encore de les réduire en prenant comme point de départ celui-ci :

• Terre

Il représente ici la Terre, dont les 12 742 kilomètres de diamètre sont maintenant réduits à l'échelle d'un millimètre. Ramenée à cette échelle, l'intégralité de la Lune tiendrait à peu de chose près dans un point de la moitié de la taille de celui de ce i ! Voici, toutes proportions gardées, l'espace qui sépare notre planète de son satellite :

Lune . • Terre

Pour couvrir cette distance, les astronautes de la mission *Apollo 11* mirent près de trois jours de trajet, à fuser dans l'espace à la vitesse moyenne de 5 000 kilomètres par heure. S'ils avaient dû effectuer ce voyage à la vitesse d'un avion de ligne standard, cela leur aurait pris dix-huit jours. *Les avions de ligne, qu'ils soient standards ou non, ne volent pas dans l'espace. Mais leur vitesse moyenne de croisière est de l'ordre de 900 kilomètres par heure.* En empruntant une très hypothétique autoroute (nous construisons hélas des autoroutes un peu partout mais heureusement pas dans l'espace) et en progressant continuellement à 130 kilomètres par heure, c'est quatre mois de transport qui auraient été nécessaires pour combler ces trois petits centimètres, *384 400 kilomètres en moyenne dans la réalité.* En fait, la distance qui sépare notre planète de son satellite est telle, qu'en respectant toujours scrupuleusement les rapports d'échelle, l'on pourrait y faire tenir alignées, toutes les autres planètes du Système solaire : Mercure, Vénus, Mars, Jupiter, Saturne, Uranus et Neptune.

Déjà, la distance qui nous sépare de l'astre le plus proche de nous met nos capacités d'imagination à rude épreuve. Pourtant, à l'échelle des dimensions du cosmos et des objets qu'on y trouve, la Lune c'est littéralement la porte à côté. Pour s'en convaincre, accueillons, toujours à ces échelles notre Soleil :

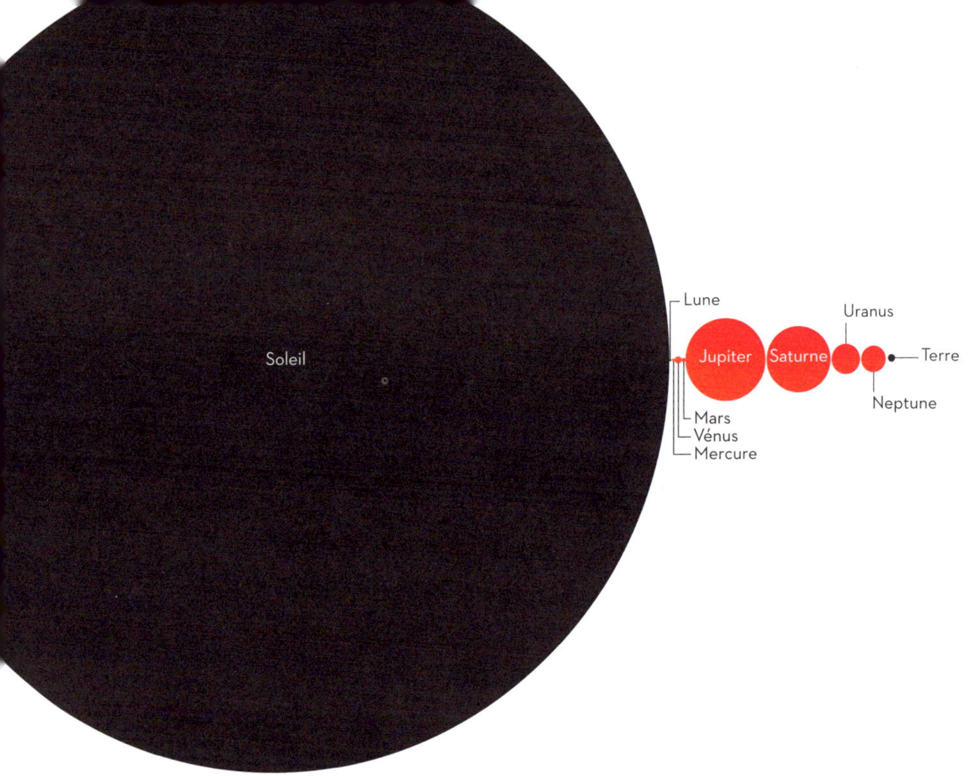

Face à notre étoile, les dimensions de tout ce dont nous venons de parler semblent ridicules. Son diamètre de 1 391 700 kilomètres, réduit ici à 10,9 cm, peine à tenir en entier sur une page. Il faut dire que le Soleil possède des dimensions positivement monstrueuses comparées à celles des corps qui lui tournent autour. Il est en effet suffisamment large pour qu'on puisse y faire tenir dix fois la géante Jupiter ou encore cent neuf fois notre planète. Et pourtant, notre Soleil n'est qu'une naine jaune ! Un nom qui prend tout son sens si on le confronte avec le tour de taille d'autres étoiles qui peuplent notre ciel et qui – en termes de dimension – lui font métaphoriquement de l'ombre. Pour s'en convaincre, il va nous falloir encore changer d'échelle au point de réduire notre Soleil à un dixième de millimètre de diamètre.

Comparons maintenant, toutes proportions gardées, la taille de notre étoile avec celle d'Arcturus, Aldébaran et Rigel.

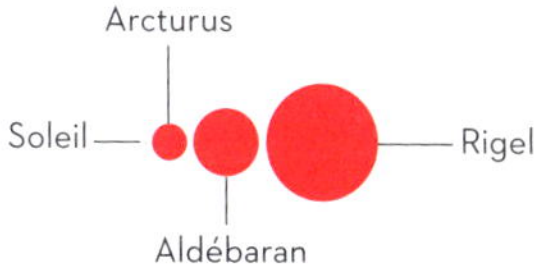

Toutes ces étoiles ont un diamètre dérisoire si on les compare à Antarès (11 fois la taille de Rigel), Bételgeuse (14 fois Rigel) ou encore UY Scuti (22 fois Rigel), la plus grosse étoile de l'univers connu.

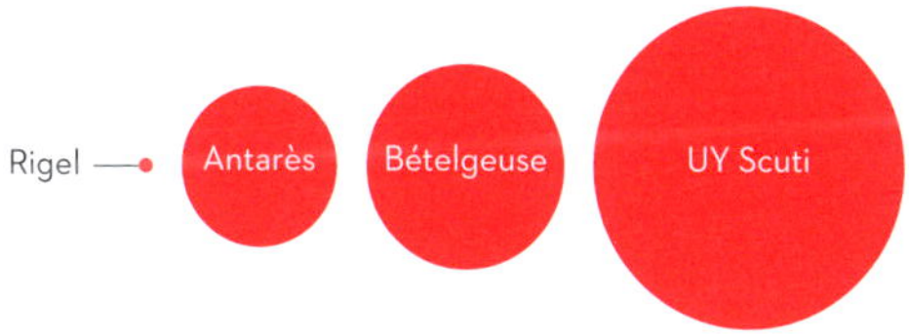

Le problème avec ce genre de comparaisons, c'est que très vite, à coller tous ces astres, on peut finir par penser qu'ils sont proches les uns des autres. Cependant, les planètes comme toutes les étoiles dont nous venons de parler sont en réalité d'une taille dérisoire au regard de celle de quelque chose dans lequel nous sommes tous :

le Système solaire. Pour tenter d'en toucher du doigt l'immensité, revenons à l'échelle d'une planète Terre réduite à un millimètre, ici de nouveau confrontée à notre Soleil.

Sur cette représentation, les proportions de taille sont bien respectées mais les distances, elles, ne le sont pas. Car en réalité, à cette échelle, notre Soleil devrait se trouver à 12 mètres de là ! *Si vous voulez vous souvenir de cette distance, dites-vous que notre Soleil est quatre cents fois plus éloigné de nous que ne l'est la Lune.* Dans notre monde à l'échelle 1, si vous tentiez de vous rendre jusqu'au Soleil à la même vitesse que celle des missions *Apollo* quand elles ont pris la direction de la Lune, il vous faudrait plus de 3 ans de trajet. Avec la vitesse d'un avion de ligne, 19 ans de voyage non-stop seraient nécessaires. Enfin, en progressant à raison de 130 kilomètres par heure sur une toujours très hypothétique autoroute spatiale, ce serait la mort assurée avant de toucher au but, étant donné qu'il vous faudrait compter quelque 130 années de trajet continu avant d'atteindre notre étoile.

Pour vous représenter le vide qui sépare notre étoile des planètes qui lui tournent autour, imaginez que le Soleil est en première page de cet ouvrage, toujours dans un univers réduit où notre Terre ne fait plus qu'un millimètre de diamètre.

En partant du Soleil, il vous faudrait alors tourner encore et encore des pages blanches, ou plutôt remplies d'un noir d'encre, celui du vide de l'espace, avant de tomber sur Mercure en page 30, puis de rencontrer Vénus en page 56, et enfin notre monde et son petit millimètre en page 78. En continuant votre voyage, il vous faudrait attendre la page 118 avant de dépasser Mars. Enfin, en considérant que cet ouvrage dispose de plus de pages qu'il n'en contient réellement, vous finirez par tomber sur Jupiter en page 407, Saturne en page 750, Uranus en page 1505 et finalement Neptune, la dernière des géantes gazeuses de notre système, en page 2356. Bref, l'espace porte définitivement bien son nom.

D'ailleurs, toujours à l'échelle d'une Terre réduite à un millimètre, si l'on s'amuse à remplacer, au centre de son système, notre Soleil par les étoiles géantes dont nous avons précédemment parlé, alors il est amusant de constater qu'aussi géantes soient elles, Arcturus, Aldébaran ou Rigel n'atteignent même pas l'orbite de Mercure. Quant aux dimensions démesurées d'Antarès, elles lui permettraient de voir ses bordures extérieures dépasser les orbites des quatre planètes telluriques de notre système, lesquelles se trouveraient toutes dans l'étoile, dont la surface resterait malgré tout encore bien loin d'atteindre la première des géantes gazeuses. Et l'orbite de Jupiter ne serait même pas léchée par la géante Bételgeuse. Quant à la monstrueuse UY Scuti, sa surface n'atteindrait même pas l'orbite de Saturne !

Tenter de rendre compte des distances immenses qui séparent entre eux les objets de notre seul Système solaire revient donc souvent à survoler pendant très longtemps du *rien*...

… ou plus précisément beaucoup de vide. Et l'on voit bien là qu'il est extraordinairement difficile de se représenter les distances concernées tant notre modèle est déjà poussé dans ses retranchements. C'est d'ailleurs en partie pour pouvoir parler de ces distances hors normes, énormes, que les astronomes utilisent comme unité de mesure « le temps-lumière ». C'est-à-dire la distance parcourue par le truc le plus rapide qu'on retrouve dans l'univers, à savoir la lumière elle-même, au cours d'une durée de temps donnée. Ainsi, si quelque chose est à une seconde-lumière de nous, cela signifie qu'une particule de lumière filant dans l'espace à la vitesse prodigieuse de 299 792 kilomètres par seconde (299 792 458 mètres par seconde dans le vide, soyons précis) mettrait, depuis notre position, une seconde pour l'atteindre. Arrêtons-nous, dans la réalité, 1,3 seconde sur cette idée.

Stop. Merci !

Et voilà qu'elle s'est rendue de la Terre à la Lune. Ce qui revient à dire que nous voyons, à travers les photons qui nous en parviennent, notre satellite tel qu'il était il y a un peu plus d'une seconde.

Enfin, pour se rendre de la surface du Soleil à celle de la Terre, les grains de lumière mettent quelque 8 minutes et 30 secondes ; pour atteindre Jupiter, la première des géantes gazeuses, près de 45 minutes de voyage leur sont nécessaires. En fait l'espace qui nous entoure est si vaste que, même si la lumière est dotée d'une vitesse proprement astronomique, elle semble rapidement s'y traîner à la manière d'un escargot arthritique.

1,8 centimètre par seconde ? Un record !

Les escargots n'ont pas d'os, ils peuvent donc difficilement avoir de l'arthrite – ni de lumbago – bien qu'ils portent une maison sur leur dos. Et bien que cela ne serve à rien de le savoir, je tenais à vous préciser que je suis allé vérifier si la vitesse de pointe d'un de ces gastéropodes pouvait dépasser celle de la lumière, sur l'échelle d'un univers où notre planète est réduite à un millimètre de diamètre. Et le verdict est sans appel, la vitesse maximum jamais chronométrée au championnat du monde de sprint d'escargot qui se déroule à Congham, chaque année, au Royaume-Uni est de 1,8 centimètre par seconde. Bien en-deçà de la vitesse limite de déplacement autorisé par la nature à ces échelles réduites qui serait de 2,34 centimètres par seconde. Les meubles sont sauvés. Il est cependant amusant de penser au fait que vous lisez actuellement à un rythme proche de la vitesse de la lumière ramenée à notre univers en modèle réduit.

C'est malgré tout aidés par cette visualisation en temps-lumière, que nous allons continuer notre voyage en direction des confins du Système solaire.

La sonde *Voyager 1* est actuellement l'objet fabriqué des mains de l'homme le plus éloigné de notre monde. Lancée en 1977, elle fuse depuis lors dans l'espace à quelque 62 000 kilomètres par heure. En 2012, elle a dépassé la limite de l'héliosphère, la bulle d'influence des vents solaires, et file depuis dans le milieu interstellaire. Et après 43 ans de trajet à progresser cent soixante fois plus vite qu'une Formule 1, elle ne se trouve qu'à une distance au Soleil de l'ordre de six fois celle de Neptune. À l'échelle d'une Terre réduite à un millimètre, pour espérer la croiser, il vous

Sur votre gauche, la Terre

En considérant que vous avez adopté un rythme de lecture moyen sans trop vous arrêter pour flâner ou réfléchir, alors nous venons de passer le stade où les photons, ayant quitté la surface du Soleil au moment où vous avez commencé la lecture de ce chapitre, viennent tout juste de dépasser l'orbite de la Terre et pour un « petit » nombre d'entre eux sont venus la réchauffer.

faudrait vous rendre aux alentours de la 14 000e page, en ligne droite à quelques 2 kilomètres d'ici.

Pourtant, bien que distante dans la réalité de 22 milliards de kilomètres de notre étoile, la sonde *Voyager 1* n'a même pas encore parcouru l'équivalent d'une journée-lumière. En 2020, elle a tout juste dépassé les 23 heures-lumière de distance au Soleil. Et surtout, elle est encore très loin d'être sortie du Système solaire qui, pris au sens fort, comprend l'ensemble des objets célestes gravitant autour de notre étoile. En fait, l'emprise gravitationnelle du Soleil s'étend sur des distances extrêmement vastes et, pour véritablement s'en extraire et espérer en atteindre les limites, il va nous falloir atteindre une structure aux dimensions démesurées connue sous le nom de nuage d'Oort. Ce vaste ensemble de comètes de poussière, de glace, d'ammoniac, de méthane et d'eau, qui entoure notre étoile telle une bulle éparse, marque la véritable limite du Système solaire. À l'échelle à laquelle nous sommes, les bords intérieurs de ce nuage devraient commencer aux alentours de la page 1 600 000 ou, si l'on imprime l'ensemble dans des livres successifs, vers le 4 500e ouvrage et prendrait fin aux alentours du 50 000e. *Voyager 1* devrait prendre au minimum 1 200 ans pour atteindre ces bords intérieurs et, une fois rentrée dedans, entre 20 000 et 30 000 ans avant d'en sortir.

Au-delà de ce nuage, vous avez dépassé la frontière gravitationnelle du Système solaire, et vous vous trouvez, dans la réalité, à une distance d'une seule année-lumière de notre étoile. Pourtant, en dépit des distances faramineuses déjà franchies, vous n'avez parcouru qu'un quart du chemin vous séparant de l'étoile la plus proche : la modeste naine rouge Proxima Centauri, située à « seulement » 4,2 années-lumière du Soleil dans la réalité et dans le 200 000ᵉ ouvrage dans notre monde réduit.

Et comme notre hypothétique bibliothèque commence à sérieusement déborder, cela revient à dire que l'étoile la plus proche de nous se trouve à 3 100 kilomètres d'ici. Soit, à peu de chose près, la distance qui sépare Barcelone de Moscou.

Or, Proxima Centauri est, dans le ciel, invisible à l'œil nu et n'a été découverte au moyen de télescopes qu'en 1915. Il faut dire que, bien qu'étant proche à l'échelle de l'espace, cette étoile est relativement petite comparée à notre Soleil.

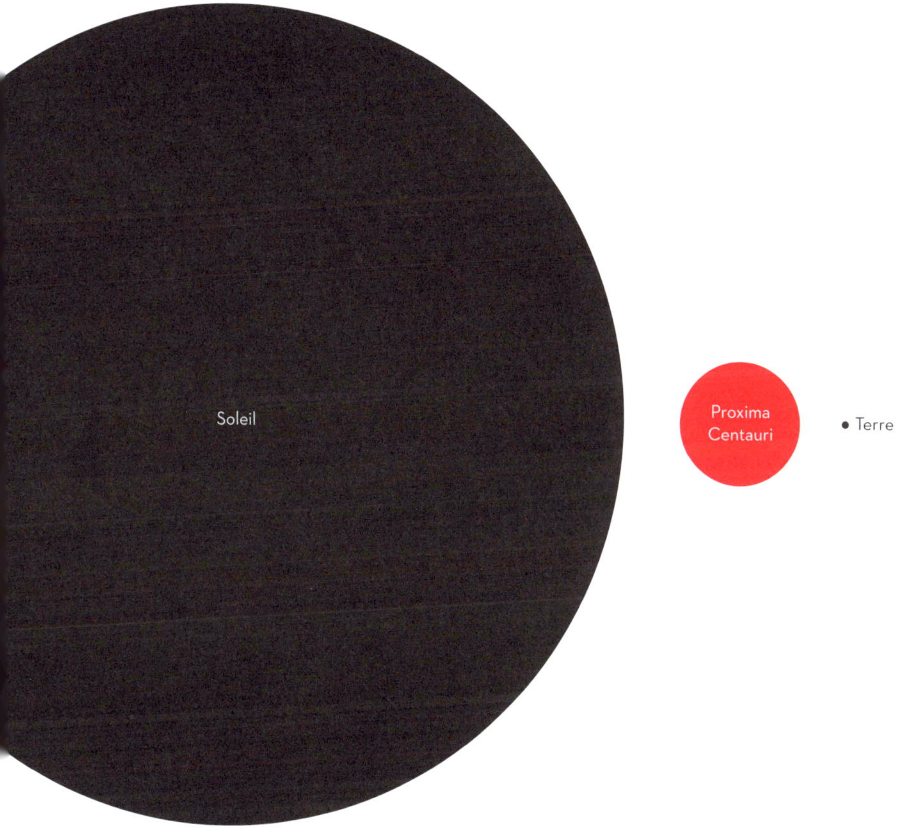

Avec de telles distances, les luminosités apparentes fondent comme neige au Soleil. Et cela vaut pour nous aussi. Songez qu'un hypothétique observateur situé à 50 années-lumière de nous et doté d'une vision sensiblement identique à la nôtre, ne verrait pas notre Soleil ! Imaginez que, sur les 6 000 étoiles qu'il est possible de voir à l'œil nu par de belles nuits sans Lune, seules 133 sont situées à moins de 50 années-lumière alors qu'on a pu en dénombrer 1 800 grâce à nos télescopes. Et le plus fou dans tout ça c'est qu'aussi prodigieuse que soit la distance nous séparant de Proxima Centauri, on peut trouver dans l'univers des structures dont les dimensions peuvent rivaliser voire dépasser tout ce que nous venons de survoler.

Par exemple, la nébuleuse de l'Hélice est une structure de 5,74 années-lumière de diamètre qui s'étale sur des distances de l'ordre de celle qui nous sépare de Proxima. Pourtant, elle n'est elle-même qu'une parmi les milliers de structures semblables en taille qui existent dans notre galaxie. Une structure comprenant 300 milliards d'étoiles réparties sur 100 000 années-lumière de diamètre et épaisse de 1 500. Pour la faire tenir en longueur à l'échelle d'une Terre d'un millimètre, il faudrait 5 milliards d'ouvrages essentiellement remplis d'un noir d'encre. Occasionnellement, toutes les quelques dizaines de milliers d'ouvrages, vous tomberiez sur une page comprenant une étoile perturbant ce vide sidéral et sidérant. Une autre façon de tenter de se représenter la taille démesurée de notre galaxie est de rappeler qu'à l'échelle du monde réduit présenté au-dessus, le centre de notre galaxie, à 18 500 000 kilomètres de nous, est cinquante fois plus loin du couple Terre/Lune que ne l'est notre satellite de nous ! Voici une autre façon de le dire en se retournant le cerveau : si vous réduisiez notre Soleil aux dimensions d'un globule blanc alors, toutes proportions gardées, la Voie lactée serait aussi grande que l'Europe.

Et notre galaxie, la Voie lactée, était, au début du siècle dernier, la seule connue. Aujourd'hui, équipés de télescopes modernes, nous avons du mal à en estimer le nombre. Dans l'univers, on en retrouve partout et ce quelles que soient les directions où l'on regarde. Il y a quelques années, les astronomes ont pointé le télescope spatial Hubble vers un coin extrêmement sombre et petit du ciel, à l'œil nu sa taille apparente équivaut à la surface d'une tête d'épingle qu'on tiendrait à bout de bras. Et après un million de secondes de temps d'exposition, ils ont obtenu ceci : l'image *Deep field*.

L'une des photos les plus extraordinaires jamais prises par des humains. Un petit nombre des points lumineux qu'on y voit sont des étoiles « proches » sur le devant de la scène. Mais le reste, tout le reste, n'est que galaxies. Ce qui frappe le plus sur cette image, au-delà de la diversité des tailles et des formes de ces galaxies, c'est leur nombre. Sur ce seul cliché, en analysant finement toutes les données, on a pu en identifier près de 10 000. Et cette photographie n'est qu'un morceau dérisoire, une infime portion du ciel, car il faudrait faire environ 23 millions de photos comme celle-ci pour couvrir l'ensemble de la voûte céleste. Évidemment toutes ces galaxies sont terriblement loin les unes des autres.

Notre galaxie, par exemple, fait partie d'un groupe dit « local » dans lequel on retrouve une soixantaine de galaxies rassemblées dans une sphère d'environ 10 millions d'années-lumière de diamètre. Ce groupe s'inscrit dans un ensemble encore plus vaste, de quelque 110 millions d'années-lumière de diamètre, et contient près de 10 000 galaxies réparties dans une centaine d'amas. Sauf qu'à des échelles toujours plus étendues, ce superamas est lui-même contenu dans un édifice encore plus vaste, appelé supercluster local qui est, à son tour, un parmi tant d'autres dans l'univers observable. Où l'on a pu identifier, réparties dans une sphère étourdissante de 45 milliards d'années-lumière de rayon, des centaines de milliards de galaxies. La taille de l'univers observable peut vous sembler contre-intuitive au regard de l'âge de l'univers qu'on estime à 13,8 milliards d'années. L'origine de cette « différence » est à chercher dans l'inflation considérable de l'espace qui caractérisait les premiers instants du cosmos. L'univers observable contiendrait, selon les estimations, entre 100 et 2 000 milliards de galaxies.

Et le plus fou dans tout ça, c'est peut-être que ces milliards de galaxies ne sont que celles dont la lumière a eu le temps de nous parvenir. On ne sait pas ce qui se trouve au-delà de cet horizon cosmologique. Certainement des milliards d'autres superamas de galaxies. Car il est probable que cette immensité, déjà incroyablement difficile à appréhender, soit elle-même ridiculement petite au regard de la taille de l'univers pris en entier. Car, même si la géographie assourdissante de l'univers connu s'arrête visuellement, l'univers, lui, continue sûrement. Il est même possible que cela ne s'arrête jamais, que l'univers soit infini et que les dimensions de cet au-delà soient elles-mêmes au-delà de tout ce que l'imagination est capable de concevoir. Car l'infini est une idée sans image qui déborde, comme la pensée qui le pense, ces espaces qui nous dépassent.

Sentiment paradoxal que ces frissons éprouvés devant des cieux démesurés, qui tour à tour nous écrasent, nous angoissent ou nous exaltent. Ces étendues nous émeuvent, attendrissent et abîment nos egos, en nous faisant comprendre que nous ne sommes que des humains, sur une planète, dans une galaxie, et peut-être même, selon certains théories, au sein d'un univers parmi tant d'autres. Et parfois, elles nous élèvent au-dessus de nous-mêmes et nous obligent à nous tracasser pour « l'essence ciel ».

Toute la galaxie dans un petit mètre

Une autre façon de se représenter les dimensions de notre galaxie comparées à la taille de l'univers observable est de réduire les 100 000 années-lumière de diamètre de celle-ci à un mètre. Toutes proportions gardées, à cette échelle, la distance Terre/Soleil correspond aux dimensions d'un atome. La galaxie d'Andromède et ces 2 mètres de diamètre sont situés à 25 mètres de là. Notre Groupe Local se résume, lui, à une pseudo sphère d'une centaine de mètres de diamètre, elle-même contenue dans le superamas de la Vierge large de près d'un kilomètre. Quant aux limites de l'univers observable, elles seraient situées à 450 kilomètres de là.

Un peu de réconfort ?

Si vous êtes pris d'un mal de crâne carabiné en pensant à l'espace qui nous entoure, si vous avez l'impression que ces distances prodigieuses pourraient donner la migraine à des cachets d'aspirine et que vous vous sentez comme écrasé par le poids de l'immensité, alors voilà peut-être de quoi vous rassurer. Vous êtes, proportionnellement parlant près de dix fois plus grand pour une molécule d'eau que le Soleil ne l'est pour vous !

Sur ce petit point à peine perceptible est votre maison :

•

Sur ce grain de poussière, perdu dans l'immensité de l'univers, ont vécu, vivent et vivront toutes les personnes que vous aimez, que vous avez aimées, que vous aimerez. Là ont eu lieu toutes les grandes découvertes, ont été fondées les grandes civilisations, les religions, ont commencé et fini toutes les aventures, les guerres et tous les règnes. C'est sur ce petit point bleu pâle qu'ont été réalisés toutes les peintures, les sculptures et les poèmes. Là ont vécu tous les héros, et tous les lâches. Chaque illustre inconnu, les enfants pleins d'espoir, comme toutes les superstars. Tous ceux qui ont fait la grande, comme la petite histoire, sont nés, ont vécu et sont morts ici :

•

Tout ce qui s'est écrit, ce qui s'est dit, tous nos silences et tous nos cris, nos rêves, nos joies, nos peines, toutes les idées, les pensées formulées ou couchées sur le papier, c'est là que ça s'est passé :

•

À la surface d'un infime grain de poussière, la plus belle des prisons à ciel ouvert où vous allez passer votre vie entière.

Et si par le plus grand des hasards, un jour, vous devenez astronaute et qu'après avoir quitté le berceau de l'humanité vous souhaitez écrire une lettre à ceux qui sont restés alors, rien de plus simple pour nous écrire, voici votre adresse :

LA TERRE

3e planète tellurique en partant de l'étoile
Système solaire
Bras d'Orion à 25 000 années-lumière du centre
Galaxie spiralée Voie lactée
Amas galactique local
Superamas de la Vierge
Supercluster local
Univers observable

Les traces de notre passage sur la Lune

« J'aime penser que la Lune est là même si je ne la regarde pas. »

Albert Einstein

Le 20 juillet 1969, Neil Armstrong sort du module lunaire d'*Apollo 11*, prononce sa phrase devenue légendaire sur les petits pas de l'humanité puis, dans la foulée, réalise la toute première photo prise depuis le sol lunaire et sur laquelle se trouve un sac poubelle ! Un sac poubelle, qui est encore aujourd'hui sur notre satellite, et qui est bien plus présent sur les images extravéhiculaire de la mission *Apollo 11* que ne l'est Armstrong lui-même ! Ce sac contenait tous les déchets accumulés lors de l'expédition et fut comme beaucoup d'autre chose laissé sur place afin de repartir plus légers et ainsi économiser la quantité de carburant nécessaire pour le voyage.

De la fin des années soixante jusqu'au début des années soixante-dix, au cours des six missions habitées qui allèrent se poser sur notre satellite, les astronautes rapportèrent un paquet de souvenirs, près de 8 000 photos, des rêves par milliers pour l'humanité, et quelques échantillons lunaires. Mais en réalité du point de vue des quantités, les membres de ces expéditions y ont laissé plus de choses qu'ils n'en ont ramené. Et tous ces témoins de notre passage y sont encore aujourd'hui. *En prenant en compte les étages des fusées des missions* Apollo *et les 80 sondes américaines, russes, chinoises, japonaises ou indiennes qui sont, elles aussi, allées se poser sur la Lune, on pense que l'humanité y a laissé en tout près de 180 tonnes de matières d'origine terrestre. Alors qu'au total seuls 382 kilogrammes de roche provenant de notre satellite ont fait le chemin inverse.* On y trouve pêle-mêle bon nombre de modules et de jeeps lunaires, des sacs de déchets, des caméras et même des paires de bottes conçues pour pouvoir y déambuler. Et si la grande majorité de ce qui s'y trouve encore est de l'ordre de l'équipement technique ou scientifique, on y trouve aussi une petite partie d'objets ou de traces qui sont peut-être plus symboliques. Là, maintenant, au moment où vous me lisez, il y a sur la Lune une plume de faucon ! Elle y a été emmenée lors de la mission *Apollo 15*, pour démontrer par l'expérience, qu'en l'absence d'atmosphère, sans la résistance de l'air, une plume d'oiseau tombe aussi vite qu'un marteau[1].

Actuellement se trouve sur le sol grisâtre de notre satellite une statuette en aluminium d'une dizaine de centimètres posée en hommage à ceux qui ont laissé leur vie dans la conquête des cieux, ainsi que deux balles de golf apportées par l'astronaute Alan Shepard qui s'essaya là-haut, après avoir bricolé un club de fortune, au golf lunaire. Il y a même sur notre satellite une photo de famille de l'astronaute Charles Duke qui la déposa sur le sol lunaire, lors de

1. https://nssdc.gsfc.nasa.gov/planetary/lunar/apollo_15_feather_drop.html

la mission *Apollo 16*. Et après avoir passé un demi-siècle à la surface de la Lune, cette photographie est très certainement devenue – tout comme les six drapeaux américains plantés lors de chacune des missions – totalement décolorée par la puissance des rayonnements ultraviolets provenant du Soleil. Mais au-delà des objets techniques, scientifiques voire symboliques, ce qu'on y retrouve peut-être en plus grande quantité encore est quelque chose qui ne peut pas se peser. Ce sont les empreintes, les traces de notre passage. Car au cours des six missions *Apollo*, les 12 astronautes (à chaque mission l'un des trois astronautes restait en orbite lunaire pendant que ces deux collègues descendaient alunir) qui sont allés s'y poser ont passé au total 80 heures à l'extérieur de leurs modules, *300 heures en comptant le temps passé dans l'habitacle*. 80 heures durant lesquelles ils ont souvent marché, sautillé et parfois roulé à la surface de la Lune. Au total, ils ont parcouru près d'une centaine de kilomètres à la surface de notre satellite. Toutes ces empreintes, de pas ou de pneu, existent encore aujourd'hui. Elles sont toujours là-haut, à 384 000 kilomètres de nous.

Depuis 2009, on peut même en voir les traces grâce à la sonde Lunar Reconnaissance Orbiter qui, dotée de puissants moyens d'imagerie, nous offre des vues hyper détaillées de la surface de notre satellite. Parmi tous les clichés réalisés par cette sonde, certains sont saisissants car on peut y voir, autour des sites d'alunissage, imprimés dans la poussière lunaire, comme consignés, les souvenirs figés des mouvements des premiers humains dans l'espace.

On peut notamment y observer, près de 50 ans après, les sillons laissés par le mouvement des astronautes et les traces parallèles inscrites dans le sol par leur Rover qui, au même titre que leur module, est resté sur place et s'y trouve toujours abandonné[2]. Quelque part autour du site d'alunissage d'*Apollo 17,* Eugene Cernan – le dernier humain à avoir marché sur la Lune – s'agenouilla et traça du doigt, les initiales de sa fille, dans la poussière lunaire. Des initiales que le temps prendra plus de temps à effacer que si elles étaient inscrites dans le marbre, sur notre planète. Car la Lune offre dans un sens des conditions de conservation exceptionnelles. Bien qu'un demi-siècle se soit écoulé depuis que la dernière des missions en est partie, c'est comme si rien n'avait bougé. Sur ces clichés, tout semble être resté comme à l'identique. Ainsi, si sur notre satellite rien ne semble avoir pris une ride, c'est que là-haut, dans l'espace, toutes les chutes, les piétinements, chaque mouvement imprime sa trace et laisse son sceau dans le sol poussiéreux sans jamais se voir menacé par l'érosion, les mouvements d'air, l'humidité, l'activité microbienne ou les mouvements tectoniques. C'est pourquoi les traces laissées par le passage des astronautes devraient y demeurer comme figées encore quelques millions d'années. De ce fait, un très bon moyen pour préserver ce livre des micro-organismes qui risquent de lui mener la vie dure au cours des décennies à venir serait donc de le déposer à la surface de la Lune. Pensez tout de même à l'y mettre en position fermée, ou alors sur la face cachée, car toute page exposée au rayonnement ultraviolet provenant du Soleil subira le même sort que la photo déposée par Charles Duke ou les drapeaux.

2. Pour découvrir les sites d'alunissage vus depuis la sonde Lunar Reconnaissance Orbiter, rendez-vous sur http://lroc.sese.asu.edu/featured_sites

En réalité, même si la moindre des empreintes de pas qui s'y trouvent toujours est plus résistante au passage du temps que la plus imposante de nos forteresses ; une étrange dégradation y est à l'œuvre sur le long terme : celle de l'érosion spatiale causée par des rayons cosmiques de haute énergie et le vent solaire qui occasionnellement viennent frapper la surface lunaire. On estime ainsi qu'un à cinq millions d'années seront nécessaires pour que les initiales inscrites dans le sol lunaire par Eugene Cernan finissent par devenir illisibles du fait de l'agression continue de ces rayons ; et jusqu'à 25 millions d'années avant qu'elles ne finissent par s'effacer complètement. À moins évidemment qu'une météorite ne vienne s'écraser sur l'un des sites d'ici là.

De toute façon, les premières comme les dernières traces de pas des 12 humains ayant posé leurs pieds sur notre satellite ont toutes déjà disparu. Se trouvant à chaque fois en bas de l'échelle du module lunaire, elles ont été effacées à jamais par le souffle produit par les moteurs de remontée lorsque les modules se sont arrachés à l'attraction lunaire afin d'entreprendre le voyage retour en direction de la Terre. Et tout ça s'est passé là, sur ce petit point qui reste, à l'heure actuelle, l'endroit le plus éloigné de notre monde où un être humain s'est un jour aventuré :

Depuis, aucun être humain vivant n'est allé aussi loin. Mais mort oui ! Car, en 1999, la sonde spatiale Lunar Prospector, après 22 mois passés à étudier notre satellite depuis l'orbite, s'est écrasée volontairement sur la surface avec à son bord un peu des cendres du planétologue Eugene Shoemaker. Qui est donc, en partie, le premier humain à avoir été enluné ! En 2006, Eugene a perdu son titre de défunt le plus éloigné de la Terre suite au lancement de la sonde spatiale New Horizons qui est partie étudier Pluton et la ceinture de Kuiper avec à son bord une micro-urne funéraire contenant quelques gramme des cendres de Clyde Tombaugh, l'astronome à l'origine de la découverte de Pluton. Au moment où j'écris ces lignes, en juillet 2020, ces quelques grammes de cendre se trouvent à une distance de 47 unités astronomiques, soit quarante-sept fois la distance Terre/Soleil de nous. Non contents d'être les restes d'humain les plus éloignés de la Terre, ils sont également les plus rapides car la sonde New Horizons se déplace à la vitesse ahurissante de 45 kilomètres par seconde, soit 162 000 kilomètres par heure.

« Tandis que nous nous éloignons, la Terre diminuait pour finalement ne plus avoir que la taille d'une bille. La plus belle bille que vous puissiez imaginer. Contempler ceci change un homme. »
James Irwin, huitième homme à avoir
posé le pied sur le sol lunaire.

Voyageurs immobiles

C'est un peu étrange quand on y pense mais si vous êtes en train de lire ce livre en Europe, alors vous vous éloignez actuellement de l'Amérique du Nord à raison de deux petits centimètres par an. Cette vitesse difficile à observer vous est donnée par le mouvement des plaques tectoniques qui imperceptiblement ouvrent l'Atlantique et éloignent le Vieux Continent du Nouveau à une vitesse équivalente à la moitié de celle à laquelle poussent vos ongles de main. Quant aux habitants des Philippines, au terme d'une année passée à rester au même endroit, sans bouger, ils se sont éloignés de neuf centimètres de l'Amérique du Sud. Une vitesse équivalente à la moitié de celle à laquelle poussent vos cheveux.

Si ces vitesses sont trop petites pour être perçues dans notre quotidien, il en est d'autres qui pourraient faire passer les plus véloces des voitures de course pour des escargots arthritiques et qui, pourtant, sont tout aussi imperceptibles que les premières (à l'exception des occasionnels tremblements de terre). Ce sont les vitesses auxquelles nos têtes et nos corps tournent autour de l'axe de rotation de la Terre.

Pour accomplir un tour du monde sans bouger son petit doigt, il vous suffit de rester là. Que vous soyez assis, le séant confortablement ancré dans un fauteuil, ou encore debout immobile pour effectuer un tour du monde, il vous suffit simplement de patienter 24 heures. Cependant, votre vitesse relative à l'axe de rotation de la Terre dépend de la distance que vous avez à parcourir chaque jour pour revenir au même endroit. Ainsi, en habitant à Lille, vous vous déplacez de 295 mètres par seconde autour de l'axe de rotation de la Terre. Un peu plus au sud, les Parisiens fusent à 307 mètres par seconde ; une vitesse trente fois supérieure à celle d'Usain Bolt lorsqu'il pulvérisa le record du 100 mètres. Quant aux Marseillais, leur vitesse de 338 mètres par seconde leur permet de boucler les 26 800 kilomètres qui les séparent d'un tour complet en une journée. À ce petit jeu, les êtres humains les plus rapides sont évidemment ceux habitant le long de l'équateur, qui bouclent les 40 075 kilomètres qui les séparent d'un tour complet en se déplaçant à 465 mètres par seconde ; soit 1 670 kilomètres par heure. Cette vitesse, supérieure à celle du son dans l'air, n'en reste pourtant pas moins dérisoire comparée à celle de notre vaisseau Terre. Installez-vous confortablement et surtout ne bougez pas le petit doigt, posez vos pouces de chaque côté, ici et là , et cramponnez-vous.

Félicitations ! Au cours de la seconde qui vient de s'écouler, vous vous êtes déplacé dans l'espace de 30 kilomètres autour du Soleil. Cette vitesse phénoménale vaut pour ce livre comme pour vous et tout ce qui se trouve sur Terre – ou gravite autour – actuellement.

Arrêtons-nous une seconde sur cette idée, et voilà que vous venez de renouveler l'expérience en vous retrouvant de nouveau 30 kilomètres plus loin dans l'espace. Depuis que vous avez entamé la lecture de ce chapitre, filant trente fois plus vite qu'une balle de fusil, vous avez parcouru 2 700 kilomètres autour du Soleil. La prochaine fois que quelqu'un vous traite de fainéant, ou se pavane au volant d'une Ferrari, faites-lui poliment remarquer que vous vous déplacez sans effort quarante-cinq fois plus vite qu'un avion de chasse autour du Soleil !

De ce point de vue-là, il est amusant de penser que lorsque vous soufflez une bougie d'anniversaire, vous célébrez en réalité le fait d'avoir effectué un tour complet, long de 970 millions de kilomètres autour de votre étoile. Passant un an, arrimé à votre planète et voyageant comme elle, à la vitesse ahurissante de 107 000 kilomètres par heure autour du Soleil. *Plus précisément, notre planète se déplace sur son orbite autour du Soleil à la vitesse moyenne de 107 218,8 kilomètres par heure.*

Cependant, ce voyage ne s'arrête pas là, car notre planète est elle-même liée par la force de gravitation au Soleil, qui lui non plus n'est pas immobile et tourne à son tour autour du centre de notre galaxie. Ainsi, la Terre, comme tous les objets situés dans la sphère d'influence gravitationnelle de notre étoile, est passagère d'un vaisseau gigantesque : le Système solaire qui se déplace autour du centre de notre galaxie six cent quarante fois plus rapidement que le son. Là, maintenant, vous vous déplacez à 220 kilomètres à la seconde – ou encore 790 000 kilomètres par heure autour du centre galactique. Pour tenter de vous représenter cette vitesse prodigieuse, qui est près de deux fois plus rapide que celle d'un éclair, dites-vous qu'en l'espace de 25 minutes vous avez parcouru, autour du centre de notre galaxie, une distance équivalente à celle séparant notre planète de son satellite.

La conséquence un peu étrange de tout ceci, c'est que tout ce qui a eu lieu sur Terre s'est en fait déroulé dans une autre région de l'espace que celle où vous êtes maintenant. Dans un endroit qui est à la fois derrière vous dans le temps, mais aussi dans l'espace. Ainsi, nos dates d'anniversaire qui comptent les nombres de tours effectués autour du Soleil depuis notre présence sur Terre, comptent aussi des distances parcourues dans l'espace.

En prenant pour référence le centre de notre galaxie, le temps de lire cette phrase vous serez déjà 800 kilomètres plus loin dans l'espace que lorsque vous l'avez commencée. Imaginez un endroit situé à 220 kilomètres de chez vous... comptez une seconde et... vous êtes arrivé. Une seconde de plus et vous êtes de nouveau 220 kilomètres plus loin. Ainsi, si on considère à la louche *(l'unité de louche se mesurant grosso modo au pifomètre)* qu'il vous a fallu cinq minutes depuis le début du chapitre pour arriver à cette phrase alors le début de votre lecture se situe à 66 000 kilomètres d'ici, derrière vous, ailleurs dans le cosmos (en prenant toujours comme référence notre mouvement autour du centre galactique). En jouant avec cette idée, on peut ainsi s'amuser à placer derrière nous dans l'espace des événements passés. Les pyramides de Gizeh, édifiées il y a 4 500 ans, l'ont aussi été quelque part à 30 000 milliards de kilomètres de nous. Quant à l'invention de l'agriculture, elle se situe à peu de chose près à 10 années-lumière de distance dans le cosmos. La puissance de cette idée est que lorsque quelque chose de désagréable vous arrive, dites-vous que cet événement est déjà plusieurs kilomètres derrière vous.

Sauf que notre Système solaire est lui aussi embarqué dans un vaisseau encore plus grand : la Voie lactée. Car notre galaxie se déplace dans l'univers, avec une vitesse de croisière actuelle d'environ cent trente kilomètres par seconde qui la fait plonger en direction de la galaxie d'Andromède. Et ces deux galaxies, ainsi qu'un grand nombre de leurs voisines, foncent à leur tour à près de 600 kilomètres par seconde, soit quelque 2,1 millions de kilomètres par heure en direction d'une étrange région du ciel baptisée « le Grand Attracteur ».

Les secondes s'égrènent et vous restez là sans bouger, en prenant grand soin de ne pas lever le petit doigt. Pourtant chaque fois que vos paupières s'ouvrent et se ferment, le temps d'un seul battement de cil, vous avez parcouru près de 6 kilomètres à travers l'espace en direction du Grand Attracteur, en vous déplaçant six fois plus rapidement que la foudre sur Terre. *Un clignement typique se déroule dans un délai compris entre 100 et 150 millisecondes.* Depuis le début de ce chapitre, c'est soixante-cinq fois la distance qui sépare Los Angeles de New York que vous avez comblée en direction de cette région du ciel lointain, soit près de 250 000 kilomètres en 7 minutes.

Dès lors, se pose la question de savoir pourquoi nous ne ressentons pas les effets de ces vitesses faramineuses dans nos vies de tous les jours. Pourquoi n'avons-nous pas les cheveux ébouriffés et le visage crispé par ces vitesses supersoniques ? L'explication se trouve dans le fait que tout ce qui vous entoure – depuis votre chat paresseux qui lézarde sur votre canapé jusqu'à l'inspecteur des impôts – se déplace aussi à ces vitesses. Tout ce qui se trouve sur Terre et qui gravite autour se déplace bien quatre-vingt fois plus rapidement que le son dans l'air autour du Soleil ; ce livre, votre belle-mère ou encore l'atmosphère terrestre ont eux aussi cette vitesse et vous accompagnent dans ce mouvement. Nous sommes tous emportés par le vaisseau Terre dans sa course autour du Soleil. Ainsi, toutes les vitesses dont nous venons de parler, vous les aviez déjà dans le ventre de votre maman et êtes en quelque sorte né à trente kilomètres par seconde autour de votre étoile. Et c'est parce qu'elles sont quasiment constantes, qu'aussi ahurissantes soient-elles, vous n'en ressentirez jamais les effets. Vous pouvez relâcher votre prise et desserrer vos mains, vous ne risquez plus rien.

En réalité, étant donné que tout est en mouvement, quand on parle de déplacement, il faut toujours se demander par rapport à quoi on se déplace ? Vous êtes assis, immobile et votre vitesse est de zéro par rapport à votre fauteuil, mais vous vous déplacez tous les deux à 2,1 millions de kilomètres par heure en direction du Grand Attracteur. Si vous demandez à un astronaute, lors d'un lancement, de vous donner sa vitesse, il vous la donnera par rapport au pas de tir duquel sa fusée a décollé. Mais une fois dans la station spatiale internationale, il calculera celle-ci à partir d'un point fictif situé au centre de la Terre. Lorsque vous vous faites arrêter pour excès de vitesse, c'est pour vous être déplacé trop rapidement relativement au plancher des vaches, et l'agent qui vous verbalise se déplace tout comme vous à 790 000 kilomètres par heure autour du centre de notre galaxie. *Faites-lui remarquer; il devrait apprécier l'idée.* Dit autrement, une vitesse est toujours relative. On ne la ressent que lorsqu'on en change, quand on accélère ou décélère. En roulant à 50 kilomètres par heure en voiture sans ceinture, le danger ne provient pas de la vitesse elle-même mais des effets possibles de sa variation. Des effets bien connus de John Paul Stapp, l'être humain qui s'est montré le plus zélé dans l'étude des conséquences sur le corps humain de variations brutales de vitesse. Au cours des années cinquante, ce docteur en biophysique donna littéralement de sa personne pour tester les limites de résistance d'un organisme soumis à des accélérations et décélérations proprement délirantes. Se portant cobaye volontaire pour faire avancer à grande vitesse les connaissances en matière de sécurité aéronautique, John Paul Stapp mit notamment au point, avec ses collègues ingénieurs, une sorte de bobsleigh posé sur rails à l'arrière duquel on avait greffé toute une batterie de surpuissants moteurs de fusée. En 1954, sanglé à la fusée sur rails, John Paul passe de 0 à 1 017 kilomètres par heure en 5 secondes, et de 1 017 à 0 en 1,4 seconde au point de subir une décélération de 46,2 g. En guise de séquelles, il aura quelques côtes brisées et gardera des troubles de la vision toute sa vie. *Le bougre vécut tout de même jusqu'à l'âge de 89 ans.* Ces travaux de recherche qui peuvent prêter à rire furent pourtant le point de départ des essais à l'aide de mannequins qui permirent aux ingénieurs de construire des véhicules plus sûrs.

Après tous ces déplacements mouvementés, je vous laisse tourner la page tout en continuant votre course folle autour de l'axe de rotation de la Terre, tournant elle-même autour du Soleil, qui nous emporte autour du centre de notre galaxie, elle-même lancée dans une danse étrange avec les galaxies voisines, elles-mêmes en train de plonger en direction du Grand Attracteur…

Les grandes vitesses du minuscule

Prenons le temps de nous poser quelques instants pour partir à la découverte des vitesses qui ont cours à l'échelle du monde microscopique. Intuitivement, on est tenté d'imaginer le domaine de l'infiniment petit comme n'étant pas particulièrement véloce. Quand on y pense, les atomes d'une cuillère à café, comme tous ceux de votre table à manger, semblent être figés sous une forme immobile. Quant à ceux qui se trouvent dans l'air, ils doivent certes se déplacer, mais notons que par temps calme, personne n'a jamais vu de tempête se déclencher comme par magie dans son salon.

Cependant, si on pouvait y regarder de plus près, on verrait que les molécules qui constituent l'air qui nous entoure se déplacent bien plus rapidement que les plus véloces de nos voitures de course. On a ainsi pu calculer que, dans de l'air à 27 °C, à une pression équivalente à celle du niveau de la mer, les molécules de diazote et de dioxygène, se déplacent à une vitesse moyenne d'environ 1 800 kilomètres par heure ! Évidemment, il est impossible de connaître précisément la vitesse de chacune des 10 milliards de milliards (10^{19}) de molécules qu'on trouve dans un simple centimètre cube d'air. D'autant que toutes s'entrechoquent et se télescopent continuellement. Certaines d'entre elles ont très certainement des vitesses proches de zéro, tandis que d'autres peuvent se déplacer bien plus vite que la moyenne. Toutes ne gardent leur vitesse que sur de très courtes distances jusqu'à ce qu'elles rencontrent d'autres molécules et influencent ou modifient leur vitesse respective en se perturbant et en se frôlant.

Toujours est-il que les molécules d'air de l'habitacle d'un avion de ligne ont en moyenne, sur de courtes distances, des vitesses près de deux fois plus importantes que celle de l'avion lui-même ! Qu'est-ce qui donne à ces molécules ces vitesses phénoménales ? Tout simplement leur agitation thermique ! Car la température d'un objet n'est en réalité rien d'autre que la mesure de la vitesse moyenne, de l'agitation, des atomes et des molécules qui le composent. Dit autrement, la température d'un corps dépend du degré d'agitation de sa matière et, lorsque sa température est élevée, cela signifie qu'à l'échelle microscopique, ces molécules sont fortement agitées et possèdent, sur de courtes distances, des vitesses considérables. C'est pourquoi, le moindre objet qui vous entoure, qu'il soit sous forme gazeuse, liquide ou solide, n'a pas à rougir de sa vélocité, tout du moins si on l'observe au niveau des éléments atomiques qui le composent.

Au premier abord, une telle affirmation peut sembler étrange. Pourtant, de l'air à 30 °C gigote considérablement plus à l'échelle microscopique que ne le fait de l'air à 15 °C. Ainsi, si vous pouviez littéralement voir les atomes qui constituent une pièce métallique chauffée au rouge, vous les trouveriez en train de vibrer sur de petites distances, effectuant de véloces va-et-vient tout en restant liés les uns aux autres. Si ces mouvements, mesurables au moyen d'ingénieuses machines, restent invisibles pour nos yeux, ils peuvent cependant être ressentis. En posant par inadvertance les doigts sur une pièce de métal chauffée, nous nous brûlons car les atomes de cette dernière bougent beaucoup et transmettent, par « contact », une partie de leur agitation effrénée aux molécules de nos doigts qui peuvent se déstructurer, se déliter et finir par tuer nos cellules de l'intérieur, lorsque l'agitation qui leur est communiquée est trop importante.

De ce point de vue, il est touchant de penser qu'en apposant vos doigts sur ces pages, vous rendez le mouvement des molécules qui forment ces feuilles de papier légèrement plus vigoureux, au point de contact et à proximité. À l'inverse, en stockant cet ouvrage dans un congélateur, vous les calmeriez en limitant leur vitesse de déplacement et de vibration.

Est-il possible de ralentir le mouvement constituant le papier de ce livre au point de lui faire atteindre un état d'immobilité totale ? Théoriquement oui ! Car il existe une température minimum au-delà de laquelle il n'est plus possible de descendre. Cette température est dite du zéro absolu, une valeur qui correspond à – 273,15 °C dans notre échelle de mesure quotidienne et peut aussi être notée 0 degré Kelvin. En pratique, cela reste très compliqué. Certaines expériences menées en laboratoire arrivent à s'approcher de cette température le temps de quelques secondes sur des échantillons de très petites quantités de matière. Étant donné qu'il n'est pas possible qu'il y ait moins de mouvement que… pas de mouvement, aucun objet ne pourra jamais être plus froid que cela. Vous pouvez maintenant ressortir ce livre de votre congélateur car il est temps de l'envoyer dans le futur.

Comment envoyer ce livre dans le futur ?

Si construire une machine à remonter dans le temps reste encore un fantasme réservé au domaine de la science-fiction, il est possible pour vous d'entreprendre dès maintenant un voyage dans le futur !

Pour cela, rien de plus simple, il vous suffit simplement de rester là sans bouger. Car ce livre – tout comme vous – est actuellement en train de voyager dans le temps, et ce à chaque instant. Au cours de l'année qui vient de s'écouler, tout ce qui vous entoure a ainsi avancé d'un an dans le temps. Jusque-là rien de bien surprenant. Mais serait-il possible de voyager dans le temps en direction du futur, plus lentement ou rapidement qu'au rythme d'une seconde chaque seconde ? Pour tenter de répondre à cette étrange question, nous allons devoir plonger dans deux bizarreries des lois de la nature mises en lumière, il y a maintenant plus d'un siècle, par Albert Einstein.

La première de ces étrangetés, énoncée pour la première fois dans la théorie de la relativité restreinte publiée en 1905, nous dit que l'espace et le temps ne sont en réalité que deux aspects d'une seule et même chose : l'espace-temps. Dans l'univers dans lequel nous sommes, plus on se déplace à grande vitesse, plus on voyage rapidement en direction du futur. Dit autrement, la façon dont le temps s'écoule pour quelqu'un ou quelque chose est donc intimement liée à sa vitesse.

Pour tenter de toucher du doigt cette affirmation, prenons un exemple concret. Imaginez une seconde que je vous propose de passer 5 ans de votre vie dans un hypothétique vaisseau capable de se déplacer à une vitesse de l'ordre de 99 % de celle de la lumière, tout en vous faisant la promesse d'être présent à la date précise de votre retour afin de discuter ensemble de nos 5 années de vie écoulées. Passablement peu emballé à l'idée de passer autant de temps dans une boîte exiguë propulsée dans l'espace à des vitesses sidérantes, vous déclinez poliment l'expérience. Et voilà que, devant votre refus poli, c'est moi qui m'y colle et, après nous être fait la promesse de nous retrouver dans 5 ans, je décolle pour effectuer dans l'espace un périple d'une demi-décennie, à 99 % de la vitesse de la lumière.

Le jour J, 5 années tapantes après mon départ, n'ayant qu'une parole, vous êtes bien présent et ponctuel, attendant mon retour au niveau de la piste d'atterrissage où nous nous sommes donné rendez-vous. Pourtant ce jour-là, aucun vaisseau spatial ne vient fouler le tarmac, ni le suivant. Terriblement vexé par ce retard intolérable et me sachant vivant, vous décidez de planter la tente et de patienter le temps qu'il faudra jusqu'à mon arrivée afin d'être présent pour me rappeler la définition précise de la ponctualité. Et voilà que les semaines passent, les mois s'égrènent et les années s'écoulent et toujours aucun vaisseau à l'horizon. Votre campement de fortune commence à prendre de l'allure car il vous faut bien tuer le temps, et les années continuent de défiler. Mu par l'énergie de la rancœur et du ressentiment, vous trouvez le courage de continuer à patienter, jusqu'à ce qu'enfin vous assistiez depuis le perron d'une désormais bien belle maison, à l'arrivée de mon vaisseau pointant le bout de son nez à l'horizon.

Lorsque la porte du cockpit s'ouvre enfin, votre visage creusé par les rides se fend d'étonnement car celui de l'homme qui en sort semble avoir à peine vieilli et ses traits ne trahissent aucunement la culpabilité que devrait ressentir tout être humain coupable d'un retard de 35 ans 162 jours 1 heure 58 minutes et 4 secondes !

D'un côté comme de l'autre, l'incompréhension est totale. Je ne comprendrais peut-être pas pourquoi vous avez l'air si vieux et, face à vos réprimandes pour ce retard inacceptable, je me défendrais en toute bonne foi ; quant à vous, votre colère serait des plus légitime. Et nous aurions tous les deux raisons.

Alors, que s'est-il passé ?

Aussi bizarre que cela puisse paraître, nos temps propres se sont simplement décalés, nous avons été ponctuels mais n'avons « simplement » pas voyagé vers l'avenir à la même vitesse. De mon point de vue, 5 années se sont bien écoulées dans mon vaisseau, je n'y ai aucunement vécu au ralenti et cette demi-décennie enfermé ne s'est pas déroulée comme dans un clip en *slow motion*. À l'inverse, pour vous qui êtes resté sur Terre, 35 années 162 jours 1 heure 58 minutes et 4 secondes se sont écoulés depuis mon départ. Ce qui revient à dire qu'un hypothétique vaisseau décollant de la Terre en

2021 et se déplaçant à 99 % de la vitesse de la lumière ne mettrait que 5 de ses années de voyage pour se rendre en l'année 2056 sur Terre, tandis que pour tout ce qui y serait resté un peu plus de 35 ans se seraient écoulés.

Et là où ça devient encore plus bizarre, c'est que ce décalage temporel, qui s'observe pour tout ce qui voyage dans l'espace-temps, devient d'autant plus marqué dans la nature à mesure que les vitesses impliquées s'approchent de celle de la lumière dans le vide, *soit 299 792 458 mètres par seconde*. Ainsi, si j'avais passé 5 ans à voyager à 99,5 % de la vitesse de la lumière, à mon retour sur Terre vous auriez sûrement attendu sur le perron de votre splendide maison, armé d'une canne et en compagnie de vos petits-enfants car il se serait écoulé pour vous près de 50 ans (*précisément 50 années 22 jours 20 heures 31 minutes et 43 secondes*).

Plus l'on s'approche de cette valeur de vitesse limite, plus le décalage devient colossal. Si mon vaisseau s'était déplacé à 99,99 % de cette valeur, alors à son retour sur Terre, il aurait vraisemblablement été accueilli par les arrière-arrière-petits-enfants de vos petits-enfants car plus de 353 ans se seraient écoulés sur notre planète (*précisément 353 années 205 jours 5 heures 7 minutes et 57 secondes*).

À ce stade, si vous avez comme moi beaucoup de mal à vous représenter ce que cela signifie, rappelez-vous que ce que nous appelons le temps et aimons intuitivement nous représenter comme absolu, se déroulant pour tous partout de la même manière, est en réalité relatif. Son écoulement est propre à chacun. Il peut se dilater ou se contracter en fonction notamment de notre déplacement dans ce qu'on appelle l'espace-temps. Deux durées vécues et mesurées par deux personnes différentes qui se déplacent l'une par rapport à l'autre vont donc invariablement finir par se désynchroniser. Évidemment, ces affirmations sonnent totalement contre-intuitives quand on pense à l'expérience du temps que nous vivons au quotidien car, à faible vitesse (*au sens de faible par rapport à la vitesse de la lumière*), ces effets relativistes sont négligeables.

On a pu s'amuser à calculer que si vous frottez vigoureusement l'un de vos doigts sur le papier de cette page, puis que vous posez ce livre et sortez faire un petit tour de 400 mètres aller-retour, à la vitesse moyenne d'un piéton, vous aurez vécu 0,000000000000003 seconde de moins que les milliers de bactéries que vous avez vraisemblablement déposées sur la page en y frottant votre doigt. En réalité, pour que vous puissiez réellement faire l'expérience de ces effets relativistes de décalage dans votre quotidien, il faudrait être capable d'atteindre des vitesses de l'ordre du dixième de celle de la lumière. En maintenant une telle célérité pendant 5 ans vous ne reviendriez sur Terre qu'avec une grosse semaine de retard sur votre rendez-vous, car il se serait écoulé sur notre planète 5 années 9 jours 4 heures 39 minutes et 23 secondes.

Or nous sommes très très très très très très très très très très très très très très très très très très loin de pouvoir approcher de telles valeurs. En effet, la plus grande vitesse de déplacement jamais atteinte par des êtres humains fut celle des équipages d'*Apollo* qui, lors de leur périple vers la Lune, ont approché dans leur vaisseau les 30 kilomètres par secondes. Une vitesse colossale qui est pourtant dix mille fois plus petite que la vitesse de la lumière. Dès lors, si nous ne sommes pas capables d'approcher ces vitesses, qu'est-ce qui nous prouve que toutes ces histoires ne sont pas juste des jeux de l'esprit ?

Pour tester ces théories qui peuvent sembler totalement farfelues et vérifier qu'elles collent bien avec la façon dont la nature se comporte, les scientifiques ont imaginé des centaines d'expériences capables de les mettre à l'épreuve. La plus connue d'entre elles consiste à mettre au point des horloges pouvant donner un très grand nombre de petites durées. Celle-ci s'appuie généralement sur le principe suivant : on mesure le passage du temps à l'aide d'atomes de césium qui possèdent des électrons pouvant passer d'un niveau d'énergie à l'autre de façon extrêmement rapide et régulière. Les électrons de ces atomes battent en quelque sorte la mesure à une cadence de 9 192 631 770 fois par seconde. *En physique, une seconde est égale à la durée de 9 192 631 770 périodes de la radiation correspondant à la transition entre les deux niveaux hyperfins de l'état fondamental de l'atome de césium 133 non perturbé.* Au passage, ils émettent du rayonnement. À l'échelle du tout petit, les événements se déroulent vraiment rapidement. Entre le moment où la lumière a percuté le livre puis l'a quitté et celui où elle a atteint votre rétine, un électron d'un atome de césium a eu le temps de changer près de dix fois de niveau d'énergie. Une autre façon de se représenter la vitesse de ces variations de niveau d'énergie est de se dire que lors de la durée d'une seule transition, la lumière n'a le temps de parcourir que quelques centimètres.

En se basant sur la fréquence de ces rayonnements, les chercheurs ont pu mettre au point des horloges dites atomiques, capables de mesurer le passage du temps avec une extrême précision. Songez que ces horloges ne se décalent que d'une seconde sur 30 millions d'années ! Armé de ces métronomes de l'extrême, on a pu réaliser des milliers d'expériences qui toutes sont venues confirmer ce lien intime entre l'espace et le temps. On a ainsi pu montrer qu'après avoir passé 6 mois à bord de la station spatiale à se déplacer à 27 000 kilomètres par heure autour de la planète, une horloge atomique parfaitement synchronisée au départ avec une autre restée sur Terre, présente à son retour un décalage d'une microseconde de moins. Et cela vaut aussi pour toutes les personnes qui ont séjourné à bord. À ce petit jeu, on a ainsi calculé que le cosmonaute Sergueï Krikalev, qui passa 803 jours cumulés dans l'espace lors de ses différents séjours à bord de la station Mir, puis de la station spatiale internationale, est l'être humain ayant voyagé le plus rapidement dans le futur. Sur l'ensemble de ses missions, le temps propre de Sergueï a moins avancé que celui de tous ceux restés sur Terre, se décalant de 22,68 millisecondes.

Bien que nous soyons incapables d'accélérer de gros objets à des vitesses proches de celle de la lumière, on sait le faire pour de très petits. On a ainsi pu vérifier les prédictions de la théorie dans des accélérateurs de particules. Là encore on a pu observer que du point de vue du chercheur qui les étudie, les particules instables se désintègrent à un rythme plus lent lorsqu'elles sont propulsées à des vitesses proches de celle de la lumière que lorsqu'on observe ces mêmes désintégrations au repos. Soumises à de grandes vitesses, ces particules « vieillissent » en quelque sorte moins vite que les chercheurs qui les étudient, et ce exactement comme la théorie de la relativité l'avait prédit.

Vous devez vous dire que tout ceci est vraiment bizarre et farfelu (*si vous ne trouvez pas cela bizarre et farfelu alors vous êtes vous-même vraiment bizarre et farfelu*) et pourtant ce n'est que le début. Car à ce décalage temporel qui s'observe lorsqu'on atteint des vitesses considérables est venue s'ajouter une autre délicieuse étrangeté qui nous dit que la force de gravitation est la conséquence d'une déformation de l'espace-temps, provoquée par la masse des objets. *On doit de nouveau cette découverte à Einstein qui l'exposa dans sa théorie de la relativité générale de 1915.*

Plus la masse d'un objet est importante, plus la déformation de l'espace-temps qu'il engendre l'est aussi. Ainsi, la proximité d'une masse influence la façon dont nous voyageons dans le temps et vous tenir à proximité d'un objet massif ralentit l'écoulement de votre temps propre par rapport à celui de ceux qui en sont plus éloignés. Même si vous passiez toute votre vie en compagnie d'un sumotori vous n'en ressentirez jamais les effets car ceux-ci sont encore une fois beaucoup trop faibles dans notre vie de tous les jours pour être perceptibles. Pourtant, on ne compte plus les observations ou expériences qui sont venues là aussi confirmer cette étrange propriété de l'espace-temps qui veut que le temps s'écoule plus lentement à la surface d'un corps massif et que cet effet diminue à mesure qu'on s'en éloigne.

La plus déroutante d'entre elles implique deux horloges atomiques et un objet massif que nous piétinons tous les jours : la Terre. Pour mesurer des distorsions temporelles sur de si petites variations de déformation de l'espace–temps, les chercheurs ont utilisé des horloges encore plus précises que les précédentes et qui permettent de mesurer le passage du temps à l'aide d'ions d'aluminium qui vibrent entre deux niveaux d'énergie plus d'un million de milliards de fois par seconde ! Ces horloges sont si précises qu'il faudrait patienter 3,7 milliards d'années avant de les voir retarder d'une seconde. Lors de cette expérience, dans un premier temps, deux horloges atomiques parfaitement synchronisées ont été placées côte à côte. Puis, dans un second temps, une des deux horloges fut placée, durant quelques dizaines d'heures, un étage au-dessus de l'autre. À la fin de l'expérience, quand les deux horloges ont été de nouveau rassemblées, on a constaté qu'elles s'étaient très légèrement – et invariablement – décalées, exactement comme la théorie l'avait prévu. Celle restée à l'étage en dessous, ayant passé plus de temps soumise à un champ gravitationnel légèrement plus fort, se trouvait être légèrement en retard sur celle ayant passé du temps au-dessus. Ainsi, si vous vivez au niveau de la mer, le temps passe légèrement plus lentement pour vous que pour ceux qui habitent en montagne. Chaque jour, une personne résidant à un kilomètre d'altitude vieillit 0,000000010 seconde de plus que quelqu'un résidant au niveau de la mer et ce pour chaque kilomètre d'altitude. L'expérience des deux horloges a été renouvelée plusieurs fois jusqu'à des différences d'altitude de seulement 33 centimètres et à chaque fois ça marche. Si vous voulez savoir le décalage qu'une si petite différence d'altitude engendre, et j'imagine que vous voulez le savoir puisque vous continuez à lire cette phrase, elle est de l'ordre de 90 milliardièmes de seconde par siècle !

Et le fait que le temps passe un peu plus vite quand on s'éloigne de la surface de la Terre, et qu'à l'inverse il ralentit à mesure qu'on s'y enfonce a une délicieuse conséquence. En vertu de cet effet relativiste provoqué par la présence d'un champ gravitationnel, on a pu calculer que depuis sa formation, il y a environ 4,56 milliards d'années, la matière située au centre de la Terre est plus jeune que celle de sa surface et ce de deux ans et demi !

Le plus génial dans tout ça, c'est peut-être de se dire que, si vous ne rangez pas vos livres à plat ou à l'envers, et pourvu que vous n'ayez pas passé la majorité du temps à lire cet ouvrage en faisant le cochon pendu, alors le haut de chacune de ces pages...

... a voyagé plus rapidement dans le futur que le bas.

Levez-vous pour lire ce chapitre, et restez debout une minute. À la fin de l'expérience, le haut de votre corps a été soumis à un champ gravitationnel moins intense que le bas et votre tête a plus vécu que vos pieds qui sont plus jeunes de 0,000000000000010 seconde que votre mal de crâne qui doit se manifester lors de cette expérience de pensée qui vous fait sûrement une belle jambe.

À ce stade, peut-être vous demandez-vous si tout cela n'est pas un peu contradictoire avec l'exemple des astronautes qui, bien qu'ils passent de longues périodes à vivre là-haut à 400 kilomètres d'altitude (l'altitude de croisière de la Station spatiale internationale) soumis à un champ de gravitation beaucoup plus faible que nous (*les astronautes sont en impesanteur car ils chutent constamment, autour de la Terre, mais le champ gravitationnel de la Terre, bien que plus faible, est toujours bien présent*), reviennent légèrement moins vieux que ceux restés sur Terre ? En réalité dans votre cas, sur Terre, comme dans celui des astronautes, les deux effets entrent en jeu. Mais pour ces derniers, c'est l'effet relativiste lié à leur vitesse de déplacement qui l'emporte largement sur celui lié à la masse de la Terre. Raison pour laquelle ils reviennent imperceptiblement plus jeunes que ceux restés sur Terre.

La compréhension fine de ces effets relativistes, outre le fait qu'elle peut être une friandise pour l'esprit, est aussi fort utile dans notre quotidien. *Personnellement, ces connaissances provoquent chez moi une popcornisation des neurones.* Elles nous permettent d'utiliser des objets auxquels beaucoup d'entre nous demandent de l'aide tous les jours afin de savoir précisément où ils sont sur Terre, j'ai nommé nos GPS (*son équivalent européen Galileo fonctionne aussi très bien*).

Lorsque vous utilisez un système de positionnement par satellite, pour pouvoir synchroniser le temps de chaque horloge embarquée par rapport aux autres, il est nécessaire de connaître le temps propre de votre téléphone et de tous les satellites qui le triangulent, et donc de prendre en compte les infimes décalages temporels engendrés par les deux effets. D'un côté, les satellites de type GPS sont soumis à un effet relativiste du fait de leur vitesse de 14 000 kilomètres par heure sur leur orbite. Leur temps propre est donc un peu ralenti et les journées y sont plus courtes que les nôtres de 7 microsecondes. De l'autre côté, se trouvant à près de 20 000 kilomètres au-dessus du sol, ils sont soumis à un champ de gravitation beaucoup plus faible que nous. Leur temps propre s'écoule donc légèrement plus rapidement que celui de notre téléphone resté sur Terre. Sous l'action de cette distorsion, l'écoulement du temps y est accéléré de 45 microsecondes par jour par rapport au nôtre.

Au final, la distorsion temporelle engendrée par leur vitesse compense légèrement celle produite par l'éloignement au champ de gravitation de la Terre et, sous l'action des deux effets combinés, leur journée y est accélérée d'environ 38 microsecondes. Cette valeur qui peut sembler dérisoire doit être prise en compte pour synchroniser les horloges de tout ce petit monde, sans quoi nos GPS nous indiqueraient nos points de rendez-vous avec une précision se décalant d'environ 10 kilomètres par jour ! De quoi engendrer quelque problème lorsqu'on souhaite se présenter à l'heure et au lieu dit.

Voyager vite pour ne plus avoir besoin d'attendre

Lorsqu'on arrive en avance, disons de 40 minutes, à un lieu de rendez-vous, il est de coutume de prendre un café et son mal en patience, puis de simplement laisser doucement le temps couler, en continuant à voyager, seconde par seconde, en direction du futur, jusqu'à l'heure de la rencontre attendue. Pourtant, si vous n'aimez pas patienter, vous serez heureux de savoir que cette attente pourrait théoriquement être comblée en moins de temps qu'il ne faut pour le dire pour peu que vous puissiez vous mouvoir à des vitesses de l'ordre de celle de la lumière. En effet, si vous aviez la possibilité de vous déplacer instantanément à 99,99999 % de cette vitesse, vous n'auriez qu'à le faire une seconde pour revenir à l'heure. Évidemment, par souci pour votre intégrité physique, nous mettons de côté le fait qu'atteindre une telle vitesse sur une durée de temps si courte implique une accélération et une décélération qui réduiraient l'ensemble de votre corps en quelque chose qu'il convient de poliment appeler « purée ». Si vous doutez des méfaits sur le corps humain de changements de vitesse brutaux, rendez-vous page 82 pour découvrir John Paul Stapp. Lorsque vous – ou la bouillie résultante – reviendriez vous asseoir une seconde plus tard, vous auriez voyagé dans le futur à la vitesse de 37 minutes par seconde (*précisément 37 minutes et 16 secondes*) et il ne vous resterait donc plus que 3 minutes à patienter à la terrasse du café. Si vous vous lancez dans pareille aventure, avant de partir, pensez tout de même à laisser ce livre sur la table afin que votre ami puisse comprendre la raison de vos 34 minutes de retard dans le cas de figure où vous prolongeriez par inadvertance la durée de votre voyage d'une seconde.

Malheureusement, vous le savez, cette méthode pour tuer le temps efficacement ne peut pas être utilisée. C'est décevant, il nous faut à chaque fois patienter. À ceci deux raisons. La première tient simplement au fait que la construction d'un moyen de transport pouvant voyager aux vitesses nécessaires pour que les effets relativistes puissent se faire ressentir est totalement hors de portée des technologies dont nous disposons à l'heure actuelle. La seconde raison, elle, est un peu plus étonnante et vient du fait que se déplacer à des vitesses aussi colossales demande de disposer d'une quantité d'énergie considérable.

Imaginons que vous ambitionniez de partir faire un tour depuis votre terrasse à une vitesse modeste de 99,99 % de la vitesse de la lumière. *Vous auriez besoin de passer 34 secondes dans votre vaisseau pour arriver à l'heure dite.* La quantité d'énergie dont vous auriez besoin pour accélérer votre corps de 70 kilos à 99,99 % de la vitesse de la lumière est de $4{,}3858097821952 \times 10^{25}$ joules. Ce qui correspond, en langage courant, à près de dix mille fois la quantité d'énergie libérée si vous brûliez l'ensemble de toutes les réserves de pétrole connues à travers le monde. Et cela ne prend en compte que la quantité nécessaire pour propulser une masse de 70 kilos ! À celle-ci devrait s'ajouter le poids considérable du vaisseau. Un vaisseau dans lequel il faudrait mettre du carburant, ce qui augmenterait sa masse et donc la quantité de carburant qu'il faudrait y mettre, et donc sa masse et donc la quantité de carburant qu'il faudrait y mettre… Ces quantités d'énergie démentielles nécessaires pour accélérer un corps – en l'occurrence le vôtre – à une vitesse proche de celle de la lumière dans le vide provient du fait que plus on s'approche de cette limite et plus la masse de l'objet accéléré semble tendre, elle aussi, vers l'infini et plus il faut donc lui communiquer de l'énergie pour continuer à accélérer. *La nature possède intrinsèquement une limite infranchissable de vitesse de déplacement dans l'espace-temps qui correspond à celle de la lumière dans le vide.*

Ainsi, même en mettant de côté tous les défis technologiques qu'impliquerait la construction d'un tel vaisseau, vous n'auriez jamais suffisamment d'énergie à disposition sur Terre pour pouvoir vous accélérer à 99,99 % de la vitesse de la lumière dans le vide. À moins, peut-être, que vous ne disposiez d'un antichat, ou d'une antipage (voir page 190). En revoyant vos ambitions à la baisse, il vous serait théoriquement possible de propulser quelque chose ayant une masse de l'ordre d'un gramme, à 99 % de la vitesse de la lumière. Il vous en coûterait la quantité d'énergie libérée par l'explosion de 131 000 tonnes de TNT ($5{,}473 \times 10^{14}$ joules), ce qui est tout de même détonnant.

Bref, pour l'heure, aux échelles de vitesse que nous sommes capables d'atteindre, et si l'on met de côté nos satellites, les étranges effets relativistes restent hors de portée de notre quotidien, à moins que vous ne regardiez de… l'or ! Car aussi bizarre que cela puisse paraître, la couleur de ce précieux métal est intimement liée aux vitesses phénoménales que possèdent les électrons de ses atomes. On a en effet découvert que certains de ses électrons, en se déplaçant à des vitesses de l'ordre de la moitié de celle de la lumière, entraînent dans leur sillage l'apparition de phénomènes relativistes. En modifiant les longueurs d'onde auxquelles les électrons sont sensibles, ces derniers deviennent responsables de l'absorption de la lumière située dans la partie bleue du spectre visible et de sa réflexion dans la partie située entre le jaune et le rouge donnant ainsi à l'or sa couleur dorée si caractéristique. Et si la nature n'était pas le siège de ces étranges effets de distorsion de l'espace-temps engendrés par l'extrême vélocité de ses électrons, l'or prendrait – à l'instar de la plupart des métaux – une teinte métallisée tendant vers le gris.

Retour vers le futur

Il existe une façon moins dangereuse et moins coûteuse pour envoyer ce livre dans le futur. Pour ce faire, munissez-vous d'une pelle et creusez un trou dans votre jardin. Mettez ensuite le livre dans une petite boîte en fer. Puis fermez la boîte, bouchez le trou et laissez ce que vous y avez enfermé voyager tranquillement en direction du futur, à la vitesse d'une seconde par seconde dans l'espoir que quelqu'un, un jour, le découvre. Par ce geste, vous venez de mettre au point une boîte ayant pour vocation de voyager dans le temps, une capsule temporelle intentionnelle (voir page 298).

Les chances d'être en vie

« On cesse de s'étonner devant un miracle constant. »

André Gide

Vous êtes souvent intéressé par le sexe, et l'idée de mourir ne vous réjouit pas ? Alors félicitations, c'est une très bonne nouvelle, cela signifie que vous êtes un survivant et faites assurément partie de la grande histoire du vivant. Vous en êtes l'un des derniers descendants, l'un des héros. L'héritier d'une longue tradition de passeurs de flambeau, qui finiront tous un jour par s'éteindre.

En attendant, pour vous, la lumière s'est allumée : « Vous êtes né ! » Et quand on y pense, c'est vraiment exceptionnel que vous soyez arrivé jusqu'ici. Car, dans le fond, quelle chance y avait-il pour que vous soyez un jour en vie ? Je ne veux pas dire devant ces mots, là précisément, mais de façon générale que vous soyez vivant, ici maintenant ? Dit autrement, pourrait-on s'amuser sans prétention, et sachant qu'on va échouer à le faire, à calculer la probabilité de l'existence ? Cette question un peu loufoque, l'ingénieur Ali Binazir se l'est posée il y a une dizaine d'années dans un article de blog qui fit un petit effet sur le web. Dans son papier, Ali s'est amusé – en reconnaissant lui-même que cela n'était sensiblement pas quelque chose de très sérieux – à calculer la probabilité de notre existence pour montrer à travers ses calculs à quel point nous sommes tous les vainqueurs de grands et multiples concours de circonstance.

Suivons un peu son raisonnement.

Déjà, pour vous faire vous, il a fallu que les vicissitudes du destin ou le hasard amènent vos parents à se croiser dans ce vaste monde, puis qu'ils en viennent à se parler, se plaisent suffisamment pour avoir envie de se revoir, se séduisent puis se choisissent parmi des milliers d'autres possibles et finalement au bout d'un certain temps... finissent par faire un enfant. *C'est là la version idyllique de l'histoire.* Un enfant dont la probabilité de voir le jour – avant que vos parents ne se rencontrent – est estimée à une chance sur 40 millions selon les calculs d'Ali. Ce qui revient à dire que nous avons tous déjà gagné le gros lot au moins une fois.

Sauf que vous n'êtes pas n'importe quel enfant et que vos parents auraient bien pu donner naissance à quelqu'un d'autre que vous ! Sur les 300 000 gamètes que possédait votre mère à la naissance et les milliers de milliards de spermatozoïdes que produisait votre père en une année, seule la combinaison de deux d'entre eux pouvaient vous faire VOUS. Vous êtes le fruit de la fusion d'un seul de ces ovules et d'un seul de ces spermatozoïdes génétiquement uniques. Ali estime à une chance sur 400 000 000 000 000 000 (400×10^{15}), la probabilité que vous aviez de venir au monde – une fois que vos parents s'étaient déjà rencontrés. À ce niveau, ce n'est plus de la chance, mais de l'insolence.

De plus, l'existence même de vos parents dépend de celle de leurs parents, qui dépend de celle de leurs parents, et ainsi de suite sans exception sur des centaines de milliers de générations d'Homo sapiens. Et en remontant jusqu'aux plus lointains hominidés qu'on connaisse. Ali estime la chance que cette lignée reste ininterrompue pour arriver jusqu'à vous à une sur $10^{45\,000}$, soit 10 suivi de 45 000 zéros ! Un nombre tellement énorme qu'il n'est pas seulement plus grand que le nombre estimé d'atomes dans l'univers : il est aussi plus grand que ce nombre si chaque atome de l'univers contenait lui-même un univers rempli d'autant d'atomes !

Pour que naisse chacun de vos ancêtres, il a fallu que se combinent un spermatozoïde unique et un ovule unique. Si le moindre de vos arrière arrière-arrière-grands-parents avait été différent alors, leurs enfants et leurs petits-enfants l'auraient été aussi, et ainsi de suite jusqu'à vous. Sur votre lignée, il n'aurait suffi que d'une seule fois, que d'un gamète différent pour que vous ne soyez pas là. En appliquant ce principe à chaque génération qui vous précède et dont vous descendez, sur 3 millions d'années, dans un jeu de billard à $10^{45\,000}$ bandes, Ali arrive au nombre faramineusement petit d'une chance sur $10^{2\,640\,000}$ pour que vous existiez. Un chiffre devant lequel on hésite entre fascination ou panique. La sortie de secours se situe ici : il vous suffit de fermer le livre et de vous mettre à penser à autre chose.

Ali a arrêté son calcul autour du plus lointain ancêtre du genre Homo qu'on connaisse, mais nous pourrions nous amuser à continuer de dérouler le fil de cette histoire. Car il s'en est passé de merveilleux accidents pour passer de l'état d'être « unicellulaire primordial, sans noyau, sans cœur, sans cerveau » à celui « d'être pluricellulaire, primate bipède imberbe et parfois doué de raison ». Sur des durées de temps qui ont vu des montagnes se former et disparaître, des mers se remplir et se fermer, les millions d'ancêtres qui vous précèdent ont lentement évolué, testé des formes et des couleurs par milliers, passant d'uni- à pluricellulaire, de vers primitifs à invertébrés, de poissons à amphibiens, de reptiles pré-mammaliens à mammifères ! Et sur cette grande ligne de vie ininterrompue, ils ont développé des nageoires, pondu des œufs, vécu sous l'eau ou en plein air, creusé des trous pour vivre cachés sous terre. Ils ont été minces ou gros, ils ont eu des griffes ou des branchies, des poils ou des écailles. Et dans chacune de ces vies, il a fallu que chacun de vos ancêtres – des deux côtés – soit suffisamment séduisant, fort, chanceux ou persévérant pour arriver à se reproduire encore et encore sur des millions de générations, malgré les grandes extinctions qui leur sont passées dessus, malgré le feu sorti de terre et tombé du ciel, malgré les maladies et ils ont transmis à travers le temps leur patrimoine en mutation, la vie, pour finalement arriver, par ricochet, jusqu'à VOUS, vivant et assez intelligent pour se savoir l'un des derniers maillons d'une chaîne de vie ininterrompue, d'une extraordinaire aventure commencée il y a près de 4 milliards d'années.

Évidemment, rejouer la grande histoire du vivant à l'envers, c'est prendre le risque de se penser comme un aboutissement, de voir dans ce hasard une destinée. Il est donc important de garder à l'esprit que nous ne sommes qu'une des nombreuses ramifications du grand buisson de la vie, au même titre qu'un ver solitaire ou une bactérie aujourd'hui. Ce constat vaut pour tous les êtres sur Terre à cet instant, eux aussi sont les derniers représentants encore vivants de leur lignée. Et si l'on pense au nombre de fois où il s'en est fallu sûrement de peu pour qu'une rencontre malheureuse, un coup de mâchoire manqué, une chute mal réceptionnée ou une balle dans les tranchées ne vienne rompre le fil qui mène jusqu'à nous, alors on peut se dire que nous sommes tous de merveilleux accidents. Et c'est ça qu'Ali cherchait à montrer dans son papier. Car si la probabilité que vous existiez tel que vous êtes était au départ presque nulle, cela signifie que vous êtes extraordinairement improbable, rare et donc précieux. Et puis, aujourd'hui vous n'êtes pas n'importe qui : vous êtes quelqu'un. Et comme vous êtes déjà vivant, votre probabilité d'exister est déjà de un ! Dans tous les cas, chapeau à vous d'être arrivé jusqu'ici.

Cette page est là pour que vous puissiez lister les heureux hasards qui vous ont permis de voir le jour. *Anecdote véridique. Cinq ans avant que je naisse, mon père, qui habitait en Normandie depuis trop longtemps à son goût, décida avec son petit frère de « jouer » la destination où ils iraient s'installer en tirant une fléchette sur la carte de France. Celle-ci alla se planter à côté d'Annecy, la ville où habitait ma mère, là où ils emménagèrent…*

Ce livre est impossible à toucher

« Sur le plus haut trône du monde, un roi n'est jamais assis que sur son cul. »

Michel de Montaigne

Asseyez-vous, puis assurez-vous d'être confortablement installé. Maintenant posez-vous la question : « Sur quoi suis-je donc assis ? » Comme souvent, à question en apparence absurde et simple, réponse compliquée. Admettons que vous soyez sur une chaise, dans ce cas il serait tentant de se dire que vous êtes posé sur celle-ci mais il serait tout aussi juste de dire que vous êtes en réalité essentiellement posé sur du vide.

En effet, aussi bizarre que cela puisse paraître, lorsque vous vous cognez l'orteil dans un coin de table, vous ne touchez en réalité rien. Vous rencontrez pourtant bien quelque chose, une résistance, souvent accompagnée d'une douleur. Pour tenter de comprendre pourquoi, il va falloir nous pencher sur ce qui, à l'échelle atomique, constitue toute la matière – tous les objets, votre fessier, vos chaises, votre canapé – à savoir : les atomes.

La première chose qui saute aux yeux lorsqu'on s'intéresse à ces blocs de matière, c'est que l'espace disponible entre les éléments qui les constituent est phénoménal. En effet, si vous agrandissiez le noyau d'un atome jusqu'à lui donner une taille de l'ordre de quelque chose comme ça :

•

Alors, toutes proportions gardées, les électrons virevolteraient sous forme de nuages électroniques dont les bords extérieurs se situeraient à 100 mètres de là. *La taille du noyau est, approximativement, cent mille fois inférieure à celle de la structure dans son ensemble.* Si l'on pense aux atomes en termes de volume occupé par ce qu'on y trouve, on peut dire qu'ils sont à 99,9999999999 % constitués de vide et que vous êtes donc assis sur presque rien.

Dans ce temple du tout petit, tout cet espace « vide » est le siège d'une force extrêmement puissante qui règne en maître : la force électromagnétique. C'est cette force qui, sur de courtes portées, pilote le comportement des électrons. *Les électrons n'ont que faire de la gravité car la force électromagnétique augmente lorsque la distance entre deux particules diminue, si bien qu'à l'échelle d'un atome, celle-ci est environ un milliard de milliards de milliards de milliards de fois plus puissante que la force de gravité.* On lui doit le fait que, plus on cherche à faire se rapprocher deux atomes – qu'ils soient seuls ou en groupe sous forme de molécule – plus la répulsion entre les charges électriques des électrons s'oppose à ce mouvement, à l'image de deux puissants aimants, défendant leur emplacement avec acharnement...

Ce que nous appelons couramment « toucher » n'est jamais qu'un abus de langage car, au niveau atomique, ce n'est que la somme à grande échelle de toutes ces répulsions, ces résistances, ces nuages électroniques. Pour nous, la sensation de toucher se joue plus à l'échelle des molécules et des réseaux qu'elles constituent. Les capteurs sensoriels répartis à la surface de votre peau ressentent ces résistances et convertissent la somme des forces répulsives en signaux électriques qui circulent le long de vos nerfs jusqu'à votre cerveau, qui à son tour les interprète pour traduire en sensations ce que nous nommons textures, consistance, dureté.

Même en étant confortablement assis, votre fessier « flotte » donc en quelque sorte, à l'image d'un aimant en lévitation, à une distance ridiculement petite des atomes constituant la surface de votre siège. *En considérant que vous soyez assis tout nu, si ce n'est pas le cas merci d'ajuster les paramètres.* Et cela vaut pour tout et n'importe quoi. Au niveau atomique, vos pieds ne touchent pas directement vos chaussettes, dont les atomes périphériques ne sont pas à proprement parler en contact avec ceux de vos chaussures dont les semelles ne toucheront jamais *stricto sensu* le sol. Pour paraphraser Coluche : invariablement, la bonne longueur des jambes c'est toujours quand les atomes de nos pieds ne touchent pas ce sur quoi ils reposent.

Ainsi, bien que les atomes qui constituent toutes les choses matérielles qu'on connaît soient constitués à 99,9999999999 % d'espace vide, c'est à la puissance de la force électromagnétique que vous devez de ne pas voir vos fesses passer au travers des objets sur lesquels vous les posez ou encore de ne pas pouvoir traverser les murs en courant (*si vous en doutez je vous invite à tenter l'expérience par vous-même*). Vous pouvez bien taper aussi fort que possible sur un œuf, vous acharner à découper cette page en mille morceaux, tout au plus aurez-vous fait voler le concept de toucher en éclats. Car dans le royaume de l'infiniment petit, rien ne se touche jamais à proprement parler et vous ne ferez que déformer, déstructurer, selon leur ligne de force et de faiblesse, de grandes structures moléculaires, ou cellulaires.

Si vous vous sentez frustré à l'idée de savoir qu'en embrassant goulûment votre petit(e) ami(e), les forces répulsives des couches électroniques externes des atomes constituant les molécules de vos lèvres respectives empêchent tout contact, sachez que des solutions existent pour rapprocher certains atomes de vos lèvres au point de les faire se toucher. Il « suffit » de plonger la matière qui les constitue au cœur des étoiles, lieux où les atomes – portés à des températures considérables – entretiennent des relations terriblement torrides, à tel point que les répulsions électroniques peuvent y être vaincues et qu'ils peuvent occasionnellement en venir à pratiquement se toucher et fusionner (voir page 131).

Je trouve, personnellement, cela un peu touchant.

Immensément minuscule

« Le microbe n'a pas le temps d'examiner le biologiste. »

Henri Michaux

Il existe, à portée de vos mains, des mondes immenses tenant dans des espaces minuscules. Des univers aussi vastes et mystérieux que l'immensité des cieux. Et c'est au cœur de cet infiniment petit que nous allons plonger maintenant.

À la fin du XVIIe siècle, aidé des lentilles grossissantes de ses microscopes, le savant Antoni van Leeuwenhoek est l'un des premiers à poser son regard sur ces nouveaux mondes. En observant de simples gouttes d'eau, il découvre dans chacune d'entre elles l'existence d'un microcosme foisonnant. Vivent là des créatures minuscules, des micro-organismes unicellulaires mesurant de 100 à 300 micromètres et aujourd'hui appelés des paramécies. *Pour que nous soyons capables de percevoir distinctement à l'œil nu un organisme de ce type sans l'assistance de microscopes, avec le même degré de détails qu'une toute petite limace, il faudrait agrandir la goutte dans laquelle ils se promènent jusqu'à lui donner un diamètre d'une dizaine de mètres.* Au fil de ses expériences, Leeuwenhoek se rend compte que ces paramécies peuvent être présentes dans les gouttes d'eau douce provenant de lacs, de mares ou bien d'étangs ; et ce dans des quantités que personne n'avait encore soupçonnées. *En tentant de calculer le nombre d'êtres vivants barbotant dans chacune d'entre elles, il l'estime à environ 8 280 000!* Suite à ces découvertes, l'intérêt pour ce pays des merveilles minuscules va se mettre à grandir. Les lentilles grossissantes et les microscopes vont faire beaucoup de progrès.

Aujourd'hui, pour être à la hauteur du sujet et rencontrer ce dépaysement d'à côté, il n'est pas nécessaire de chercher bien loin : l'immensément minuscule se trouve là, partout à proximité, dans n'importe lequel des objets qui vous entourent. Si vous êtes en train de lire nonchalamment avachi sur votre lit, vous serez sûrement ravi d'apprendre que de nombreuses études ont été réalisées sur la faune microscopique qui peuple nos habitations. Les scientifiques s'accordent pour dire qu'environ un dixième du poids d'un oreiller âgé d'une petite décennie est à mettre au crédit d'une myriade d'arthropodes, morts ou vivants, de leurs mues et leurs excréments ! Des arthropodes microscopiques tels que les acariens, il en existe même qui ont élu domicile sur nous. Si vous placiez l'un de vos cils, sourcils ou un cheveu sous un microscope, en vous armant de patience, vous auriez de grandes chances d'en trouver. Dans nos maisons, il y en a littéralement partout. Un gramme de poussière peut en contenir plus de 2 000 et votre matelas est très probablement pour eux une mégapole de plus d'un million d'habitants, où ils passent leur vie à se nourrir de ce qui tombe de vous.

Ces créatures de 0,2 à 0,5 mm, bien qu'étant à la limite de ce que la vision humaine est capable de percevoir, sont pourtant de véritables géants, au regard de la plus grosse de nos cellules, à savoir un ovule humain (120 µm de diamètre). Ces cellules, par lesquelles pour nous tout commence et dont la largeur est de l'ordre de celle d'un cheveu coupé en tranche (100 µm), sont deux fois plus petites que les plus petits des acariens.

Leeuwenhoek l'ignorait lorsqu'il posa pour la première fois le regard sur ces mondes d'à côté mais les plus petites des paramécies sont, en taille, deux fois plus imposantes que les plus grandes des cellules animales qui nous composent. *La taille des cellules animales oscille – à l'exception des ovules – entre 5 et 50 µm. Les cellules végétales mesurent, elles, entre 10 et 200 µm.*

Rendons hommage, le temps de quelques pages, à ces briques de base du vivant qui, du haut de leurs quelques centièmes de millimètre, nous constituent, nous construisent, nous protègent, nous entretiennent, nous renouvellent et veillent au grain en silence.

Si vous voulez tenter de vous représenter la taille d'un globule rouge (6 à 8 µm), une des plus petites cellules animales, dites-vous qu'on peut facilement en aligner une petite centaine sur la largeur du point qui surplombe ce i. En tentant de sonder les mystères de nos cellules à l'aide de microscopes de plus en plus perfectionnés, nous avons fini par découvrir que ces bulles de vie de quelques microns sont déjà des mondes à part entière. Même les plus simples d'entre elles sont le siège d'une activité turbulente et permanente et renferment des centaines, voire des milliers de structures d'une complexité folle qui participent à leur bon fonctionnement. C'est pourquoi, si l'on vous proposait de vous réduire à la taille d'une petite protéine pour visiter un des 300 types de cellules animales qu'on connaît, vous seriez bien avisé de refuser. Ramenée à cette échelle, une seule d'entre elles serait pour vous une bulle immense, de près de 10 kilomètres de diamètre, remplie de millions de structures mouvantes, baignant dans un liquide légèrement visqueux, riche en minéraux et en nutriments.

Dans cet environnement bondé, témoin privilégié d'une activité frénétique, vous verriez fuser de toutes parts et en tous sens, des milliers de molécules complexes différentes. *On pense que le corps humain est capable de synthétiser de 100 000 à un million de types de protéines différentes.* Partout autour de vous, des enzymes se télescopent, s'agglomèrent, se modèlent, se transforment, se réparent ou se répliquent à des vitesses phénoménales, des centaines, des milliers de fois par seconde. La taille de ces objets moléculaires irait pour vous du ballon de foot au porte-avion, en passant par l'autobus, la montgolfière, ou le hors-bord pneumatique. Parmi tous ces éléments, aucun ne flotte, ne vole, ne tombe ou ne coule, car ici tout est régi par des phénomènes d'attraction et de répulsion, il n'y a ni haut, ni bas et la circulation se fait dans toutes les directions.

Pour tenter de toucher du doigt la complexité invraisemblable que peuvent prendre certains de ces agencements moléculaires qu'hébergent nos cellules, songez que la plus longue protéine connue du corps humain possède un nom chimique complet commençant par « Methionylthreonyl » et se terminant par « isoleucine » et qui comprend en tout 189 819 lettres ! Si l'on s'amusait à l'écrire en entier dans ce livre, il faudrait y consacrer près d'un tiers de l'ouvrage. *La raison pour laquelle les noms des protéines sont si longs vient du fait que leur appellation exacte nomme tous les éléments chimiques qui s'y trouvent. Évidemment les chercheurs ne s'embarrassent pas pour en parler d'énoncer son nom précis – certains se sont déjà amusés à le faire cela prend près de cinq heures – on l'évoque la plupart du temps sous son petit surnom de Titine.*

Une autre façon de tenter de rendre compte de la complexité et du bordel savamment agencé par 4 milliards d'années d'évolution est de rappeler qu'on trouve, en moyenne, dans chacune de nos cellules trente mille fois plus de molécules qu'il n'y a de pièces dans le plus gros avion de ligne du monde. *En moyenne, les cellules contiennent 100 milliards de molécules alors qu'un A380 est construit à partir de 3 millions de pièces.*

Tout ce beau monde évolue à l'intérieur d'une enveloppe, une fine membrane qui confine ce désordre en apparence confus et chaotique (mais en réalité savamment coordonné) et à travers laquelle il diffuse lentement des molécules complexes jouant le rôle de messagers chimiques tels que l'adrénaline, l'insuline, la dopamine, la testostérone ou l'œstrogène, et ainsi des flux de matière électriquement chargée. Nos cellules sont aussi le siège d'un flot incessant d'énergie électrique qui les fait ronronner. Chaque seconde, dans chacune d'elles, c'est en moyenne un million d'atomes électriquement chargés qui entrent ou sortent par les canaux ioniques en produisant des décharges dont la puissance est proportionnelle à celle des éclairs (voir page 246). Des éclairs qui servent, entre autres, de lien aux 30 000 milliards de cellules qui vous constituent (p*our un être humain moyen de 70 kilos, sans compter les bactéries*) et à l'aide desquels elles peuvent communiquer entre elles, se coordonner de proche en proche.

Au sein de chacune de vos cellules (*à l'exception des globules rouges*), l'on retrouve même un mode d'emploi, un manuel, pour vous faire vous. Dans ce plan, appelé « code génétique », tout est minutieusement expliqué : comment elles doivent fonctionner, s'organiser, se développer, se reproduire, quelles doivent être leur taille, leur forme, leur fonction et leur longévité. Ainsi, si certaines d'entre elles peuvent se maintenir en vie pendant des années, voire des décennies (voir page 134), d'autres ont des vies beaucoup plus courtes et brûlent la corde par les deux bouts. Il en existe même qui sont prêtes, sans hésiter une seconde, à sacrifier leur membrane pour défendre votre peau en cas d'agression ou d'intrusion. Des milliards de cellules de votre système immunitaire meurent ainsi quotidiennement au combat. Si vous vous coupez le doigt avec cette page (*merci de procéder à l'expérience*), votre corps va immédiatement lever une armée composée de millions de guerriers microscopiques prêts à livrer bataille jusqu'à la mort contre les potentiels organismes tentant d'entrer en vous sans y être autorisés. Ces cellules vous en avez sûrement déjà vues agglutinées. Là où elles ont combattu, ne reste souvent qu'un amas de pus gluant susceptible de faire passer les champs de bataille d'Attila pour de simples camps de vacances. À l'échelle cellulaire, ces monticules sont les restes de nos neutrophiles, des genres de cellules kamikazes qui, après avoir ingéré les agresseurs, les vomissent avant de se décomposer à leur tour.

Parmi les assaillants qui tentent quotidiennement de s'introduire en nous, la grande majorité sont des bactéries ou des virus. Les bactéries, avec leur diamètre typique de 1 à 10 µm, sont de deux à dix fois plus petites que nos globules blancs, ou neutrophiles (20 µm).

On pourrait facilement faire tenir, sans les superposer, 100 millions de bactéries serrées les unes contre les autres rien que sur la surface d'un de vos ongles. Ce qui revient à dire que les dimensions d'une paume de main, comme d'une fesse, sont pour elles aussi grandes qu'un petit pays.

Ainsi, que vous le vouliez ou non, même si vous êtes obstinés par l'hygiène, vous avez sur vous en permanence une horde de bactéries aux noms bizarres tels que Staphylococcus, Streptococcus et autres Corynebacterium qui, la plupart du temps en toute quiétude, se gavent allègrement à la surface de votre peau, dans les crevasses de vos reliefs microscopiques ou à l'ombre de vos gratte-ciels capillaires. Rien qu'à notre surface, on a pu dénombrer la présence de 1 000 milliards de bactéries de 200 espèces différentes. *Ce nombre peut vous paraître énorme, mais l'ensemble de toutes ces créatures tiendrait dans le volume d'une petite bille.* Toutes trouvent sur nous des conditions de vie agréable avec un accès direct à un banquet alimenté continuellement en lambeaux d'épiderme, en fluides divers et variés et en minéraux, qui suintent par tous les pores de notre peau.

Encore ne parlons-nous là que des bactéries qui ont élu domicile en surface. Car des milliards d'autres vivent recluses dans le moindre de nos orifices, sous nos bras, entre nos doigts, à la surface de nos cils ou se faufilent et creusent des trous dans l'émail de nos dents. C'est simple, imaginez un endroit de votre corps où vous n'aimeriez pas habiter et vous pouvez être certain d'en trouver en quantité. Parmi les centaines d'espèces différentes qui ont fait de vous leur domicile, beaucoup vous grignotent sans vergogne et sans contrepartie. Mais il en est d'autres qui vous sont d'une aide plus que précieuse pour digérer. Rien que dans nos estomacs, nos intestins, pas moins de 500 types de bactéries différentes prospèrent, et la grande majorité sont bénéfiques à la santé. Passant leurs vies dans nos entrailles, elles constituent notre microbiote intestinal. En découpant les longues chaînes moléculaires des aliments que nous mangeons, elles facilitent les processus de digestion, synthétisent des vitamines et décomposent sucres, lipides, protéines et amidon. Il en est même qui s'en prennent à d'autres bactéries, virus ou champignons – qui eux ne sont pas les bienvenus.

Et le plus étonnant dans tout ça, au-delà de la variété de leur fonction, c'est peut-être leur nombre. Car ces formes de vie sont si nombreuses en nous qu'on en trouve légèrement plus dans un corps humain que de cellules appartenant à ce même corps humain. *Aux dernières nouvelles, les bactéries seraient quelques 38 000 milliards en moyenne dans chaque humain, soit légèrement plus que le nombre de cellules.* On pourrait presque dire que ce ne sont pas les bactéries qui habitent en nous mais nous qui nous sommes construits autour !

Bref, ces hôtes en nous, ces autres en vous sont littéralement partout. Choisissez du regard un objet au hasard : elles sont là. Dans nos maisons, on les trouve sur tout ce qui comporte des interstices ou des rainures, claviers, souris et téléphones en sont garnis et le moindre recoin dans lequel se dépose un semblant de nourriture en héberge. En termes de masse, et aussi petites qu'elles soient à l'échelle de notre planète, les bactéries envoient du lourd. On estime que leur biomasse totale est trente-cinq fois supérieure à celle de l'ensemble des animaux présents sur Terre ! *Songez qu'une simple cuillère à soupe de sol en bonne santé peut contenir des dizaines de milliards de bactéries, pour en moyenne 2000 types de communautés bactériennes différentes.*

Récemment, une équipe de scientifiques coréens a tenté d'estimer le nombre de bactéries qu'on retrouve naturellement dans l'air. La quantité qu'ils ont identifiée est impressionnante : il y aurait, selon leur étude, entre 860 000 et 11 millions de bactéries par mètre cube d'air autour de nous. Ce nombre reste relativement modeste si on le compare aux 1,7 à 40 millions de virus par mètre cube d'air que la même équipe a pu trouver. *Rapporté à notre capacité pulmonaire, cela revient à dire que nous inhalons quelques milliers à quelques dizaines de milliers de virus à chaque inspiration. Pas d'inquiétude à avoir, la grande majorité est totalement inoffensive pour notre espèce ou ressort à l'expiration, quant à ceux qui réussissent à franchir les portes de l'une de nos 300 millions d'alvéoles pulmonaires, ils sont en général attendus de pied ferme par une pluie de défense immunitaire.* Il faut dire que les plus petites des bactéries restent de deux à cent fois plus grandes que les virus, la taille moyenne des virus étant de 20 à 450 nanomètres.

Ainsi, le désormais mondialement connu Covid-19 qui mesure entre 100 et 150 cinquante nanomètres (0,1 à 0,15 micromètres) est d'une taille imposante comparé à Norovirus (40 nm) à qui nous devons la joie de nombreuses gastro-entérites et diarrhées et qui est, lui, si petit que certains des organites qu'on retrouve dans nos cellules, telles que les mitochondries *(1 à 10 µm de long et 0,5 à 1 µm de large)*, sont pour lui ce que sont des gratte-ciels pour nous. Et le plus fascinant dans tout ça, c'est peut-être que, même les plus petits de ces virus (20 nm) restent près de dix fois plus large qu'une double hélice d'ADN (2 à 3 nm de diamètre). Une molécule dans l'épaisseur de laquelle on pourrait aligner 10 molécules d'eau (280 pm 2,8 x 10 – 10 mètres).

Aux échelles auxquelles nous sommes maintenant, si on voulait atteindre l'épaisseur d'un cheveu en alignant des molécules d'eau, il nous en faudrait 500 000 ! Une molécule d'eau en gros, c'est très petit. Dans un verre de 30 centilitres, on en trouve quelque 10 millions de milliards de milliards (10^{25}). Nous sommes, nous humains, en termes de taille, plus proches d'un objet comme le Soleil que d'une de ces molécules d'eau, et ce d'un facteur 10 ! Pourtant, si vous pouviez zoomer sur l'une de ces molécules, vous découvririez qu'elles sont constituées d'éléments encore plus petits. Des choses qui constituent toutes les choses matérielles qu'on connaît et qui existent dans des quantités qu'on ne peut absolument pas se représenter : les atomes. *Le diamètre d'un atome est de l'ordre de 10^{-10} nm.*

Une simple protéine en contient la plupart du temps des milliers ; une double hélice d'ADN 150 milliards ; *Mycoplasma*, les plus petites bactéries qu'on ait découverte (0,3 à 0,8 micromètre), en contiennent quelque chose comme 600 000 milliards ; et on estime leur nombre dans une seule goutte d'eau à 6 sextillions (6×10^{21}). Les fines feuilles d'aluminium (0,02 mm) qu'on utilise dans nos cuisines sont épaisses de près de 200 000 d'entre eux. Sur l'épaisseur d'une feuille de papier (0,1 mm), telle que celle que vous tenez actuellement dans vos mains, on pourrait facilement en aligner un million. *Ce nombre peut paraître relativement petit mais nous ne parlons là que du nombre d'atomes qu'on trouve sur une colonne dont le diamètre est de l'ordre de celui des atomes. Ainsi, dans son ensemble, cette feuille en contient autour de 10^{23}.*

Sur la seule longueur de ce trait -, on peut donc en aligner 10 millions. Toutes proportions gardées, si l'on agrandissait l'une de vos cellules jusqu'à ce que les atomes qui la constituent atteignent une taille de l'ordre de celle d'un petit pois, alors cette cellule dans son ensemble deviendrait une sphère d'environ 800 mètres de diamètre! Quant à la quantité déraisonnable de petits pois que vous y trouveriez, elle serait – en ordre de grandeur – équivalente aux nombres de cellules qu'on retrouve dans votre corps. Il y a donc dans chacune de vos cellules à peu près autant d'atomes qu'il y a de cellules au total dans votre corps *(autour de* 10^{14} *pour une cellule typique).*

Si vous n'aimez pas les images et que vous préférez les grands nombres, alors dites-vous que si vous vous amusiez à extraire à la pince à épiler tous les atomes qui vous constituent *(ne tentez pas l'expérience chez vous, cela peut être mortel)*, vous récupéreriez quelque chose comme 7×10^{27} atomes. Ou, pour le plaisir de l'écrire sans passer par la puissance :

7 000 000 000 000 000 000 000 000 000 atomes = 1 humain

La démesure de ce nombre démentiel tient en une comparaison : on estime qu'il y a entre cent et dix mille fois plus d'atomes dans un humain que d'étoiles dans l'univers observable. *Ce dernier correspond à l'ensemble des régions de l'univers dont la lumière a eu le temps de nous parvenir depuis le Big Bang, on estime le nombre d'étoiles qui s'y trouvent entre* 10^{22} *et* 10^{24}.

Après les avoir découvertes, on a longtemps pensé ces petites choses comme étant des briques ultimes, de petits éléments de base qui composeraient tous les autres. Mais depuis, nous avons découvert que les atomes sont eux aussi constitués de particules, d'éléments plus petits. Pour faire simple, on y trouve un noyau central, une sorte de cœur formidablement dense qui concentre pratiquement toute la masse de l'atome, lui-même constitué de protons et de neutrons (respectivement 1,68 × 10^{-15} et 1,6 × 10^{-15} mètres), autour duquel virevoltent des électrons.

Rien de ce que vous ne verrez jamais ne ressemble à un atome. Les simplifications à venir vont sans doute valoir à l'auteur la réception de quelques lettres véhémentes de la part de nombreux physiciens et ce, très certainement, à raison. Car, à s'aventurer aussi profondément dans le minuscule, en franchissant la frontière symbolique du dixième de nanomètre, les chercheuses et chercheurs se sont rendu compte qu'à ces échelles le comportement de la matière vous plongera toujours dans une forme d'incrédulité. Ici, vous trouverez un bestiaire halluciné de particules dont le comportement peut vous faire fondre le cerveau, si tant est que vous décidiez d'essayer de les dessiner. Car le comportement des particules subatomiques, leur nature et leurs mouvements ne correspondent en rien à ce à quoi le monde qui nous entoure nous a habitués.

En réalité, les atomes ont des dimensions démesurées si on les compare aux tailles de leurs constituants. Réduit à la taille du noyau, vous pourriez vous paumer dans un atome tellement c'est immense. Car le noyau est cent mille fois plus petit que l'atome lui-même. Ainsi, si vous augmentiez la taille des constituants du noyau pour qu'il fasse un millimètre, alors les électrons fileraient un peu partout, pouvant aller jusqu'à se trouver à près de 100 mètres de là. Ce qui revient à dire que 99,9999999999 % du volume de ce livre, comme de vous, est actuellement occupé par de l'espace vide. Si tous les humains actuellement présents sur Terre avaient la bonne idée de se retrouver au même endroit, puis, dans la foulée, l'autre bonne idée, de compresser la matière dont ils sont constitués jusqu'à combler tout le vide disponible entre les éléments constituant les atomes, alors l'ensemble de la matière de toute l'humanité pourrait tenir condensée dans un volume grand comme celui d'une cuillère à soupe. Une cuillère à soupe pesant 500 millions de tonnes ! Cette expérience aussi mortelle qu'absurde ne pourrait être réalisée, car les forces répulsives qui régissent le comportement de la matière à ces échelles nous en empêchent. Cependant, certaines étoiles, dites à neutrons ou naines blanches, sont constituées de matière ayant subi ce type de compression.

Pour être au plus près de la réalité du comportement des électrons autour du noyau, il est nécessaire de se les représenter comme des paquets d'ondes, mais aussi des particules non ponctuelles, sans dimension, dont on ne peut connaître à la fois la vitesse et la position, et qui ne sont pas réellement en rotation bien qu'on puisse dire que, même au calme, ils effectuent une moyenne de $6,6 \times 10^{15}$ tours par seconde. Ce qui donne, pour l'électron d'un atome d'hydrogène, une vitesse de déplacement de 2400 kilomètres par seconde autour de son noyau. Cette vitesse est à la fois considérable, étant donné qu'elle permettrait de faire un aller-retour Marseille/Bruxelles en moins d'une seconde, mais aussi relativement négligeable dans la mesure où elle n'atteint même pas les 1 % de la vitesse de la lumière! *La « vitesse » d'un électron dépend toujours de son degré d'excitation. Fortement excité, il peut aller tutoyer la vitesse de la lumière (voir page 103).* En réalité, les électrons ne tournent pas vraiment autour du noyau. Lorsqu'on parle de vitesse, on utilise le modèle de représentation dit de Bohr qui évite aux novices de péter une durite et qui permet de s'en faire une image plus simple que celle d'un nuage électronique de probabilités de présence.

Tout ceci est évidemment terriblement simplifié et, malgré tout, il est fort probable que vous n'y compreniez rien. Dans ce cas, dites-vous que c'est tout à fait normal, l'inverse serait d'ailleurs plutôt inquiétant. Acceptez juste cette idée et continuons de plonger, en direction du cœur dont nous avons découvert que les éléments – protons et neutrons – sont aussi constitués de particules plus petites qu'on appelle des quartzs. Ces éléments-là, dix mille fois plus petits que le noyau lui-même, sont pour l'heure ce qui se fait de mieux dans le genre ridiculement petit; ils sont de l'ordre de 1×10^{-18} m. Leur existence fait d'ailleurs de nous, humains, de véritables géants. Car vous êtes, en termes de taille, cent fois plus imposant pour un quartz que ne l'est pour vous la distance qui vous sépare de l'étoile la plus proche du Soleil.

Les quartzs sont actuellement nos briques ultimes, ils servent de briques aux cœurs des atomes qui servent de briques aux molécules qui servent de briques aux cellules qui nous servent de briques à nous, humains, qui savons faire des briques et des accélérateurs de particules pour en découvrir d'autres.

Franchement quand on voit jusqu'où on peut plonger, il y a de quoi se retourner le cerveau. Dès lors se pose la question : avons-nous atteint là une limite ? Ou sommes-nous devant une brique qui se révélera un jour être une nouvelle boîte ? Et si c'est le cas, peut-on continuer à plonger dans la matière à l'infini comme dans un jeu de poupée russe sans fin ? Ou existe-t-il un moment où plus aucune porte ne s'ouvre ? Où l'on finit par buter sur une brique ultime, indivisible ? On ne sait pas vraiment, et c'est sans doute ça le plus vertigineux dans cette histoire. D'autant que, aussi petit que soit un quartz, nous sommes – peut-être – encore très loin du bout, pour peu qu'il y en ait un. Car nous n'avons en réalité fait, depuis notre taille d'origine, qu'un tiers du chemin en direction des particules hypothétiques les plus petites dont certains physiciens soupçonnent l'existence *(on connaît plus de 150 particules différentes, et on pense qu'il en existe une centaine d'autres dont certaines encore plus petites que les quartzs)* et qui se situent à proximité de la longueur dite de Planck ($1{,}616 \times 10^{-35}$ mètres). Une longueur si petite que vous êtes, proportionnellement parlant, un million de fois plus près de la plus grande chose de l'univers connu, à savoir l'univers observable lui-même, que du plus petit découpage que la physique théorique actuelle autorise, et ça c'est quand même énorme et renversant !

Ce livre est une passoire

« Le dernier mot dans une affaire est toujours un chiffre. »

Albert Brie

Fixez ce petit carré pendant une seconde : □

Et voilà qu'il s'est passé quelque chose de fabuleux. Car durant ce court laps de temps, il est passé, au travers de ce petit centimètre carré, 65 milliards de particules électriquement neutres, appelées neutrinos. La plupart de ces neutrinos proviennent directement du cœur de notre Soleil et sont produits lors des réactions de fusion nucléaire, et une petite proportion d'entre eux qu'on estime autour de 20 millions par centimètre carré provient de la désintégration d'éléments radioactifs contenus dans la croûte et le manteau de notre planète, ou du cœur d'étoiles ou de galaxies lointaines.

Cela se passe en permanence, sur chaque centimètre carré de ce livre, comme de vous et de tous les objets qui vous entourent. À l'échelle de votre corps c'est quelque 10^{12} particules de ce type qui, chaque seconde, vous traversent. Un petit nombre d'êtres vivants sur Terre en reçoivent beaucoup plus que la moyenne. Si vous habitez à un kilomètre du cœur d'une centrale nucléaire en activité, alors vous êtes traversé, en ordre de grandeur, par pratiquement autant de neutrinos provenant des réactions de fission qui se déroulent dans la centrale que par ceux issus des réactions de fusion dans le Soleil.

Mais n'ayez aucune inquiétude, car ces particules de masse dérisoire *(qu'on estime trente mille fois plus petite que celle de l'électron, soit* 10^{-37} *kg)* et voyageant à des vitesses proches de celle de la lumière dans le vide, se comportent pour nous comme des fantômes interagissant très peu avec la matière. Au point où tenir dans ses mains une banane a bien plus d'effet sur votre organisme (voir page 212) que ces milliers de milliards de neutrinos qui vous traversent chaque seconde. Raison pour laquelle cette particule est extrêmement difficile à détecter. En fait, les neutrinos interfèrent si peu avec la matière que la quantité déraisonnable d'entre eux qui vous traverse maintenant reste sensiblement la même que notre étoile. Pour un neutrino, peu importe qu'une planète entière se dresse sur son chemin, il ressortira presque invariablement de l'autre côté, comme si de rien n'était.

Pendant que vous lisez, le Soleil, lui, est au régime

« De deux choses l'une, l'autre c'est le soleil. »

Jacques Prévert

Le temps qu'il va vous falloir pour vous rendre au bout de cette phrase, celui à qui on doit ombres et lumières sur Terre est devenu moins lourd. En effet, le roi Soleil éjecte, en moyenne, chaque seconde dans l'espace un million de tonnes de matières sous forme de vent solaire. Ces flux de plasma, qui filent actuellement dans l'espace, correspondent en masse à l'équivalent d'une pyramide de Khéops toutes les quatre secondes. *Aussi impressionnante que cette quantité puisse sonner à nos oreilles, elle n'est qu'un simple détail pour notre étoile. Si l'on s'amuse à comparer la quantité de matières s'échappant sous forme de vent solaires avec la masse totale du Soleil qui est de* 2×10^{30} *kilogrammes, l'on se rend compte qu'il faudrait 50 000 milliards d'années pour « vider » entièrement le Soleil par ce biais. Une durée de temps bien supérieure à son espérance de vie, qui est, elle, de 5 milliards d'années.*

En parallèle de ces expulsions continuelles d'une partie de ses couches externes, notre Soleil devient aussi plus léger du simple fait qu'il rayonne. Le temps qu'il vous a fallu pour tourner la page précédente et repositionner vos yeux sur ces mots, le Soleil a perdu 4 milliards de kilos. Nous avons, au début du XXe siècle, découvert que pour briller les étoiles ne brûlent pas, mais fusionnent des atomes. Dit autrement, pour notre Soleil comme pour toutes les étoiles de l'univers, la production de lumière se paye au prix d'une transformation de masse en énergie.

Chaque seconde, notre étoile transforme et convertit dans son cœur, son noyau, 600 millions de tonnes de l'élément le plus léger de l'univers : l'hydrogène, en 596 millions de tonnes d'hélium, le reste de la matière étant transformé en énergie. Ce faisant, depuis le début de ce chapitre, à chacune des lignes que vous avez lues, le Soleil a perdu en masse l'équivalent de près de trois pyramides de Khéops.

Dans le cas de notre étoile, depuis qu'elle s'est allumée il y a 4,5 milliards d'années, 4 % de sa masse totale originelle a été transformée, convertie en une quantité d'énergie colossale. *Sous sa forme actuelle, notre étoile émet chaque seconde un million de fois plus d'énergie que l'humanité entière n'en consomme en une année.* Cette matière, contrairement à celle des vents solaires, n'a pas quitté l'étoile, elle a été annihilée à jamais. Transformée en rayonnement par les réactions de fusion qui, au cœur des étoiles, transforment des atomes simples portés à plus 15 millions de degrés en éléments légèrement plus complexes.

Ces réactions dites de fusion nucléaire ont lieu là, maintenant, chaque seconde, dans notre Soleil, comme au cœur des 10 000 milliards de milliards de milliards d'étoiles qu'on pense que compte l'univers observable.

Une seconde s'est encore écoulée, et voilà le Soleil plus léger : 4 millions de tonnes de matières ont de nouveau été transformées. Chaque seconde, chaque seconde, chaque seconde…

Le nombre de vos squelettes

« Dans "connaître" il y a "naître" ; découvrir c'est une remise à n'œuf. »

(D'à peu près) Victor Hugo

Depuis que vous avez commencé à lire cette ligne, vous n'êtes plus vraiment le même. Non pas que j'ai la prétention de changer quoi que ce soit en vous mais plutôt que vous vous êtes légèrement transformé tout seul. En considérant qu'en moyenne 500 000 de vos cellules meurent naturellement dans votre corps chaque seconde (*pour un adulte moyen, merci d'essayer autant que possible de ne pas faire mentir les chiffres*), alors durant le temps qu'il vous a fallu pour arriver du titre jusqu'ici 6 millions d'entre elles se sont éteintes. Arrêtez-vous une seconde pour y penser et 500 000 autres sont décédées.

Bref, parmi les 30 000 milliards de cellules qui vous composent (ce chiffre ne prend pas en compte les bactéries qui vivent en vous mais seulement celles que votre corps a fabriquées), on dénombre 50 milliards de décès par jour ! Bien que ces chiffres puissent paraître impressionnants, il n'y a là aucune raison de paniquer. Cela ne représente en moyenne par jour qu'un décès pour 600 cellules et surtout, en parallèle de cette apparente hécatombe, vous en fabriquez à peu près autant.

Songez qu'actuellement, imperceptiblement, vos ongles sont en train de pousser. Durant le temps que vous avez passé sur cette ligne, ils se sont allongés d'une distance minuscule, mais qui est loin d'être dérisoire. Si l'on considère la vitesse de pousse moyenne de vos ongles de main, soit 3,5 millimètres par mois, à l'échelle nanométrique ; alors on se rend compte que, chaque seconde, ils s'allongent d'un petit milliardième de mètre, soit à peu de chose près la longueur de 10 atomes alignés. *Le diamètre des atomes varie en fonction de l'élément mais, de façon générale, un atome fait 0,1 nanomètre de diamètre.* Chaque fois que vos yeux arrivent au terme d'une ligne, une petite vingtaine d'entre eux sont venus s'ajouter en longueur dans la structure moléculaire complexe de kératine formant chacun de vos ongles de main.

Au niveau de vos cheveux, dont la croissance est de deux à dix fois plus rapide que celle de vos ongles, *avec une moyenne de 0,7 à 2 centimètres par mois*, la progression est de l'ordre de la longueur de 20 à 100 atomes, *en considérant que vos cheveux poussent d'environ 10 nanomètres par seconde.* Ce qui revient à dire que, sur la section de chaque cheveu, des dizaines de milliers de milliards d'atomes de carbone, d'hydrogène, de soufre, de calcium, de zinc ou encore de silicium viennent chaque seconde prolonger leur structure jusqu'à ce que l'ensemble tombe. En quelque sorte, constamment remis à neuf, nos corps sont en renouvellement permanent jusqu'à la mort, avec une conséquence étonnante : l'immense majorité des 300 types de cellules différentes que contient votre corps sont plus jeunes que vous. Évidemment, toutes n'ont pas le même âge et ne se renouvellent pas au même rythme. Certaines cellules, telles que les neutrophiles de notre système de défense immunitaire, ne vivent guère plus de 24 heures. Celles tapissant la surface de vos intestins, constamment soumises à ce qu'on y laisse tomber, accomplissent leur tâche pendant 5 jours, avant de péricliter et d'être remplacées. *La jeunesse de nos parois intestinales n'explique aucunement pourquoi certains adultes se comportent comme des enfants devant des pâtisseries.* Les cellules de vos rétines sont, elles, remplacées en l'espace d'une dizaine de jours. De quoi regarder un peu avec un œil nouveau le fait que si vous êtes vivant, sans avoir besoin d'être à fleur de peau, votre surface finit toujours par tomber en lambeaux.

Pour observer ce renouvellement permanent, nul besoin d'un microscope : la preuve est là, tout autour. Votre maison regorge d'anciens morceaux de vous. Ils sont au sol, sur les meubles, un peu partout. Ces dépôts qui s'accumulent sous une forme qu'on a pris l'habitude d'appeler poussière sont en réalité principalement constitués de cellules mortes provenant de notre épiderme. Songez que, pour un adulte humain moyen, environ 40 000 cellules se détachent de son épiderme toutes les heures, soit près de 3,5 kilogrammes en l'espace d'une année. Vous en avez sûrement déjà fait tomber des centaines, peut-être même des milliers, sur les pages du livre depuis le début de votre lecture. Vous n'avez rien de reptile mais vous muez constamment et les cellules de votre épiderme sont entièrement remplacées en 3 à 4 semaines. Ainsi, si vous êtes âgé de 30 ans, vous avez déjà changé entièrement de peau 360 fois. Et le plus bizarre dans tout ça, c'est peut-être que la quasi-totalité des cellules cutanées qui forment la surface de notre peau sont déjà décédées ! Celles qui viennent de se former commencent leur vie dans les couches plus profondes (*nous pouvons les voir lorsque nous nous coupons*) et lors de leurs 3 à 4 semaines d'existence, poussées par les nouvelles arrivantes, elles remontent progressivement dans les couches supérieures jusqu'à atteindre la surface, là où elles meurent puis se détachent. Vous êtes bien dans votre peau et la trouvez parfaitement à votre taille? Comme un costume, comme presque tout le reste, elle n'est que de passage.

Les spermatozoïdes, une fois fabriqués, n'ont devant eux qu'un petit mois d'existence, avant de trépasser. Au cours d'une année, l'ensemble des globules rouges qui irriguent vos veines seront renouvelés trois fois étant donné qu'ils ne survivent, en moyenne, que 4 mois. Tandis que les cellules tapissant vos poumons comme celles de votre foie, ne vont rester en vous que 400 jours. Ainsi, au cours de votre vie, pratiquement toutes vos parties vont être remplacées et renouvelées plus d'une fois. Vu qu'il faut près de 9 ans aux cellules de vos os pour entièrement vous construire un nouveau modèle de squelette, il est amusant de penser qu'un centenaire a, au cours de sa longue vie, changé au total près de dix fois de carcasse. Dans chaque vieux, il y a une tête de mort, un crâne plus jeune que la personne qui l'héberge. *Il y a aussi un jeune qui se demande: «Sérieux, qu'est-ce qu'il s'est passé?!»* Les cellules de nos muscles vivent, elles, légèrement plus longtemps, autour de 15 années, si bien que les plus anciennes des cellules musculaires d'une personne âgée sont aussi vieilles qu'un adolescent.

On trouve aussi, même dans votre corps, des cellules qui ne sont pratiquement jamais remplacées et qui sont donc à peu près aussi âgées que vous. C'est le cas de vos cellules cardiaques, dont le rythme de renouvellement est si lent qu'au terme d'une longue vie, près de la moitié des cellules d'un vieux cœur d'humain fatigué étaient déjà présentes à battre la mesure à sa naissance. Passée la vingtaine, à peine 1 % d'entre elles se régénèrent chaque année. Quant aux 86 milliards de neurones qui palpitent actuellement dans votre tête, se régénérant eux aussi très peu, ils sont tous pratiquement aussi âgés que vous. *Certains neurones, tels que ceux du cortex cérébral, sont irremplaçables et c'est là une des raisons qui rend les maladies d'Alzheimer ou de Parkinson si difficiles à combattre.* On estime que nous perdons environ 10 000 neurones par jour passée la vingtaine, puis environ 50 000 à partir de 40 ans et jusqu'à 100 000 par jour à 90 ans. Depuis que vous avez commencé ce chapitre, vous en avez perdu en moyenne un toutes les 8 secondes, en considérant que votre cerveau pimpant possède les caractéristiques de celui d'une personne de 20 ans.

Le plus fou dans tout ça, c'est peut-être qu'il existe chez les femmes des cellules pouvant être plus vieilles qu'elles. En effet, la quantité d'ovules dont elles disposent leur a été donnée avant la naissance et, puisque c'est à ce moment qu'on commence à compter l'âge, ces cellules sexuelles sont, techniquement, plus âgées que les femmes qui les portent. Et cela a aussi une conséquence étrange sur l'âge d'une partie de vos cellules.

Votre vie a commencé par la rencontre de deux cellules sexuelles. Si le spermatozoïde provenant de votre père ne s'est formé que quelques semaines tout au plus avant votre conception, l'ovule provenant de votre maman et contenant la moitié de votre ADN s'est lui formé avant sa naissance, alors qu'elle n'était encore qu'un embryon dans le ventre de sa mère !

Ainsi, si l'on s'amuse à se considérer du point de vue de l'existence de notre ADN, nous sommes tous beaucoup plus vieux que nous pensons ! Car l'ovule qui a contribué à fournir la moitié de notre patrimoine génétique était déjà présent avant que naisse notre maman. Si votre mère vous a mis au monde à 30 ans alors, lorsque vous avez fêté votre majorité, une moitié de votre patrimoine génétique avait déjà un peu plus de 48 ans !

Si vous vous demandez comment on a fait pour connaître l'âge de tous ces petits bouts de nous, la réponse se trouve dans la guerre froide. Tout au long de cette sombre période de l'histoire, nous avons eu la bonne idée de faire péter une quantité considérable de bombes atomiques à la surface du globe. *On dénombre officiellement, du début des années cinquante à la fin des années quatre-vingt, près de 2000 explosions dans le monde.* Et c'est cette course aussi stupide qu'effrénée à l'armement qui a permis par effet ricochet aux scientifiques de donner un âge à nos cellules. *C'est un des seuls effets bénéfiques, soyons honnête.* Pour cela, ils ont étudié dans nos cellules les proportions de carbone 14, un isotope radioactif très utile pour dater tout un tas de trucs. Naturellement présent dans la nature, le carbone 14 se forme continuellement dans la stratosphère sous l'action de particules cosmiques hautement énergétiques qui, occasionnellement, viennent percuter le cœur des atomes d'azote qu'on retrouve dans l'air pour les transformer en carbone 14.

Le truc, c'est qu'en jouant à « qui a la plus grosse bombe », Américains, Russes, Britanniques, Chinois et Français sont venus considérablement enrichir l'atmosphère en carbone 14. Chaque puissante explosion nucléaire a agi à petite échelle à la façon des rayons cosmiques, en émettant des paquets de neutrons venant transformer à proximité de l'essai nucléaire une partie de l'azote de l'atmosphère en carbone 14. Si bien qu'au cours des années cinquante et soixante, les taux de carbone 14 présents dans l'atmosphère sont montés en flèche, jusqu'à être multipliés par quatre en l'espace de quelque années. *Même multiplié par quatre, cela reste de petites quantités car le carbone 14 est resté environ 10^{-12} fois moins abondant que le carbone sous sa forme stable dans la nature. Aujourd'hui, après que les effets de ces essais ont été dissipés, un atome de carbone sur 1 000 milliards est un carbone 14.*

Or les atomes de carbone 14 étant des éléments radioactifs, c'est-à-dire n'étant pas stables sur la durée, au bout d'un certain temps ils vont finir par se transformer spontanément en azote et c'est cette propriété bien connue que les scientifiques ont utilisée pour connaître l'âge de nos cellules. Pour faire simple, voici le principe (*bon, c'est un petit peu plus compliqué que ça mais vous avez l'idée*) :

Le carbone 14 est, naturellement et en permanence, produit et renouvelé dans la haute atmosphère. Là-haut, entre 15 000 et 18 000 mètres d'altitude, des rayons cosmiques fortement énergétiques en provenance de l'espace viennent en permanence percuter le noyau des atomes d'azote qu'on retrouve dans l'air ; et sous la violence du choc vont en transformer une petite partie en carbone 14. Ces atomes de carbone 14 nouvellement produits se lient dans la foulée avec l'oxygène pour former du CO_2. Ce dioxyde de carbone va ensuite se dissoudre dans les océans, mais aussi être assimilé par les plantes lors du processus de photosynthèse. Ces dernières seront à leur tour mangées par les animaux dans lesquels le dioxyde

Le carbone 14, quèsaco ?

Le carbone 14 est un isotope instable du carbone, c'est-à-dire qu'il contient dans son noyau 2 neutrons de plus que la forme la plus commune et stable qu'on retrouve dans la nature. Le noyau de carbone 14 contient 6 protons et 8 neutrons contre 6 et 6 pour le carbone 12. Cette toute petite différence de masse n'a strictement aucune influence sur la façon dont cet atome de carbone interagit avec les autres d'un point de vue chimique mais, sur des temps très longs, son noyau légèrement plus lourd va avoir tendance à se désintégrer. Ainsi, on a remarqué que pour un échantillon comprenant une certaine quantité de carbone 14, il faut toujours la même durée de temps pour que la moitié de ces atomes se désintègre. Si vous prenez un échantillon d'atomes de carbone 14 et que vous patientez 5 730 ans, alors la moitié des atomes qui s'y trouvent vont finir par disparaître, ou plus précisément par se transformer en azote. C'est pourquoi on dit que la demi-vie du carbone 14 est de 5 730 ans. Évidemment, certains de ces atomes peuvent se désintégrer au bout de quelques secondes à peine et d'autres rester sous cette forme de carbone 14 pendant des dizaines de milliers d'années mais, sur l'ensemble de l'échantillon, il y en aura en moyenne deux fois moins tous les 5 730 ans. Et vu que ce taux de désintégration possède un rythme constant au cours du temps, on peut l'utiliser comme une sorte d'horloge, de chronomètre intérieur, qui servirait de marqueur du temps qui s'est écoulé. Or ces atomes de carbone 14 se retrouvent dans toutes les choses vivantes. Vous en avez en vous actuellement, et ce dans des quantités considérables. Un atome de carbone sur 1000 milliards est un carbone 14. Et vu qu'un être humain moyen comprend 7×10^{27} atomes dont près de 12 % d'atomes de carbone, vous hébergez à cet instant, $8{,}4 \times 10^{17}$ atomes de carbone 14 !

de carbone participera à la construction de toutes les molécules organiques, au point de se retrouver aujourd'hui dans les cellules de tous les organismes vivants et dans leur ADN. C'est ainsi que cet élément radioactif se trouve dans toutes les chaînes alimentaires, en nous, comme dans toute la matière organique qui nous entoure.

Là où ça devient intéressant, c'est que nos cellules, une fois formées, ne remplacent pas leur ADN au cours de leur vie. Dans ces molécules en double hélice, la proportion de carbone 14 reste donc, à peu de chose près, la même jusqu'à leur mort cellulaire car aucun atome de carbone n'y est échangé avec l'extérieur. Or, faire exploser des bombes atomiques est venu enrichir fortement l'atmosphère en carbone 14 et, de fil en aiguille, a fait monter en flèche les proportions de cet élément dans tous les organismes vivants.

Ainsi, c'est en mesurant les concentrations moyennes de carbone 14 dans l'atmosphère et en les comparant avec celles de l'ADN de nos cellules que les scientifiques ont pu estimer l'âge de ces dernières. Vu que les concentrations déclinent depuis 1965 (*passée cette date, on se mit à faire péter les bombes sous terre plutôt que dans l'atmosphère*), on peut déduire que plus les proportions de carbone 14 sont élevées dans les doubles hélices d'ADN, plus les cellules étudiées se sont formées il y a longtemps. Si, dans l'ADN d'une cellule provenant de votre arrière-grand-mère, ou de tout autre organisme vivant, on ne trouve que de faibles proportions de carbone 14, alors cela signifie qu'elles se sont formées avant qu'on s'amuse à atomiser la surface, c'est-à-dire avant le milieu des années cinquante. Et il est tout de même étrange de penser que près de cinquante-cinq ans après la fin des essais atmosphériques, les proportions de carbone 14 dans l'atmosphère ont déjà pratiquement retrouvé celles qui précédaient la guerre froide. La désintégration naturelle des atomes de carbone 14 ne peut expliquer à elle seule ce constat (*pour rappel leur demi-vie est tout de même de 5 730 ans*). La raison principale vient encore de nous les humains qui, en brûlant des quantités considérables de combustible fossile tel que charbon, pétrole et gaz, avons encore une fois modifié les proportions isotopiques de carbone dans l'atmosphère, cette fois-ci en venant l'enrichir en carbone 12.

Malgré tout, encore aujourd'hui, certains des atomes de carbone 14 produits par ces bombes atomiques se retrouvent en nous comme dans les molécules de cellulose de ce livre. Ils y participent à ce qu'on appelle la radioactivité naturelle. On estime que, dans un corps humain moyen, environ 8 000 atomes de potassium 40 et de carbone 14 combinés se désintègrent chaque seconde. *Ces désintégrations sont sans danger, car relativement peu nombreuses et peu énergétiques. Si, malgré tout, vous vous inquiétez, je vous conseille de fortement vous méfier des bananes, pour ce faire rendez-vous en page 212.*

Outre le fait d'avoir donné un âge à nos cellules, l'existence du carbone 14 nous a permis d'estimer celui de tout un tas d'autre trucs. Les archéologues l'utilisent pour savoir à quand remontent les vieilles poteries, les silex ou les peintures rupestres. Les paléontologues, eux, s'appuient souvent dessus lorsqu'ils déterrent des restes plus ou moins bien conservés d'espèces désormais disparues. Cependant, du fait de sa demi-vie relativement brève pour un atome radioactif, il ne permet de donner un âge aux choses qui en contiennent que si celles-ci n'ont pas plus de 50 000 ans. Heureusement, pour arriver à dater des objets encore plus vieux, il suffit (*c'est compliqué mais on y arrive*) de trouver des atomes radioactifs ayant une demi-vie encore plus longue. Et ça tombe bien car dans la nature, on en connaît un bon paquet.

Dans une banane par exemple, se trouve en très petite quantité du potassium 40, un isotope radioactif du potassium qui, en se désintégrant émet des rayonnements de très forte intensité. *Le potassium 40 constitue la première source de radioactivité du corps humain, la seconde étant le carbone 14.* Évidemment personne n'a jamais utilisé le potassium 40 pour dater une banane car cet isotope radioactif a une demi-vie très longue. Si vous choisissez d'observer sans relâche l'un de ces atomes, il vous faudrait patienter en moyenne 1 248 000 000 années avant de le voir se désintégrer. Mais, étant donné les nombres mis en jeu, à l'échelle d'une banane toute entière, c'est environ 40 de ces atomes qui se désintègrent chaque seconde et, pour un être humain moyen autour de 4 500. Ainsi, si vous tombiez sur un reste de banane fossilisé il y a des millions d'années, alors vous pourriez lui donner un âge en étudiant les concentrations en atomes de potassium 40 qui s'y trouveraient toujours. *Les bananes telles qu'on les connaît n'ont été domestiquées qu'il y a 6000 à 7000 ans. Vous ne pourriez donc pas tomber aujourd'hui sur une banane fossilisée.* La quantité de potassium 40 présent sur Terre a été donnée une bonne fois pour toutes, lors de la formation du Système solaire. Bien que 97 % des atomes de potassium 40 présents à l'origine se soient désintégrés, on en retrouve encore aujourd'hui un peu partout en très petites quantités. Étant donné qu'il possède une demi-vie très longue, on peut, en analysant la quantité présente dans les roches, en déduire l'âge de leur formation avec une grande précision.

C'est la découverte et l'étude d'éléments dont les taux de désintégration sont remarquablement faibles, tels que le potassium 40 ou l'uranium 238 (dont la demi-vie est de 4,4688 milliards d'années), qui ont permis de dater avec précision l'âge de notre planète, *aujourd'hui estimé à 4,54 milliards d'années.* Et puis, non content de nous avoir permis de dater les rides de notre monde, la présence ou non d'atomes dans certaines roches nous a permis, comme le fond de vieux grimoires, de nous raconter des histoires, et de venir confirmer l'avènement dans des passés lointains de véritables cataclysmes.

Le protagoniste de cette découverte s'appelle l'iridium, un élément très rare, voire quasiment absent dans la croûte terrestre et dont, disons-le clairement et poliment, presque tout le monde se fout. *Vous pouvez le retrouver dans le tableau page 149: il porte le numéro 77 et provient pour l'essentiel de la fusion de deux étoiles à neutrons.* Cependant son existence nous a permis de confirmer, en grande partie, la théorie selon laquelle l'extinction des dinosaures serait liée à la chute d'un gros caillou venu du ciel. On s'est en effet rendu compte qu'on trouve, dans les roches âgées de 66 millions d'années, une fine couche contenant des taux anormalement élevés de cet élément. Comme si quelque chose était venu saupoudrer l'ensemble de la planète d'un fin dépôt de poussière étonnamment riche en iridium, alors même que les dinosaures et d'innombrables autres espèces ont été rayés de la carte à peu près au même moment.

Cela devient particulièrement intéressant quand on sait que l'iridium, bien que pratiquement absent des roches terrestres, est retrouvé en relativement grande quantité dans les météorites métalliques ! Ces résidus seraient donc un peu des restes éparpillés d'un astéroïde vaporisé par la violence de l'impact. Il est amusant de penser que ces fines couches géologiques anormalement riches en iridium ont été identifiées dans les années soixante-dix, bien avant qu'on découvre les vestiges géologiques de l'impact lui-même dans le golfe du Mexique !

Des milliards de fois plus vieux qu'ils n'en ont l'air

« L'homme - terme qui embrasse évidemment aussi la femme - n'est que poussière, c'est dire l'importance du plumeau. »

(D'à peu près)
Alexandre Vialatte

Le jour de votre anniversaire, vous ne fêtez rien d'autre que d'avoir accompli, au cours des 365 derniers jours, posé à la surface de votre planète, un nouveau tour autour du Soleil. Et lorsqu'on parle de votre âge, nous le comptons depuis le jour où vous êtes sorti de votre maman. *Vous détenez alors, pendant un très court laps de temps, le record de la plus jeune personne en vie.*

Mais si l'on zoome sur vous pour s'intéresser à l'âge de vos parties, de vos constituants, alors le constat devient très différent. Dans le chapitre précédent, nous avons vu que si l'on se penche sur l'âge des cellules qui vous constituent, alors vous prenez un sérieux coup de jeune, car celles-ci sont, dans leur très grande majorité, plus récentes que vous. Mais ces cellules sont elles-mêmes constituées d'un assemblage extrêmement complexe d'éléments encore plus petits : des molécules. Ces molécules, qu'on retrouve par centaines de milliards dans chaque cellule, sont elles aussi – à quelques exceptions près – relativement fragiles et se brisent facilement.

Mais les éléments qui les constituent, à savoir les atomes, sont eux extrêmement robustes, et si l'on considère l'âge de vos parties de leur point de vue, alors vous vous retrouvez à prendre cette fois-ci un sérieux coup de vieux. Car ces éléments existent depuis plus longtemps que vous, que les plus anciens de nos monuments, de nos continents et même que notre planète.

Si vous cherchez des atomes autour de vous, vous pouvez bien regarder n'importe où : ils sont littéralement partout. Pensez à quelque chose et, du moment que ça existe, et bien ç'en est fait. Vous en mangez, en respirez, et ce dans des quantités qu'on ne peut absolument pas se représenter. Même dans quelque chose qui ne contient apparemment pas beaucoup de matière comme un centimètre cube d'air, au niveau de la mer, on en retrouve 20 milliards de milliards et quelque chose comme 7 octillions pour une personne de 70 kilos ! Un nombre prodigieusement énorme, qui est dix mille fois plus grand que le nombre d'étoiles dans l'univers observable et qu'il est plaisant d'écrire juste pour ne pas arriver à en prendre la mesure :

7 000 000 000 000 000 000 000 000 000 atomes

Bref, les atomes sont extrêmement nombreux. Pourtant, étrangement dans la nature on n'en connaît seulement 92 différents, qu'on peut tous ranger dans le tableau de loin le plus cool de l'univers puisqu'il contient tout le nécessaire pour faire toutes les choses matérielles qui existent :

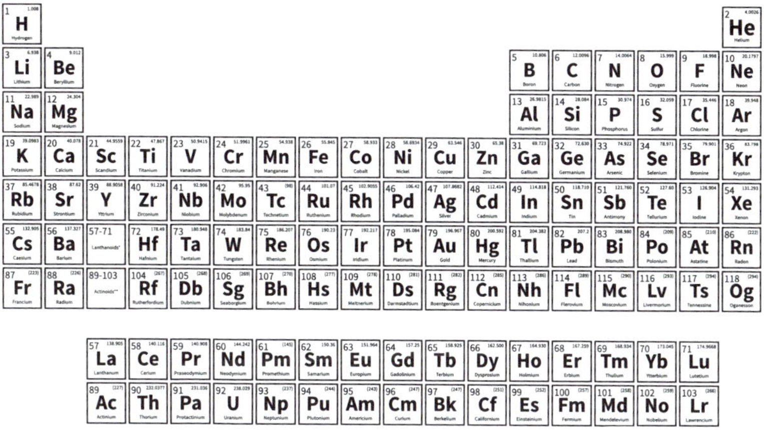

Une petite centaine d'atomes, ce qui n'est franchement pas beaucoup, d'autant que seuls 29 d'entre eux semblent être utilisés par le vivant et 6 seulement comptent en nombre pour plus de 99,1 % des atomes de votre corps. Ces 6 atomes, qu'on appelle la bande des CHNOPS (carbone, hydrogène, azote, oxygène, phosphore et soufre), font l'unanimité parmi tout ce qui vit et sont présents pratiquement partout. On les retrouve dans l'eau, dans vos muscles, dans vos graisses, ils forment votre ADN et participent à la totalité de vos molécules organiques. Donc, si vous êtes vivant, vous n'êtes pas n'importe qui, ni n'importe quoi, mais pour l'essentiel, à 99,1 %, un tas de CHNOPS.

Si, par magie, vous faisiez disparaître n'importe lequel de ces éléments de la totalité de votre corps, vous passeriez instantanément de vivant à mort. Il est d'ailleurs assez déroutant de se dire qu'à partir de ces 92 blocs, il est possible de faire tout et n'importe quoi. Ce livre, vous comme moi, un koala comme Nabilla. Et sans leur existence, il n'y aurait rien de matériel. Un peu comme ça :

Dès lors apparaît comme un petit problème: si ces trucs minuscules fabriquent tout, qu'est-ce qui les a fabriqués? C'est justement en se posant ce genre de question qu'on a pu leur donner un âge.

Tout d'abord, rappelons que même si les organismes vivants sont tous capables de fabriquer des cellules comme de former ou casser des molécules (*les réactions chimiques qui entrent en jeu lorsque vous digérez par exemple ne font que désosser des molécules pour en fabriquer d'autres*), il leur est totalement impossible de faire de même avec les éléments qui constituent les molécules, à savoir les atomes. En découvrant l'existence de ces derniers au début du siècle dernier, on s'est très vite rendu compte qu'aucun processus naturel connu n'était capable d'expliquer leur existence. Et c'est en s'intéressant aux forces qui régissent leur comportement que nous avons finalement percé le mystère de leur origine. Les seules conditions pouvant expliquer leur formation ne peuvent se trouver qu'au-dessus de nos têtes – *non pas dans votre plafond, mais encore au-dessus, c'est-à-dire dans le ciel.*

Pour le plus simple de tous les atomes qu'on retrouve dans la nature, l'hydrogène, l'histoire a commencé peu après la naissance de notre univers, il y 13,8 milliards d'années! Plus précisément lorsque, âgé de 3 à 20 minutes, l'univers s'est momentanément retrouvé dans un état extrêmement chaud et dense. *Expliquer en détail la théorie du Big Bang demanderait d'y consacrer un livre entier, vous trouverez dans les sources des liens vers des auteurs qui l'ont fait.* Ce phénomène de formation des atomes en ces temps reculés, baptisé nucléosynthèse primordiale, dura une vingtaine de minutes, et s'arrêta net une fois la température de l'univers descendue sous les 350 millions de degrés.

À la suite de quoi, l'univers, devenu trop froid pour créer de nouveaux éléments, n'était alors composé qu'à 75 % d'hydrogène et 25 % d'hélium, *plus quelques infimes traces de lithium, de béryllium et de bore.* Vu que l'intégralité des atomes d'hydrogène qui se trouvent en vous se sont formés à ce moment et qu'ils comptent en nombre pour près des deux tiers des atomes qui vous constituent (*62 % précisément*), on peut dire qu'une partie de vous a, au niveau atomique, à quelques minutes près, pratiquement l'âge de l'univers lui-même ! *Cela vaut évidemment pour tout et n'importe quoi, et les atomes d'hydrogène présents dans votre cuvette de toilette ont eux aussi été créés à ce moment-là. De quoi donner quelque désopilant coup de massue à la poésie qui se loge en creux dans cette découverte.*

Mettre la main sur quelque chose qui vous entoure qui ne serait constitué que d'éléments provenant d'aussi loin dans le temps, devient un peu compliqué dans la mesure où les atomes d'hydrogène « détestent » rester seul dans la nature. De ce fait, ils ont une fâcheuse tendance à se lier à tout et n'importe quoi. Cependant, il est tout de même possible d'acheter, sous forme concentrée, des atomes provenant exclusivement de ces temps reculés. Il vous suffit de vous rendre dans une pharmacie car la quasi-totalité des atomes de lithium vendus en général sous forme d'ampoules se sont eux aussi formés quelques minutes après le Big Bang. *Bien que très abondants dans la nature, les atomes d'hélium, eux, sont extrêmement rares sur Terre car ce gaz très léger et neutre déteste, lui, se lier à d'autres atomes. L'immense majorité de ceux qui étaient présents lors de la formation de notre Soleil se sont retrouvés dans l'étoile quand ils n'ont pas été repoussés dans les bords extérieurs du système.*

Mais revenons à notre tableau. En réalité, même si les conditions dantesques qui ont régné dans l'univers pendant quelques minutes après le Big Bang permettent d'expliquer la présence d'hydrogène ou d'hélium en quantité, elles ne viennent cocher que quelques cases.

Pour pouvoir comprendre comment l'univers a pu se remplir entièrement et retracer l'histoire de la formation de ces éléments, des chercheuses et chercheurs ont étudié, tout au long du XXe siècle, les processus de réactions nucléaires à l'œuvre au sein des noyaux des atomes. Armés de leurs équations, mais aussi en reproduisant en laboratoire les conditions de pression et de température qui règnent au cœur des étoiles, ils ont mis en évidence l'existence d'un processus connu sous le nom de nucléosynthèse stellaire. Derrière ce terme étrange se cache l'une des découvertes les plus poétiques jamais effectuées par les sciences modernes, à savoir le fait que la majorité de ce qui nous constitue est un jour littéralement passé par le cœur des étoiles ! En d'autres termes, nous sommes tous des enfants de stars. Des enfants dont les constituants de base, les terriblement solides atomes sont de vieux grimoires nous racontant une histoire ayant commencé à s'écrire invariablement très loin de nous, dans l'espace et surtout dans le temps.

En effet, en nous penchant sur les processus à l'œuvre au cœur des étoiles, nous sommes arrivés à des conclusions surprenantes, à savoir qu'elles seules sont capables de créer les conditions de formation de la quasi-totalité des éléments du tableau. Pour faire simple, les étoiles ne font pas qu'émettre de la lumière. Elles sont aussi des usines à transformer la matière. Pour briller, elles ne brûlent pas, mais fusionnent des éléments simples en éléments plus complexes, et ce faisant, l'histoire de la quasi-totalité des éléments du tableau est intimement liée à celle de leur vie et de leur mort.

Pour mieux comprendre comment, prenons la direction du cœur de notre Soleil. Au centre de notre étoile, se trouve une région, un brasier infernal porté à 15 millions de degrés, où les noyaux des atomes d'hydrogène qui constituent en grande majorité notre Soleil (*le Soleil est composé à 92,1 % d'hydrogène et à 7,8 % d'hélium*) s'entrechoquent avec une telle force qu'ils en viennent à fusionner pour donner de l'hélium, tout en libérant au passage une quantité d'énergie colossale sous forme de rayonnement. Chaque étoile est ainsi en équilibre permanent entre sa gravité qui tend à la faire s'effondrer sous son propre poids et la pression engendrée par la fusion en son cœur qui s'y oppose.

Depuis sa naissance, notre étoile tire son énergie en transformant des atomes d'hydrogène en hélium et elle continuera de le faire pendant encore quelque 5 milliards d'années. Puis, lorsque l'hydrogène présent dans le cœur se retrouvera pratiquement épuisé, la gravité reprendra le dessus et l'étoile va légèrement se contracter. La température en son centre montera d'un cran jusqu'à atteindre cette fois les 100 millions de degrés. Dès lors, soumis à ces nouvelles conditions de pression et de température, les atomes d'hélium pourront à leur tour y fusionner pour donner du carbone, de l'azote et de l'oxygène tout en libérant une quantité d'énergie telle que les températures dans les couches entourant le centre de l'étoile vont devenir suffisantes pour y faire fusionner de l'hydrogène. Perturbés par l'énergie libérée par cette fusion à la périphérie du cœur, les contours de l'étoile vont se mettre à enfler et l'enveloppe de gaz à se dilater jusqu'à transformer notre Soleil en une géante rouge, une étoile aux dimensions démesurées qui va, au terme d'un long processus de montée en température du cœur agonisant, se débarrasser de son manteau de gaz, en expédiant ses couches externes dans l'espace pour produire ce qu'on appelle une nébuleuse planétaire. *C'est le destin qui attend tous les astres dont la masse est comprise entre un tiers et huit fois celle de notre Soleil.*

Malgré tout, notre tableau est encore grandement incomplet. En ne s'intéressant qu'aux éléments qui nous constituent dans notre grande majorité, la bande des CHNOPS, on constate que, oups, toujours pas de OPS. Sur les 92 éléments qu'on retrouve dans la nature, les étoiles du type de notre Soleil ne contribuent à remplir qu'une toute petite partie du tableau. De plus, elles ne sont pas toujours très disposées à répandre dans l'espace les nouveaux éléments qu'elles ont créés.

Pour comprendre pourquoi, prenons l'exemple de l'oxygène. En fait, même si ces étoiles en fabriquent de grandes quantités, produire un atome ne signifie pas forcément le partager. Dans le cas de notre Soleil, la moitié de la matière qui le constitue sera, à la fin de sa vie, éjectée dans l'espace et l'autre finira prisonnière à jamais dans un astre se formant en lieu et place de l'étoile disparue : une naine blanche qui renfermera la quasi-totalité de l'oxygène forgé par notre Soleil. En d'autres termes, nous ne respirons pas des atomes d'oxygène provenant de ce type d'étoiles car la quasi-totalité de ceux qu'elles ont produits se retrouve piégée dans leur cœur dénudé. *Dans le cas du Soleil, la moitié de la masse sera expulsée et ira dériver dans l'espace. L'autre, au centre de la nébuleuse, finira prisonnière d'une naine blanche.*

Heureusement pour nous, il existe dans l'univers des étoiles plus massives que notre Soleil, des étoiles de 2,5 à 8 masses solaires, dans lesquelles se déroule, sur des milliers d'années, dans les intérieurs gonflés de l'astre vieillissant, un processus étrange auquel on doit l'arrivée de nombreux autres éléments dans l'univers. *Baptisé « s-process », celui-ci permet la transformation de certains atomes en d'autres quand des particules de haute énergie, des neutrons, pénètrent dans le noyau de ces derniers.* Comme les atomes précédents, ils pourront être propulsés dans l'espace par les éruptions solaires, les vents stellaires ou finir par dériver dans la nébuleuse planétaire.

Le tableau commence à être mieux garni, bien qu'il soit en réalité encore loin d'être complet car subsiste ce qu'on appelle le problème des quantités. En effet, on s'est rendu compte que 96 % des étoiles présentes dans l'univers ont une masse comprise entre un huitième et huit fois celle de notre Soleil, mais beaucoup des éléments qu'elles produisent ne le sont que dans des quantités infimes et dérisoires, ne permettant aucunement d'expliquer l'abondance de ces éléments sur Terre et partout ailleurs dans l'univers. De plus, l'origine de nombreux éléments n'est pas encore totalement aux abonnés absents.

C'est par exemple le cas du fer que 96 % des étoiles sont incapables de produire. Celui-ci intervient dans quantité de phénomènes vitaux pour votre organisme, il est, entre autres, utilisé dans l'hémoglobine qui transporte l'oxygène. Dès lors, se pose la question de savoir d'où viennent tous les éléments qui n'ont pas été fabriqués par les étoiles dont nous avons parlé précédemment.

La réponse à cette question se trouve dans les phénomènes qui font partie des plus énergétiques de l'univers et qui impliquent la mort brutale des étoiles. Il arrive que les naines blanches, ces sortes de petites étoiles mortes, soient, elles aussi, sources de complexité. Si l'une d'entre elles se forme dans un système binaire et a comme compagne proche une étoile se transformant à son tour en géante rouge, elle peut alors se mettre à vampiriser les couches externes de son imposante voisine. Bien qu'ils puissent nous paraître exceptionnels, à nous qui n'avons qu'un Soleil, les systèmes doubles sont plus que courants dans notre galaxie, où plus de la moitié des étoiles vivent en couple.

Le transfert de matière entre les deux étoiles va augmenter la masse de la petite étoile formant autour d'elle un disque de matière qui va ensuite accélérer avant d'y plonger. Ce processus peut durer des centaines de milliers d'années mais lorsque la naine blanche atteint une masse critique (environ une fois et demi la masse de notre Soleil), se produit alors une réaction nucléaire en chaîne qui va entraîner l'effondrement, puis la désintégration pure et simple de la naine blanche et déchirer généralement le système. La violence de cette explosion baptisée « supernova de type 1a » est telle que, pendant plusieurs semaines, une seule étoile peut devenir plus brillante que toutes celles de sa galaxie réunies. En une fraction de seconde, l'énergie phénoménale libérée par l'explosion va permettre de remplir près de la moitié du tableau, tout en expulsant ces dizaines de nouveaux éléments hors du système à des vitesses démentielles. L'espace alentour se trouve enrichi en grande quantité de potassium, un élément constitutif de vos nerfs, mais aussi de calcium, qui contribue à former vos dents ou vos os, de cobalt, qu'on retrouve lové dans la vitamine B12, de cuivre et de vanadium qui servent entre autres à faire ronronner vos enzymes, ou encore de zinc qui les stabilise et intervient dans l'oxydation de l'alcool. On pense ainsi qu'on doit à ces explosions cataclysmiques l'existence d'environ la moitié des atomes d'argent, de fer, de cuivre, de cobalt ou de zinc qu'on retrouve dans la nature. *On pense même qu'une explosion de ce type serait liée à l'histoire de notre Système solaire car la proximité d'un de ces cataclysmes pourrait bien être venue perturber, puis initier l'effondrement de l'immense nuage de gaz interstellaire qui a fini par former notre Soleil et tout ce qui lui tourne autour.*

Ce qui revient à dire que, sans ces étoiles de type 1a, nous ne serions pas là, ni vous, ni moi, une page blanche continue :

Paradoxalement, les explosions de supernova de type 1a, bien qu'elles impliquent des naines blanches contenant beaucoup d'atomes d'oxygène, n'en expédient aucun dans l'espace environnant. Au cours de ces explosions, tous ceux présents dans le cœur des petites étoiles sont transformés en d'autres éléments tels que le nickel ou le cobalt. Le tableau comporte encore beaucoup de trous, trop de trous et donc… toujours pas de nous. Sans sodium pas de transmission de l'influx nerveux, sans magnésium pas de contraction musculaire…

« *Il vaut mieux brûler franchement que s'éteindre à petit feu.* »
Kurt Cobain paraphrasant une supernova anonyme

Heureusement, pour vous comme pour moi, il existe dans l'univers des étoiles géantes, dont la masse est au minimum huit fois supérieure à celle de notre Soleil. Ces poids lourds de l'espace ne représentent que quelques pourcents des étoiles qui peuplent le ciel mais on leur doit pourtant presque tout. Car ces monstres de l'espace, de par leur masse considérable, en brûlant la corde par les deux bouts, finissent toujours par exploser en contribuant à créer, à eux seuls, pratiquement tous les éléments dont le vivant semble avoir besoin (à l'exception de l'hydrogène).

À l'échelle d'une vie humaine, ces événements dits d'effondrement d'étoiles massives sont extrêmement rares. On estime qu'en moyenne deux étoiles de ce type éclatent par siècle dans notre Voie lactée et beaucoup nous sont cachées par des nuages de poussière. La dernière fois qu'on a pu en observer une dans notre galaxie, c'était en 1604, avant l'invention du télescope.

Mais l'espace est vaste et, à l'échelle de l'univers, ces phénomènes peuvent être considérés comme relativement courants.

Dans les couches de ces étoiles, vont être créés tous les éléments plus légers que le fer et, à partir de lui cet élément, qui est le plus stable de l'univers. Dans le cœur de ces étoiles, le fer va agir comme un verrou qui refuse de fusionner et, pour le faire sauter, l'étoile va devoir en faire de même.

Lorsque le fer se retrouve majoritaire dans le cœur, l'énergie qui y est produite n'est plus suffisante pour contrebalancer la pression exercée par les couches externes. La contraction du cœur n'arrive plus à générer l'énergie nécessaire pour maintenir l'équilibre et, en quelques millisecondes, le noyau de l'astre s'effondre sur lui-même, entraînant dans sa chute les couches périphériques qui plongent alors dans sa direction à des vitesses proches de celle de la lumière. Les couches périphériques viennent buter, puis rebondir sur un cœur de fer comprimé d'une dizaine de kilomètres de diamètre et dont la température atteint le chiffre surréaliste d'un milliard de degrés. Tout ceci se déroule en infiniment moins de temps qu'il ne faut pour l'écrire et, en une fraction de seconde, la quantité phénoménale d'énergie libérée fait exploser l'étoile qui termine ainsi sa vie dans un flamboiement produisant la quasi-totalité des atomes manquants dans le tableau. *Les atomes de fer sont alors soumis à une pression telle que leur constituants (électrons et protons) se transforment presque instantanément en neutrons, qui en submergeant les atomes alentours vont les transformer en d'autres. Si vous voulez rentrer dans le dur du sujet, vous pouvez vous perdre dans les nombreux articles traitant du r-process.*

L'étoile, elle, y a laissé sa peau. Elle est partie dériver dans l'espace, emportant avec elle des éléments nouveaux qui vont aller nourrir le cosmos alentour. La grande majorité, si ce n'est la totalité, du magnésium, du sodium, du fluor ou du fer qu'on retrouve sur Terre se sont un jour retrouvés au sein de ces explosions cataclysmiques. *Le fer éjecté par les supernovas ne provient pas du cœur mais de la violente combustion de la couche de silicium de l'étoile lors de son explosion.* Songez-y la prochaine fois que vous utilisez une feuille d'aluminium : tous les atomes de ce métal se sont un jour retrouvés, il y a de cela des milliards d'années, aux premières loges de ces explosions. Vous pouvez enfin vous détendre, souffler et vous mettre à inspirer puis expirer de grandes bouffées de résidus d'étoiles aujourd'hui disparues, car l'oxygène passant actuellement dans vos poumons a lui aussi, dans sa quasi-totalité, été forgé lors de ces événements. *Si on met de côté les quantités dérisoires expulsées par les étoiles de moins de 8 masses solaires, la quasi-totalité de l'oxygène présent sur Terre s'est formé dans des explosions de ce type.* Il est amusant de penser que les molécules qui constituent les fibres de cellulose pure sont vues comme translucides. Mais pour rendre le papier opaque et visuellement blanc, on ajoute à la pâte de l'oxygène. *Ainsi, en observant une feuille blanche, vous êtes en quelque sorte en train de regarder de l'oxygène emprisonné entre des molécules de glucose. Pour espérer voir directement cet oxygène, vous pouvez aussi déchirer une feuille de papier calque car, au niveau de la déchirure, le papier va invariablement prendre une teinte blanchâtre et perdre sa semi-transparence, du fait que de l'oxygène s'y est engouffré.*

Mais, revenons à notre problème des quantités, les astronomes se sont rendu compte qu'en dépit de toutes ces découvertes, il restait toujours quelques ombres au tableau. Car, bien que les supernovas soient de véritables feux d'artifice venant remplir pratiquement toutes les cases, beaucoup d'éléments rares sont produits dans des quantités trop infimes pour que leur présence en nombre soit expliquée par ces seules explosions. C'est le cas de l'argent, de l'or ou encore de l'iode.

Le mystère des proportions de ces éléments n'a pu être percé que tout récemment quand nous avons découvert l'existence d'événements rarissimes et d'une nature tout aussi catastrophique que l'explosion des supernovas : la collision de deux étoiles à neutrons. Une tragédie dévastatrice qui implique aussi indirectement les supernovas. Pour former une étoile à neutrons, il faut d'abord qu'une étoile géante finisse sa vie en supernova avant de laisser derrière elle une toute petite étoile, un astre étrange, d'à peine une dizaine de kilomètres de diamètre et pourtant plus lourd que notre Soleil (de 1,4 à 3,2 masses solaires). Lorsque, occasionnellement, deux astres de cette nature se rencontrent, la violence de leur rencontre va engendrer la formation d'un trou noir, tout en synthétisant l'équivalent d'une dizaine de Terre en masse d'or, mais aussi de l'uranium, du thorium, du platine, de l'argent ou de l'iode en quantité. Autant d'éléments qui seront propulsés, eux aussi, dans l'espace. *La collision de deux étoiles à neutrons est un événement extrêmement rare, dont la fréquence est estimée à une tous les 10 000 ans dans notre galaxie.*

Si vous possédez une bague en or, celle-ci a été confectionnée par un bijoutier, travaillant de l'or sorti des entrailles de la Terre par des mineurs, extrayant un métal concentré par l'activité géologique, d'une planète formée par une toute petite partie d'un nuage de gaz interstellaire enrichi en éléments lourds, produits par les vies et les morts successives d'étoiles géantes et surtout par le télescopage de deux étoiles à neutrons qui ont aujourd'hui disparu mais dont on retrouve encore les précieux résidus.

Ces transformations se passent partout, tout le temps, dans l'univers. Pendant la lecture de cette seule phrase, près de 15 000 étoiles se sont allumées, et pratiquement autant ont atteint le stade final de leur vie ou explosé. *En moyenne, chaque année dans notre galaxie, une étoile naît, ou pour être plus précis, une masse solaire de matière s'allume et devient une étoile. Si l'on considère l'univers observable dans son ensemble, on estime que 200 000 nouvelles étoiles se forment chaque minute, ce qui revient à dire qu'il existe là-haut, à la grosse louche, près de 300 000 millions d'étoiles qui se sont formées le jour de votre naissance et 3 000 qui sont nées à la même seconde que vous !*

Ainsi, la prochaine fois qu'on vous traitera de vieux CHNOPS, vous pourrez répondre que ça dépend de l'élément ! Vous aurez beau tout faire pour paraître plus jeune que votre âge, vos atomes d'hydrogène, comme ceux présents dans vos grands-parents, dans cet ouvrage comme dans chaque nouveau-né, existent depuis 13,8 milliards d'années ! Du point de vue de ces petites parties, vous avez à quelques minutes près, pratiquement l'âge de l'univers lui-même. Quant aux autres atomes qui vous constituent, on ne sait pas précisément combien de bougies ils ont soufflées. Mais, étant donné qu'ils sont tous nés dans d'autres étoiles que la nôtre, il est absolument certain que les plus jeunes d'entre eux sont plus vieux que notre planète et même que notre Soleil! *Pour être totalement juste, il existe une exception à cette règle: certains éléments, tels que le béryllium ou le bore, un élément essentiel à la croissance des plantes, sont trop fragiles pour pouvoir résister à la fournaise ardente des étoiles où ils vont, après y avoir été fabriqués, invariablement se transformer en d'autres éléments. En réalité, ces atomes-là se sont, dans leur très grande majorité, formés dans le grand froid de l'espace à partir d'autres atomes qui, percutés par des particules fortement chargées en énergie, se transforment en d'autres éléments. Ce phénomène porte le doux nom de spallation des rayons cosmiques.*

Dans le tableau périodique des éléments, sont représentés, en fonction de leurs origines, tous les atomes naturellement présents dans l'univers. Et à partir de ce tableau, on peut se pencher sur l'origine première probable des éléments présents dans tout et n'importe quoi. Par exemple, dans les grandes lignes, cette page

92 éléments, vraiment ?

Depuis plusieurs décennies maintenant, on sait fabriquer des atomes en très petite quantité dans nos laboratoire et autres accélérateurs de particules. Ainsi certains tableaux périodiques ne comprennent pas 92 mais 118 éléments, pour la simple et bonne raison que les éléments présents sur la dernière ligne de ces tableaux ont été fabriqués. Ces atomes nouveaux sont instables et se désintègrent rapidement, n'existant tout au plus que quelques picosecondes dans des laboratoires, ils ne se retrouvent pas sur Terre à l'état naturel. De ce point de vue, on peut dire que, lors de ces expériences, des tas savamment agencés d'atomes sous forme de scientifiques ont réussi à fabriquer de nouveaux atomes.

est fabriquée à partir de fibres végétales composées d'une suite de molécules de glucose de formule chimique $C_6H_{10}O_5$ et comptant pour 70 % du poids du papier. On y trouve également divers adjuvants responsables des 30 % restants parmi lesquels on retrouve de l'eau (H_2O) mais aussi des charges minérales (comme le carbonate de calcium, $CaCO_3$) ou du Kaolin ($Al_2Si_2O_5(OH)_4$). On sait par exemple que les atomes d'hydrogène qui s'y trouvent proviennent tous de la nucléosynthèse primordiale, ceux d'oxygène ou d'aluminium, de l'explosion d'étoiles massives, quant aux atomes de carbone des molécules de glucose ils peuvent tout aussi bien être nés dans les intérieurs gonflés d'une étoile de masse modeste vieillissante ou provenir de l'explosion d'une ou de plusieurs étoiles massives… La plupart du temps, les atomes peuvent avoir différentes origines possibles et il est alors impossible de savoir avec certitude quels sont les phénomène qui les ont engendrés. Tout au plus grâce aux quantités produites par chaque phénomène peut-on s'amuser à retracer l'origine la plus probable de leur formation.

La recette de la vie

« L'azote dans notre ADN, le calcium dans nos dents, le fer dans notre sang, le carbone dans nos tartes aux pommes ont été créés à l'intérieur d'effondrements d'étoiles. Nous sommes faits de matière d'étoiles. »

Carl Sagan

Si vous mélangiez un bon paquet d'éléments au petit bonheur la chance, en privilégiant largement et en quantité les CHNOPS, à aucun moment vous n'obtiendriez une personne. Vous obtiendrez plutôt un mélange passablement mortel qui provoquerait une explosion de tous les diables. Alors, comment est-on passé de l'apparente simplicité de ces 92 blocs, à l'effarante complexité et variété des molécules qu'on retrouve dans les organismes vivants ?

Avant toute chose, soyons modeste. S'il est clair que cette petite variété d'atomes constitue les ingrédients nécessaires pour faire toutes les choses matérielles qu'on connaît, l'apparition de la vie sur Terre reste encore nimbée d'un grand mystère. Et même si aujourd'hui la composition des êtres vivants est connue avec finesse, personne n'en connaît la recette. *Certains diront que la version idyllique consiste à prendre deux personnes, d'ajouter un peu de piment dans leur vie, du sel et de l'amour puis d'éteindre la lumière et de secouer un peu avant de laisser reposer 9 mois.*

Cependant, on pense avoir découvert, en étudiant l'espace au moyen de télescopes, bon nombre d'étapes qui vont permettre à ces blocs, ces lettres constituant l'alphabet de base du langage de la matière, de monter en complexité. Après avoir quitté le cœur ou la périphérie des étoiles, ces 92 blocs vont trouver, dans le milieu interstellaire, des conditions propices pour commencer à se combiner. Dans la fournaise des étoiles, les affinités entre les lettres n'ont pas vraiment leur mot à dire – il y fait beaucoup trop chaud pour que les blocs se lient et aucune molécule ne peut donc s'y former. Mais dans le froid de l'espace, c'est différent. Dans les filaments d'étoiles mortes qui refroidissent, comme dans les nuages de gaz interstellaires, la température est suffisamment basse pour qu'en s'agençant, certains de ces éléments finissent par se lier. On a ainsi pu y trouver en quantité des molécules d'eau (H_2O), de monoxyde de carbone (CO), de méthane (CH_4), d'ammoniac (NH_3) mais aussi des alcools (l'alcool éthylique C_2H_5OH), du sucre (le dihydroxyacétone $(CH_2OH)_2CO$) et même de l'acide formique (HCOOH) – un composé que synthétisent les fourmis pour baliser leur route – ou encore du formiate d'éthyle (C_2H_5OCHO), une molécule responsable de l'odeur caractéristique du rhum, et partiellement du goût des framboises.

Au total, on a ainsi pu identifier dans le milieu interstellaire près de 200 molécules différentes. La majorité d'entre elles sont organiques, c'est-à-dire qu'elles ont pour base le carbone. Dans cet environnement froid et en apparence très hostile, par le jeu des associations, au gré du hasard et des affinités, les lettres de notre tableau, les atomes, s'assemblent et forment des mots de plus en plus longs. Ces molécules vont donner à la matière un nouveau langage.

En groupe, les atomes ont des comportements extrêmement différents de ceux qu'ils peuvent avoir individuellement. Par exemple, l'hydrogène pur est un terrible combustible et l'oxygène favorise la combustion pourtant, ensemble dans l'espace, ils se lient pour former de l'eau. Pris seul, le sodium (Na) est un des éléments les plus instables. Jeter dans de l'eau un morceau de ce métal extrêmement réactif sous sa forme pure pourrait vous faire regretter d'être né. Le chlore, quant à lui, purifie l'eau des piscines et sous sa forme pure peut tuer n'importe qui. *Il participe aussi à faire du gaz moutarde ($C_4H_8Cl_2S$), qu'on peut poliment qualifier de belle saloperie.* Pourtant, ces derniers éléments s'apprécient fortement et, en se combinant, vont ensemble acquérir des propriétés qu'ils n'avaient pas avant. L'un comme l'autre sont essentiels à la vie, ils en sont littéralement le sel : le chlorure de sodium (NaCl). *Dans votre organisme, ces atomes sous leur forme d'ions (Na^+ et Cl^-) entrent en jeu dans un nombre impressionnant de réactions chimiques vitales.*

Une molécule est toujours plus que la somme de ses parties. Une fois sur Terre, les atomes regroupés dans des conditions de pression et de température plus clémentes et plus variées ont commencé à construire des molécules de plus en plus complexes. L'activité tectonique, les éruptions volcaniques et bon nombre d'autres phénomènes physiques se sont mis à lentement trier, concentrer ou séparer ces éléments. Songez qu'avec de l'oxygène, du silicium, du fer et du magnésium, vous pouvez déjà faire une grande partie de toutes les roches qui vous entourent. Et ces nouvelles molécules, ces nouvelles structures atomiques interagissant les unes avec les autres, ont contribué à faire exploser leur nombre.

Il existe un registre de toutes les espèces moléculaires connues ; il comporte près de 150 millions d'entrées et ce nombre s'allonge au rythme de 4 000 par jour. *Encore une fois, la totalité de ces molécules n'utilise pour briques de base que 92 types d'atomes.* La quasi-totalité de ces découvertes nous proviennent du vivant, avec qui le langage de la matière semble devenir presque sans limite. Une simple protéine peut être constituée de centaines d'éléments tous regroupés dans une longue chaîne s'articulant autour des atomes de carbone.

Ce bloc-là, le carbone, est la clef de voûte de l'ensemble du vivant. En s'accrochant facilement aux autres atomes – y compris à lui-même –, il permet de construire des chaînes moléculaires de plus en plus longues et complexes comprenant des milliers, des millions, voire des milliards d'atomes, comme dans une molécule de double hélice d'ADN. Une structure géante qui ne contient que du CHNOP (*il n'y a pas d'atome de soufre dans l'ADN*) et peut contenir, en ordre de grandeur, pratiquement autant d'atomes qu'il y a d'étoiles dans notre galaxie ! *Votre chromosome n° 1 contient environ 10 milliards d'atomes et notre galaxie, la Voie lactée, est riche de 100 milliards d'étoiles. Si ces chiffres ne vous parlent pas, vous pouvez vous représenter un mètre cube de sable, on y trouve à la louche – ou plutôt à la pelle pour construire des châteaux – autour de 100 milliards de grains de sable.*

Le plus extraordinaire n'est peut-être pas le nombre d'atomes qui s'y trouvent, mais le fait qu'avec cette structure, avec l'ADN, la vie a conçu un moyen, sans qu'on sache précisément comment, pour que les molécules produites par l'alphabet se mettent à écrire des romans. L'apparition de la vie, c'est une nouvelle histoire qui commence. Celle d'un ensemble de molécules, capables de se structurer en phrases désormais immenses, de se recopier, se répliquer et se reproduire avec peut-être un petit peu plus de sens qu'avant ; mais aussi de fragilité. Ces molécules d'ADN, à partir desquelles le vivant écrit et recopie son histoire, sont vulnérables à leur environnement. Pour elles, de minimes variations de température ou de pression peuvent avoir de grandes répercussions. C'est pourquoi elles doivent constamment être protégées. En d'autres termes, la force de ces systèmes leur vient aussi de leur faiblesse, car cette fragilité est aussi une flexibilité, une souplesse, qui permet au vivant d'évoluer. En cassant facilement, les molécules d'ADN autorisent des ratures et des erreurs qui, en se glissant dans leur écrit, permettent l'émergence d'êtres nouveaux, légèrement différents.

Qu'ils fassent aujourd'hui partie de votre code génétique, soient incrustés dans la pierre, s'amassent en pelotes de poussière ou virevoltent en tous sens dans l'air, il est intéressant de penser que si les atomes pouvaient parler, ils auraient sûrement des épopées fantastiques à nous raconter tant ils nous viennent à la fois de très loin dans l'espace et surtout dans le temps.

Pour l'illustrer, tentons de retracer le plus précisément possible le parcours des éléments de molécules extrêmement simples et robustes que vous avez actuellement en vous en quantité considérable : celles de l'eau. *Près de 60 % d'un adulte humain moyen est constitué de cette précieuse molécule, ce qui fait tout de même 42 litres, avec un renouvellement au rythme de 2,5 litres par jour.*

Déjà, nous savons que les 2 atomes d'hydrogène présents dans chacune de vos molécules d'eau se sont formés quelques minutes après le Big Bang. Pour arriver sur Terre, ils ont dû, pendant 13,8 milliards d'années, dériver dans l'espace ou bien se tenir à distance respectable du cœur des étoiles dans lequel ils sont très probablement passés, pour ne pas y fusionner en d'autres éléments. *La température de fusion de l'hydrogène est de 15 000 000 °C.* En ce sens, la totalité des atomes d'hydrogène de votre corps sont des rescapés, ayant tout au long de leur existence évité tous les phénomènes de fusion nucléaire. Quant aux atomes d'oxygène présents dans chacune des molécules d'eau, ils ont nécessairement été forgés à partir d'éléments plus légers qu'eux, lors de l'effondrement d'étoiles ; et, une fois formés, ils se sont tenus suffisamment éloignés des conditions de pression et de température dantesques pouvant les faire fusionner. *La température de fusion de l'oxygène est de 1 500 000 000 °C.*

Évidemment, dans un cas comme dans l'autre, nul ne sait si ces atomes sont passés par une ou plusieurs étoiles, ni s'ils y sont restés des millions ou des milliards d'années. Tout au plus sait-on que depuis qu'ils existent, ils ont dû se tenir à la périphérie des étoiles, ou tout du moins à distance respectable du cœur de celles-ci. Et à chaque fois qu'une de leurs hôtes est arrivée en fin de vie, que cette étoile ait éclaté lentement ou explosé violemment, ils ont évité de se retrouver piégés au centre. Faisant partie des atomes expulsés, ils ont voyagé dans l'espace, de volutes de gaz en étoiles en formation, sur plusieurs générations d'astres, prenant à leur tour le relais de ce jeu continu de mort et d'allumage, du nuage en effondrement à l'étoile expulsant, dans l'espace, une partie de ces voiles. *Vu que les nuages qui forment les étoiles s'enrichissent au fil du temps en atomes plus complexes, la métallicité de ces dernières, c'est-à-dire la fraction de leur masse qui n'est pas constituée d'hydrogène ou d'hélium, augmente. Cette métallicité est en soi un très bon indicateur de l'âge et de l'origine des étoiles car, dans l'univers, chaque génération d'étoiles naissantes est légèrement plus riche en éléments lourds que la précédente. C'est, par exemple, à partir des résidus de matières riches en éléments lourds formés par les étoiles géantes ou massives désormais disparues que s'est allumée une étoile de génération plus récente comme notre Soleil. Soleil qui, de ce point de vue là, a donc lui aussi des parents !*

Puis, ces trois atomes de notre molécule d'eau ont tous fini, à la suite de la mort d'une énième étoile, par se retrouver à dériver dans le cosmos où ils se sont rencontrés, puis liés pour former une molécule d'eau. Celle-ci, prenant part à l'immense nébuleuse de gaz qui en s'effondrant donna naissance à notre étoile et dans son sillage à plusieurs planètes. C'est sur l'une d'entre elles, la Terre, que cette molécule s'est au petit bonheur la chance, déposée. Au cours des milliards d'années d'existence de notre planète, elle a participé au grand cycle de l'eau qui lui a sûrement fait connaître des milliers de nuages, de gouttes, de rivières, de rivages. Ces trois atomes de notre molécule d'eau se sont très certainement retrouvés incorporés à quantité de choses différentes, à l'inerte comme au vivant. Ils ont été coincés dans la banquise des siècles durant, retirés à la glace par la force des courants, ballottés au gré des flots, quelques temps dans le corps d'un plancton, puis intégrés à l'intestin d'un poisson et des millions d'autres organismes avant de s'évaporer et de finir l'espace d'un instant dans les nœuds d'une branche, dans un gland, éternués par un lointain ancêtre de goéland, quelques temps dans la nervure d'une feuille, d'un pommier avant de se retrouver croqués et d'arriver peut-être jusqu'à vous, pour éphémèrement contribuer au nerf optique d'un œil, relié au cerveau d'un humain lisant un texte s'intéressant à eux et précisant que tout ceci n'est très certainement qu'un millionième de l'histoire vécue par ces deux hydrogènes, cendres du Big Bang, et cet oxygène, résidu d'une étoile désormais disparue. Les molécules d'eau, contrairement à celles de notre ADN, sont extrêmement robustes. Bien qu'une petite partie de celles présentes sur Terre aient pu être cassées par la puissance des rayonnements UV dans la haute atmosphère ou dissociées naturellement lors des processus de photosynthèse. En effet, les plantes, au moyen de l'énergie du Soleil, transforment des molécules de dioxyde de carbone et d'eau pour produire du sucre et de l'oxygène, selon la réaction : $6\ CO_2 + 6\ H_2O$ + énergie lumineuse $\rightarrow C_6H_{12}O_6$ (glucose) $+ 6\ O_2$.

On estime qu'en moyenne, dans de l'eau pure, une molécule d'eau sur 500 millions se déchire naturellement et voit ainsi l'un de ses atomes d'hydrogène partir seul vers d'autres aventures au travers de la réaction : $H20 = H^+ + OH^-$), mais cela représente des quantités dérisoires. En première approximation, toutes les molécules d'eau présentes sur Terre existent sans interruption depuis plusieurs milliards d'années.

Pour tenter d'illustrer cette épopée par les chiffres, David Louapre sur son blog « Science étonnante » s'est amusé à estimer – à la louche gigantesque – combien de molécules d'eau, parmi les 10^{25} qu'on retrouve dans un simple verre d'eau, étaient présentes dans le dernier verre pris par Jules César. Il arrive à un résultat de 2 000 à 3 000 d'entre elles ! Dit autrement, il y a actuellement en vous un peu de l'eau qui a appartenu un jour à César. Dans son livre *Curious and Interesting Mathematics*, David Wells estime, lui, qu'à chacune de nos inspirations, chacun d'entre nous inhale en moyenne 50 millions de molécules d'air ayant été inspirées à un moment ou à un autre par Léonard de Vinci. Ce nombre, en ordre de grandeur, est valable pour toute personne ayant vécu aussi longtemps que Léonard et dont le dernier soupir se situe suffisamment éloigné de nous dans le temps pour que la grande majorité des molécules d'oxygène inhalées au cours de la vie du personnage choisi ait eu le temps de se répartir uniformément dans l'atmosphère.

Évidemment, ce type de calcul n'a aucune prétention scientifique. Il est avant tout destiné à illustrer à quels points les quantités faramineuses de matières mises en jeu impliquent nécessairement que nous ayons actuellement en nous un grand nombre d'atomes qui sont déjà passés par le corps de personnages historiques, comme par ceux de lointains dinosaures. La matière qui nous constitue aujourd'hui était déjà là, mais autre part il y a 100, 1 000 ou 10 000 ans. Ce qui fait que vous pouvez bien vous amuser à penser à quoi que ce soit, à qui que ce soit avec qui vous aimeriez avoir un lien de filiation fort et – pour peu que sa disparition soit suffisamment éloignée dans le temps – vous avez actuellement en vous nécessairement un petit nombre d'éléments qui sont littéralement passés par eux.

Cette page vierge est là pour vous permettre de lister les personnages historiques, les espèces disparues, les paysages situés à l'autre bout du monde, avec lesquels vous aimez bien l'idée de partager quelques briques de base, d'être comme matériellement affilié. Vous pouvez aussi inverser le raisonnement et vous poser la question de savoir à quoi les atomes qui sont passés un jour en vous sont aujourd'hui liés.

Qu'est-ce que je vais bien pouvoir faire de vous ?

« Si haut qu'on monte, on finit toujours par des cendres. »

Henri Rochefort

Après s'être longuement amusés à retracer l'origine des éléments qui nous constituent, il est temps de nous livrer à une petite expérience de pensée. Pour la mener à bien, vous aurez besoin d'un organisme vivant continuellement disponible et à proximité, au hasard, prenez la première chose qui vous vient sous la main : vous ! Si vous pouviez, avec une hypothétique pince à épiler ultra précise, découper consciencieusement toutes vos molécules, puis en extraire un à un les atomes qui les constituent avant de les classer en petits tas, alors vous obtiendriez une succession de monticules de fine poussière atomique qui n'a jamais été vivante mais qui, avant cette stupide expérience, participait à vous faire vous. Penchons-nous sur ce que vous auriez obtenu, c'est-à-dire sur les ingrédients d'un être humain moyen. *Les approximations portent toujours sur une personne de 70 kilos.*

45,5 kilos d'oxygène : soit autant que dans un cube d'air de 5,5 mètres de côté. *Il y a 280 grammes d'oxygène sous forme moléculaire* O_2 *par mètre cube d'air au niveau de la mer.* 24 % des atomes qui vous constituent sont des atomes d'oxygène, mais étant donné qu'ils sont relativement lourds, ils représentent près de 65 % de votre masse totale.

12,6 kilos de carbone : avec ces cendres de carbone pure, il est théoriquement possible de fabriquer 12,6 kilos de mines de crayon, *le graphite étant constitué de carbone pratiquement pur*, ou pour un coût astronomique, de diamant du même poids. Car ce qui différencie un bloc de graphite de cette pierre précieuse n'est qu'une question d'agencement, de structure, à l'échelle atomique. Pour cela, il faudrait chauffer le carbone pur à 1 500 °C, puis le soumettre à une pression de 60 tonnes par centimètre carré et le maintenir dans cet état pendant 14 semaines. Vous obtiendriez ainsi un bijou constitué de ce qui fut un jour un peu de vous.

7 kilos d'hydrogène : cet élément se retrouve partout dans l'univers. Il compte pour près de 75 % de la masse des étoiles et, en nombre, pour 62 % des éléments qui vous constituent. Cependant, étant très léger, il n'arrive qu'en troisième position en termes de masse. *Vous lui devez 10 % de celle-ci.*

2,1 kilos d'azote : soit à peu de chose près autant qu'en contiennent 2 mètres cubes d'air au niveau de la mer.

1,5 kilos de calcium : cet élément participe essentiellement à la construction de vos dents et de vos os. *Si vous êtes un escargot, vous n'avez donc pas de dents ni d'os mais vous en trouverez dans votre coquille.* Il y a autant de calcium dans un être humain moyen que dans une dizaine de milliers de yaourt.

860 g de phosphore : vous contenez autant de cet élément, essentiellement présent dans vos dents et os, que n'en contiendrait votre propre poids en fourme d'Ambert.

300 g de soufre : cet élément plus que vital au bon ronronnement de votre organisme se trouve essentiellement dans vos acides aminés et vos enzymes.

210 g de potassium : un métal qui, sous sa forme pure, réagit violemment avec l'eau, mais qui sous sa forme d'ion (K^+) permet entre autres à vos cellules de communiquer au travers de leur membrane.

100 g de sodium et 70 g de chlore : autant que dans une quarantaine de cuillères à café de sel.

20 g de magnésium : c'est à peu près autant que dans 20 kilos de chocolat.

4 g de fer : soit l'équivalent d'une dizaine de petits clous.

2,5 grammes de zinc et de fluor : vous avez en vous autant de ce dernier qu'il n'y en a dans une vingtaine de tubes de dentifrice !

On pourrait continuer cette liste de course encore longtemps car, pour votre bon fonctionnement, vous avez aussi besoin d'avoir constamment en vous quelques milligrammes de cuivre, d'iode, de cobalt, de manganèse, de molybdène, de chrome ou de sélénium. Ainsi que, à l'état de traces, dans des proportions infinitésimales, du strontium, du vanadium, du lithium, du molybdène, du brome, du bore, du silicium et même de l'arsenic. *C'est toujours la dose qui fait le poison. On s'est en effet rendu compte que les rats, les hamsters et les chèvres qui, comme nous, sont des mammifères, ont tous besoin de très faibles doses de cet élément. Il est donc fort probable qu'il en soit de même chez nous, les humains.* Tous interviennent à un moment ou à un autre dans votre métabolisme. On retrouve même en nous des éléments qui ne nous servent à rien, tels que le mercure, l'argent, l'or, le plomb, le rubidium ou bien l'étain qui nous viennent en très petites quantités de notre environnement. Tous ne sont d'ailleurs pas toxiques et, même si nous n'en avons pas forcément besoin, ils peuvent nous faire du bien. On s'est ainsi rendu compte que le sel d'or connu sous le nom d'aurothiomalate de sodium est terriblement efficace pour réduire les douleurs articulaires et on ne sait absolument pas pourquoi.

Nous voilà arrivés au bout de la liste dithyrambique de vos ingrédients. Si ce survol succinct vous a donné un mal de crâne carabiné voici la formule de l'acide acétylsalicylique, aussi connu sous le nom d'aspirine : $C_9H_8O_4$. Vous pourriez grosso modo en faire 35 kilos avec tous les atomes qui sont en vous maintenant.

Armés de cette grande quantité d'antalgiques, revenons à vos tas d'atomes alignés. Et posons-nous la question de savoir, au vu des quantités de briques de base dont vous êtes faits, en quoi on pourrait vous transformer ou, dit autrement, ce qu'on pourrait bien faire de vous. Étonnamment, à l'aide de votre hypothétique pince à épiler, vous pourriez mettre à contribution ces petits tas pour vous attaquer à la construction de tout et n'importe quoi du moment que ce à quoi, vous pensez est, ou a été, vivant. Car si on vous considère du point de vue atomique, votre composition s'avère relativement proche de tout ce qui vit et plus largement de toute substance d'origine organique.

Ainsi, si dans votre corps, il n'y a pas suffisamment de fer pour faire une petite cuillère et pas assez de métaux pour construire un saxophone ou un banjo, vous avez, en vous, les briques de base pour faire 23 000 colibris de 3 grammes, des dizaines de litres de parfum somptueux, des grands vins, ou encore votre propre poids en fumier. D'ailleurs, il est amusant de penser que ce livre contient à peu de chose près les mêmes éléments que son propre poids en fleur ou en partie molle de son auteur (*il vous faut éviter les os et les dents qui sont riches en calcium, un élément absent de la pâte à papier*). En d'autres termes, les ingrédients de ce livre sont, eux aussi, pratiquement identiques à ceux qu'on retrouve en vous, ou dans toute autre matière organique. Ils ne sont simplement pas organisés de la même façon. Vous êtes vivant, vous touchez du bois, ou plutôt du papier, qui lui ne l'est plus ; et pourtant vous avez beaucoup en commun. Rien que dans les fibres de cellulose qui donnent à ces pages l'essentiel de leur texture et qui sont constituées d'une suite de molécules de glucose (de formule chimique $C_6H_{10}O_5$), on retrouve le CHO de votre CHNOPS.

Les éléments qu'on retrouve dans tous les organismes vivants sont très différents de ceux constituant en majorité notre planète, les étoiles ou notre galaxie. Pour s'en convaincre, voici la liste des ingrédients de base qui constituent de grandes et de petites choses plus ou moins complexes qu'on retrouve dans l'univers (toutes les données sont en proportion de masse).

Notre galaxie, la Voie lactée (ces proportions valent aussi globalement pour les étoiles) : Hydrogène 73,9 %, hélium 24 %, oxygène 1 %, carbone 0,5 %, néon 0,1 %, fer 0,1 %, azote 0,1 %, silicium 0,07 %, magnésium 0,06 %, soufre 0,04 %...

La Terre dans son ensemble : Fer 35 %, oxygène 30 %, silicium 15 %, magnésium 13 %, nickel 2,4 %, soufre, calcium, aluminium comptent chacun pour moins de 2 % et tout le reste représente moins de 1 %.

L'écorce terrestre : Oxygène 46,7 %, silicium 27,7 %, aluminium 8 %, fer 5 %, calcium 3,6 %, sodium 2,8 %, potassium 2,6 %, magnésium 2,1 %, titane 0,6 %, hydrogène 0,1 %, phosphore 0,1 %...

Vous : Oxygène 65 %, carbone 18 %, hydrogène 10 %, azote 3 %, calcium 1,5 %, phosphore 1 %, potassium 0,4 %, soufre 0,3 %, sodium 0,2 %, chlore 0,2 %, magnésium 0,1 %, iode 0,1 %, fer 0,1 %...

À la lecture de ces proportions, on peut aisément voir que l'abondance d'un élément dans la nature n'est pas liée à son importance pour nous. Le silicium, par exemple, bien qu'il représente plus du quart de la masse de la croûte terrestre, ne se retrouve qu'en quantité infime dans les êtres vivants *(à peine 1 gramme dans un être humain moyen)*. L'oxygène, lui, ne représente qu'un tout petit pourcentage de la matière de notre galaxie alors qu'il contribue à plus de la moitié de votre poids et presque autant pour celui de l'écorce terrestre. Quant au carbone, la clef de voûte de l'ensemble du vivant, il ne compte que pour 0,5 % de la matière de notre Voie lactée et n'apparaît en ordre d'importance qu'en quinzième position dans la croûte terrestre, dont il ne représente que 0,09 %. Une autre chose qui saute aux yeux lorsqu'on s'intéresse de près à tous vos ingrédients de base, c'est qu'au niveau atomique la composition de votre organisme se révèle être d'une banalité affligeante. Pris individuellement, aucun des atomes qui vous constitue n'est véritablement rare ou précieux. Ce qui leur donne de la valeur, c'est le fait de ne pas être agencés n'importe comment mais d'une façon capable de faire un être vivant.

Et je pense que vous serez heureux de savoir que ces petits tas alignés, votre richesse matérielle intérieure, s'ils étaient vendus au prix du marché des matières premières, vaudraient autour de 3000 euros. Ce qui n'est franchement pas cher payé si on prend en compte que, de votre point de vue, ces atomes n'ont pas de prix, tout du moins quand ils sont ordonnés pour vous constituer. Pour vous maintenir dans cet état de « vous », vous allez devoir constamment les renouveler tout au long de votre vie et, pour ce faire, en boire, en manger, en digérer, en respirer. Afin d'espérer profiter le plus longtemps possible de cet état d'être vivant construit au niveau atomique à partir d'une matière ordinaire, agencée de façon extraordinaire. Puis, au bout d'un certain temps (*l'espérance de vie moyenne dans les pays développés est de l'ordre de 720000 heures*), l'extraordinaire complexité de leur agencement sous forme de molécules fragiles va peiner à se maintenir, au point de laisser à terme, en lieu et place de feu « vous », un gros tas de CHNOPS, un reste de carburant mal ordonné d'étoile morte.

« Qu'es-tu devenue, toi que j'aimais, qui fus pimpante et pétillante, bouche de fraise et nez coquin, qu'est-ce que tu fous sous ton cyprès ? Qu'es-tu devenue ? Oh je sais. Tu es devenue : azote 12 %, acide phosphorique 17 %, sels de phosphate 31 %, âme zéro. »
Pierre Desproges

À la suite de votre trépas, quand pour vous tout sera dit, l'histoire de vos atomes continuera dans un jeu de construction presque infini. Ces poussières d'étoiles poursuivront leur non-vie en allant contribuer à former d'autres choses. Car, si les atomes n'ont pas toujours existé, une fois formés ils sont terriblement coriaces. Ces blocs, dans des conditions terrestres et tenus éloignés des conditions infernales qui règnent au cœur des étoiles ainsi que des rares rayons cosmiques extrêmement énergétiques susceptibles de les faire se transformer, semblent être immortels, *à l'exception notable des éléments radioactifs*. Songez qu'un atome d'oxygène n'aurait que faire de se retrouver au cœur du Soleil, étant donné que notre étoile est très loin d'atteindre les températures nécessaires pour pouvoir le faire fusionner.

En réalité, nul ne sait combien de temps peut survivre un atome, puisque personne n'en a jamais vu mourir. *Le terme « mourir » est évidemment une licence poétique pour ne pas dire disparaître.* Certains chercheurs les supposent instables sur des durées de temps de l'ordre de 1035 années, ce qui, je dois dire, n'est pas pour me déplaire. Je trouverais personnellement fâcheux qu'ils disparaissent instantanément de mon vivant. Le plus extraordinaire dans tout ça, c'est peut-être tout compte fait d'avoir découvert que nous, les vivants, sommes faits de petits bouts d'étoiles qui ne le sont pas, des atomes dont nous connaissons l'existence mais qui ignorent la vôtre, et qui ont fini par se regrouper pour créer éphémèrement une forme qu'on aime généralement bien voir ainsi structurée : nous, humains, capables de regarder le monde, de l'observer et partiellement de le comprendre. Et ces vieux tas de CHNOPS que nous sommes ont, en tentant de percer les mystères de l'origine de la matière, réussi à mettre au grand jour l'histoire de ces petits bouts de nous, pour finir par découvrir que, même si nous avons du mal à comprendre l'univers, nous le « comprenons » au sens où une partie de lui est littéralement en nous.

« *Un physicien est la façon qu'ont des atomes de penser des atomes.* »
Un tas d'atomes bien ordonnés anonyme

Cette page est là pour vous permettre de noter en quoi vous aimeriez être transformé. Pour être au plus proche de ce qu'il serait hyper hypothétiquement possible de faire avec vos atomes, pensez à des choses comprenant beaucoup de carbone et peu de métaux. Je serais très curieux de connaître vos idées, envoyez-moi une photo de cette page sur l'instagram @balademental e.

Un petit conte de faits

Parmi tous les atomes du tableau périodique des éléments, il en existe un derrière la découverte duquel se cache un véritable conte de faits mêlant la quête de la pierre philosophale, l'invention des allumettes et des quantités astronomiques d'urine. Voici son histoire.

Nous sommes à Hambourg en 1675 et, dans la pénombre d'un laboratoire, le souffleur de verre, chimiste et alchimiste Hennig Brand travaille sans relâche dans l'espoir de trouver la légendaire pierre philosophale supposée pouvoir transmuter le plomb en or. Soudain lui vient une idée qu'on pourrait qualifier de saugrenue. Hennig se demande si la couleur jaune de son urine ne pourrait pas avoir quelque rapport avec celle de l'or ? Peut-être trouve-t-on une quantité infime de ce précieux métaux dans le pipi ou, à défaut, quelque chose qui pourrait l'aider à en fabriquer ? Ni une ni deux, il se met à stocker et conserver des quantités considérables de pisse dans sa cave. Mu par l'espoir d'une grande découverte, il soumet le liquide jaunâtre à tout un tas de manipulations diverses et variées, triturant, touillant, concentrant, diluant... Il ne le sait pas encore mais l'une de ces manipulations va bientôt lui faire découvrir accidentellement quelque chose de fabuleux.

Au bout de plusieurs mois d'essais, après avoir longuement fait bouillir la substance, Hennig obtient une étrange pâte blanchâtre. Ce n'est pas du tout ce qu'il cherchait, pourtant il vient de mettre la main sur quelque chose de fascinant. Car cette substance est en soi une source de lumière si puissante qu'elle lui permet de lire dans l'obscurité ! Sans le savoir, Hennig vient de découvrir un nouvel élément qu'il baptisera plus tard *phosphorus* du grec « porteur de lumière ». Ce phosphore, Hennig l'étudie sous toutes les coutures. Il note consciencieusement dans ses cahiers d'expériences « l'émission régulière de vapeurs suffocantes » et « l'extrême inflammabilité dans l'air » de cette substance qui a une fâcheuse tendance à lui exploser au visage. Plus d'une fois, il s'en faudra de peu qu'il ne mette le feu à sa maison. Hennig l'ignore totalement mais cet élément extrêmement dangereux, qu'il manipule sous sa forme pure, se retrouve être partout autour de nous sous forme moléculaire ou d'ion phosphate. Toutes les formes de vie sans exception l'utilisent, même pour le bon fonctionnement de leur organisme. Il joue un rôle clef dans nos molécules d'ADN, d'ARN et d'ATP ou encore dans la membrane de nos cellules. En fait, le phosphore est si présent dans tout ce qui est vivant qu'il y est en proportion le cinquième élément le plus abondant. Raison pour laquelle Hennig réussit à l'extraire de l'urine dans laquelle nous évacuons le surplus.

Tout au long de sa vie, Hennig continua à chercher sans succès, à mettre à profit sa découverte, qu'il gardera secrète, pour tenter de produire de l'or. On a pu retrouver le détail de ses expériences dans ses manuscrits qui nous sont parvenus. Et c'est avec une joie non dissimulée que je me permets de vous livrer sa recette pour l'extraire :

« Faire bouillir l'urine et la réduire à un sirop épais.
Chauffer jusqu'à ce qu'une huile rouge apparaisse, puis retirer du four.
Laisser le reste refroidir, jusqu'à obtenir une partie supérieure spongieuse noir et une partie inférieure salée.
Jeter le sel, mélanger l'huile rouge avec la matière noire.
Chauffer ce mélange vivement pendant seize heures.
Apparaîtront alors des premières fumées blanches, puis une huile, puis le phosphore. »

Mais l'histoire ne s'arrête pas là. Quelques années plus tard, d'autres chimistes réussissent à leur tour à isoler cet élément qui, pendant plusieurs décennies, reste si difficile à récupérer qu'il coûte au poids plus cher que l'or ! Il faut dire qu'en utilisant la méthode d'Hennig pas moins de 5 500 litres d'urine sont nécessaires pour espérer récupérer, au bout de longues et odorantes expériences, à peine 120 petits grammes de phosphore. Pour trouver de telles quantités de matière première à travailler, il n'était pas rare de faire appel à des bataillons de soldats. *En réalité, un litre d'urine humaine contient près de 1,4 gramme de sels de phosphore, ce qui équivaut à environ 0,11 gramme de phosphore blanc pur mais le procédé mis au point par Hennig pour le récupérer n'est pas d'un bon rendement.*

Le procédé s'améliore grandement quand, en 1750, le Suédois Carl Scheele met au point un moyen de récupérer le phosphore à partir de certains minéraux sans en passer par les inconvénients des effluves d'urine. Les prix baissent alors considérablement et l'on commence à faire mention de cet élément dans les manuels de chimie. Moins d'un siècle plus tard, en 1830, le phosphore dit blanc est utilisé pour ses propriétés explosives dans des allumettes de friction passablement dangereuses à manipuler, mais aussi à fabriquer. Il n'est alors pas rare de voir des calèches les transportant prendre feu de façon inopinée, tant les petites tiges de bois se comportent comme des bâtons de dynamite colériques, pouvant s'allumer d'elles-mêmes au moindre mouvement brusque. Les incendies s'arrêteront finalement en 1844 avec l'invention de l'allumette dite de sûreté qui ne s'enflamme qu'au contact d'un grattoir composé de poudre de verre et de phosphore rouge. Ironie de l'histoire, près d'un siècle plus tard, durant la Seconde Guerre mondiale, des bombes au phosphore blanc raseront la ville d'Hambourg, faisant 40 000 morts, à l'endroit même où Hennig l'avait découvert.

Encore aujourd'hui, c'est une question de survie. Le phosphore, nous en avons besoin. Ainsi, 1 % de votre poids est dû aux atomes de phosphore qui vous constituent et 85 % d'entre eux se trouvent dans vos dents et dans vos os. On en met en quantité dans nos dentifrices et surtout dans nos engrais pour fertiliser les sols. Et comme les mines de phosphate desquelles on l'extrait ne sont pas inépuisables, de nombreux projets à travers le monde ambitionnent aujourd'hui de récupérer celui provenant de nos urines !

La puissance qui est en vous

$E = mc^2$

Cette formule, tout le monde l'a déjà vue, tout le monde la connaît. Mais moins nombreux sont ceux qui ont pu saisir toute la magie que contient cette équation décrivant certaines propriétés étonnantes de la nature et qui, en quelques mots, peut se traduire par : *L'énergie contenue dans un objet est égale à la masse de celui-ci multipliée par la vitesse de la lumière au carré.*

En d'autres termes, cette formule nous dit que ce qu'on appelle matière n'est en réalité que de l'énergie sous une forme différente et inversement. Ainsi, dans l'univers dans lequel nous vivons, l'énergie peut devenir de la masse et de la masse peut devenir de l'énergie. Dans la mesure où multiplier par lui-même un nombre aussi grand que 299 792 458 (*la vitesse de la lumière dans le vide en mètre par seconde*) nous donne une valeur terriblement grande, l'énergie emprisonnée dans un objet au repos – même de masse relativement modeste – est extraordinairement élevée. Le livre que vous tenez actuellement dans vos mains, au même titre que n'importe quoi d'autre du moment qu'il possède une masse, est potentiellement une source d'énergie folle qui n'est simplement et actuellement pas sous la bonne forme. Et cette propriété de la nature a des implications surprenantes.

Pour l'illustrer, imaginons qu'un chat bien gras de 5 kilos soit couché à côté de vous. Oisif et rêveur, il se surmène de paresse ; au premier coup d'œil, vous pourriez donc être tenté de dire qu'il est sans énergie. Mais aussi bizarre que cela puisse paraître, cette charmante boule de poils dispose, de par sa masse, de suffisamment d'énergie en puissance pour transformer des kilomètres à la ronde du monde qui vous entoure en scène d'apocalypse. Pour connaître précisément la quantité d'énergie intrinsèquement contenue dans ces 5 kilos de matière féline inactive, il suffit de multiplier sa masse de 5 kilos par la vitesse de la lumière au carré. Vous obtenez alors une valeur de 9×10^{17} joules. Cette quantité d'énergie phénoménalement grande est près de six fois supérieure à celle dégagée par la plus puissante éruption volcanique de l'époque moderne, celle du Krakatoa en 1883 qui libéra $1,5\times 10^{17}$ joules.

Se pose donc la question de savoir pourquoi votre hypothétique chat ne pète pas le feu. Comment se fait-il que toute cette énergie se porte à merveille dans cet état de masse larvaire ? La réponse vient du fait que, pour convertir ce tas de fainéantise en énergie et libérer toute la puissance latente qui est en lui, il vous faudrait posséder quelque chose que vous ne possédez pas, à savoir un antichat ! C'est-à-dire un chat « simplement » constitué de 5 kilos d'une forme de matière qui peut sonner exotique à vos oreilles, à savoir l'antimatière. Celle-ci n'est pas une invention tout droit sortie d'un roman de science-fiction, il peut s'en former pendant de courts instants dans la nature et on sait même en fabriquer en laboratoire. Les particules subatomiques d'antimatière sont identiques en termes de masse à celles qui constituent toutes les choses de notre monde, à ceci près qu'elles ont des propriétés opposées à celles de la matière qu'on connaît. Par exemple, les charges électriques de ces particules sont inversées, et leur nombre quantique opposé.

Mais revenons à notre antichat qui, comme par magie, est désormais assis à proximité de vous. Les premiers milliardièmes de seconde qui font suite à son arrivée, il ne se passe rien : même boule de poil flegmatique, même masse apathique. Puis en un laps de temps ridiculement petit, les 5 kilos d'antimatière féline se mettent à réagir brutalement de proche en proche avec tout ce qui se trouve à proximité. *Cela peut tout aussi bien être de l'air, le canapé ou les genoux de votre belle-mère sur lesquels il était.*

S'en suit l'annihilation pure et simple de chaque antiparticule de l'antichat qui, en entrant en contact avec une particule de matière alentour, transforme la somme de leurs masses combinées en énergie. Et vous voilà assis aux premières loges pour assister au plus efficace des processus capables de libérer de l'énergie qu'on connaît dans la nature. Dans une suite continue de réactions destructrices, chaque antiparticule de votre antichat contribue, à sa modeste manière, à la transformation de votre appartement en enfer. Lorsqu'un gramme a été annihilé, la quantité d'énergie dégagée est déjà de l'ordre de celle libérée par l'explosion de 42 000 tonnes de TNT ou par la bombe d'Hiroshima ! En cascade, le processus continue et, une fraction de seconde plus tard, le monde se retrouve être littéralement plus léger de 10 kilos. 5 kilos d'antimatière et 5 kilos de matière ont définitivement faussé compagnie à leurs propriétaires, mais aussi à l'univers pour être convertis, avec un rendement de 100 %, en énergie, en soupe de plasma et en rayonnement ultra énergétique se propageant à la vitesse de la lumière. Ce régime express laisse derrière lui une partie du monde dévastée, ainsi qu'un trou béant formé par une quantité d'énergie dégagée près de six fois supérieure à celle libérée par l'explosion du Krakatoa.

Ainsi, en laissant rentrer chez vous, pour la beauté de l'expérience, cette antipathique créature, vous avez signé votre arrêt de mort comme celui de la plupart des habitants de votre département. Heureusement, nous vivons dans un univers fait de matière et, de toute façon, vous n'avez pas d'antichat. *Notons que si votre antichat avait été tenu à distance de toute matière normale par un hypothétique champ magnétique, ou, encore mieux, déposé dans un antimonde, entièrement constitué d'antimatière, avec un antivous, un antilivre, rien de tout cela ne serait passé.* Il est tout de même amusant de penser que les bananes – tout comme vous – produisent continuellement de toutes petites quantités d'antimatière. Cette antimatière n'existe que quelques picosecondes et, après s'être formée, réagit presque instantanément avec la matière qui l'entoure. Si vous ne déchaînez pas les enfers, c'est simplement parce que nous ne parlons là que de quelques particules dont les masses sont dérisoires. L'origine de ces étranges apparitions est à chercher dans la désintégration du potassium 40, un atome instable que vous contenez en quantité. Sur les 4 500 cents désintégrations de ces atomes qui ont lieu chaque seconde, 1 sur 1 000 en moyenne va émettre un antiélectron (aussi appelé positron). D'autres désintégrations d'éléments peuvent aussi en produire. On estime que toute source d'antimatière confondue, c'est quelque 7 antiélectrons qui, l'espace d'un bref instant, apparaissent en vous chaque seconde avant de s'annihiler dans la foulée. Bref, à l'exception de rares antiparticules disséminées, l'antimatière est extrêmement rare dans l'univers. D'ailleurs, les scientifiques n'en connaissent pas vraiment la raison. *Si vous pensez avoir une réponse, c'est là un champ de recherche qui peut potentiellement vous réserver un prix Nobel…*

Toujours est-il que de l'antimatière, on sait en fabriquer en laboratoire. Pour cela, il suffit de créer, dans des accélérateurs, des collisions entre particules de haute énergie qui vont convertir un peu de leur énergie en matière et en antimatière. Une fois qu'on en a obtenu, il faut encore pouvoir la contenir, la tenir à distance respectable de toute forme de matière avec qui elle a la fâcheuse tendance de s'annihiler. Ce qui n'est pas des plus simple étant donné que tout ce qui nous entoure en est fait. Et pour couronner le tout, il est terriblement coûteux d'en fabriquer, c'est pourquoi un antichat n'aurait pas de prix. En fait, si chaque gramme de ce livre au repos, comme chaque gramme de tout et n'importe quoi, contient bien une quantité d'énergie de l'ordre de celle libérée par l'explosion de 42 000 tonnes de TNT, les processus susceptibles de transformer la masse d'un objet sous forme d'énergie avec un taux de conversion de 100 % ne sont pas près d'être apprivoisés à l'échelle industrielle. D'autant qu'il nous faut dépenser beaucoup plus d'énergie pour en fabriquer qu'on en récupère. *Si nous en fabriquons, c'est essentiellement pour l'étudier.* D'ailleurs, si vous pouviez réunir, là maintenant, au bout de votre doigt, toute l'antimatière jamais produite par le Cern, les réactions d'annihilation ne dégageraient pas plus d'énergie qu'une allumette.

Toutes ces raisons combinées permettent d'expliquer le fait que nous ne sommes pas près d'utiliser l'antimatière comme source d'énergie. Malgré tout, l'on sait, avec des rendements beaucoup plus faibles, transformer de la masse en énergie à grande échelle. Nous le faisons déjà tous les jours dans nos réacteurs nucléaires, où les phénomènes de fission transforment une partie de la masse des noyaux lourds d'uranium en énergie, avec un taux de conversion de 0,08 %.

Quant aux étoiles, elles sont capables d'atteindre des valeurs encore plus élevées et c'est notamment cette efficacité qui les fait briller. Ainsi, si vous pouviez comme par magie (*et peut-être aussi par sadisme*) balancer votre chat de 5 kilos directement dans le cœur du Soleil, alors au centre de notre étoile une partie de sa masse serait annihilée avec des taux de conversion bien plus efficaces que ceux d'une centrale nucléaire à fission. Lors des processus de fusion nucléaire qui ont lieu au cœur des étoiles, c'est 0,7 % de la masse des éléments qui est convertie en énergie. Ce type de conversion est ce qui se fait de mieux à portée de main relative dans l'univers. Une fois dans le cœur du Soleil, votre chat fait de matière ordinaire pourrait y libérer $3,14 \times 10^{14}$ joules, soit une quantité d'énergie équivalente à celle nécessaire pour alimenter un pays tel que le Togo en électricité pendant un an.

Il est tout de même troublant de penser que, même avec un taux de conversion de 0,7 %, l'annihilation pure et simple de 3,5 g de matière féline vous permettrait de théoriquement récupérer une quantité d'énergie équivalente à celle libérée par l'explosion d'un demi-million de tonnes de TNT ! Ces 3,5 grammes peuvent vous sembler étrangement petits au regard de la masse totale de votre chat, mais seuls les atomes d'hydrogène le constituant sont concernés par les processus de fusion. En effet, au centre du Soleil, la température n'est pas suffisante pour fusionner des atomes plus lourds que l'hydrogène. Dit autrement, ces 0,7 % de rendement ne s'appliquent qu'aux 500 g d'hydrogène qui, portés à près de 15 millions de degrés, vont être transformés en 496,5 g d'hélium, le reste en énergie. D'ailleurs, il est amusant de penser qu'il serait plus rentable d'y téléporter 5 kilos d'eau et qu'aucun gramme de matière ne serait transformé en énergie si vous y envoyiez du granite (une roche pleine de SiO_2, Al_2O_3, Na_2O et K_2O) car la quasi-totalité des roches ne contiennent pas d'hydrogène et sont formées d'atomes qui nécessitent des conditions bien plus démentes que celles qu'on retrouve au centre de notre étoile pour en venir à fusionner. Ces atomes ne feraient donc rien d'autre que terriblement chauffer.

Si, malgré tout, vous pensez que votre chat hypothétique mérite une fin plus efficace, mais aussi peut-être plus tragique, rassurez-vous, car il existe dans la nature, un moyen de faire passer le taux de conversion de masse en énergie de 0,7 % à près de 42 %. Pour cela rien de plus ~~simple~~ compliqué.

Trouvez un trou noir en rotation, autour duquel s'est formé un disque d'accrétion tournant à grande vitesse. Ne vous reste plus qu'à balancer votre chat en direction du disque de matière. Vous devriez bientôt assister, dans un spectacle de fin du monde, à la conversion de 42 % de la matière constituant le matou en énergie. Lorsque la matière composant le disque d'accrétion et se déplaçant à des vitesses de l'ordre de 120 000 kilomètres par seconde, soit près de 40 % de la vitesse de la lumière, va rentrer en contact avec celle de votre animal de compagnie, cette dernière va être, par la violence de la friction, portée à des températures de plusieurs milliards de degrés. Ce faisant 2,1 kilos de masse féline vont être ainsi transformés en une quantité considérable de rayons X et de rayons gamma, le reste allant alimenter le disque pour s'y déplacer à son tour à des vitesses faramineuses. En d'autres termes, déchirer puis jeter les feuilles de papier dans lesquelles tiennent ce chapitre dans un tel disque d'accrétion permettrait de dégager autant d'énergie que n'est capable de le faire par simple réaction chimique l'explosion d'un peu plus d'un million de tonnes de TNT.

Note : Tous les chats fictifs envoyés au cœur du Soleil ou à proximité d'un trou noir en rotation au cours de ce chapitre sont des cascadeurs professionnels consentants et imaginaires. Ne tentez pas de reproduire ces expériences chez vous.

La vitesse de la lumière dans le **noir total** de vos yeux

« Dormir c'est un peu regarder l'intérieur de ses paupières. »

Henri Rochefort

Fermez toutes les portes et les volets, éteignez les lumières puis plongez-vous dans le noir total. Patientez quelques minutes les yeux ouverts, le temps qu'ils s'acclimatent et s'habituent à l'obscurité. Et vous voilà en train de regarder un noir bien particulier : le noir de Eigengrau. *Le terme vient de l'allemand et signifie « gris intrinsèque ».* Un noir un peu spécial qui se manifeste lorsque nous sommes plongés, les yeux ouverts ou fermés, dans l'obscurité totale. Car pour nous, humains, le noir parfait n'existe pas. Même les yeux ouverts dans les ténèbres les plus sombres et prononcées qu'il soit possible d'imaginer, vous ne verrez jamais rien de plus noir que cette couleur-là.

Ce noir de Eigengrau, sorte de gris foncé très légèrement bleuté, est la couleur perçue par l'œil humain lorsqu'il est plongé dans l'obscurité absolue. Il nous est malheureusement impossible de l'imprimer ici car cet ouvrage ne comporte pas de bleu, cependant une rapide recherche sur Internet devrait vous permettre de facilement le trouver. Si vous êtes graphiste, vous serez très certainement heureux de savoir que sa référence est #1616D. Et il est fort probable qu'en le voyant pour la première fois, ce noir de Eigengrau vous apparaisse plus clair et lumineux qu'un noir parfait, et que vous ayez l'impression d'avoir déjà été en présence de noirs plus prononcés.

Cela est dû au fait que pour nous, le contraste entre deux couleurs est plus important pour notre vision que la luminosité absolue d'une teinte. Ainsi, lors d'une nuit sans lune et sans nuage, il est très probable que le ciel nous apparaisse plus noir que celui de Eigengrau, car le contraste entre les étoiles et le ciel rend, à nos yeux, son obscurité plus prononcée que ce qu'elle n'est.

Mais si vous éteignez toutes les lumières, fermez consciencieusement toutes les fenêtres, bouchez tous les interstices, obstruez le moindre rayon de lumière visible puis que vous patientez quelques minutes alors, tout ne sera plus pour vous que de l'Eigengrau. Pourquoi, dans l'obscurité totale, en l'absence de lumière forçant les contrastes, ne peut-on pas voir plus noir que le noir de Eigengrau ?

On pense que l'origine de cette couleur viendrait d'un très léger signal, une sorte de bruit visuel, continuellement produit par notre rétine où, même en l'absence de luminosité, les cellules photosensibles baptisées bâtonnets seraient sujettes à une très légère agitation, une forme d'excitation minimale stimulant nos nerfs optiques et interprétée par notre cerveau comme le noir de Eigengrau.

Ainsi, si vous avez peur du noir, vous pouvez toujours vous dire pour vous rassurer, qu'il n'est jamais vraiment total. D'autant qu'il est possible avec beaucoup de chance de le voir être perturbé par une lumière jaillissant de nulle part. Pour cela, je ne saurais que vous conseiller d'entreprendre un voyage dans l'espace pour y faire l'expérience de l'effet Vavilov-Tcherenkov.

En effet, nombreux sont les astronautes qui, au cours de leur mission dans l'espace, ont vu apparaître, de jour comme de nuit, yeux ouverts ou fermés, des sortes de flashs lumineux et fugaces d'une lueur bleue/blanche. L'origine de ces hallucinations visuelles, aussi connues sous le nom de phosphènes, se trouve dans les soubresauts du Soleil. Dans l'espace, à plusieurs centaines de kilomètres au-dessus de notre planète, ces flashs lumineux peuvent apparaître dans les yeux des astronautes, lorsque des flux de particules extrêmement véloces et chargées, en provenance de notre étoile, viennent traverser leur liquide lacrymal, à une vitesse plus rapide que celle de la lumière dans ce même liquide. Et il est fort probable que vous ayez relu cette phrase deux fois tant celle-ci peut sonner étrange à nos oreilles.

Mais pensez à ceci : si dans la nature, rien ne peut aller plus vite que la lumière dans le vide, il est exceptionnellement possible pour certaines particules d'aller plus vite que la lumière dans un milieu bien particulier. Dans l'eau, par exemple, la lumière ne se déplace « qu'à » 225 563 kilomètres par seconde, or la vitesse limite autorisée par la nature dans ce liquide est toujours celle de la lumière dans le vide, soit 299 792 kilomètres par seconde, dès lors il est possible pour certaines particules de dépasser exceptionnellement la vitesse de la lumière dans l'eau, comme dans d'autres matériaux. Ainsi, lorsque des particules du vent solaire traversent le liquide lacrymal plus rapidement que, la lumière elle-même ne le ferait dans ce même liquide, elles engendrent des sortes d'onde de choc électromagnétiques responsables de l'apparition de ces flashs faisant visuellement pétiller les yeux des astronautes. Malheureusement, il n'est pas possible de faire directement l'expérience de l'apparition de ces étoiles éphémères depuis le plancher des vaches, car les particules chargées en provenance de notre étoile, bien qu'arrivant sur Terre à pleine blinde, sont freinées ou absorbées par l'épaisse couche de notre atmosphère avant d'atteindre nos yeux. *Il est cependant possible d'observer cet effet – par caméra interposée – dans l'eau entourant le cœur des réacteurs nucléaires.*

Dans tous les cas, j'aime personnellement beaucoup l'idée qu'il existe, dans l'espace, des flux de particules chargées provenant de notre étoile qui peuvent venir vous déranger et, de jour comme de nuit, illuminer vos insomnies.

Les couleurs de vos nuits blanches

« Je ne dors pas longtemps, mais je dors vite. » — *Albert Einstein*

Vous rêveriez de faire partie de ceux qui sont capables de trouver le sommeil en un claquement de doigt et, à défaut, vous occupez vos nuits blanches occasionnelles à regarder passer le temps en observant, à l'intérieur de vos paupières, le noir d'Eigengrau ? Alors, ce chapitre décousu est là pour occuper le fil des pensées de vos insomnies car voici quelques anecdotes sur le sommeil.

À moins de dormir debout, vous passerez près d'un tiers de votre vie dans votre lit ; et ce petit nid douillet est aussi paradoxalement l'un des endroits les plus dangereux du monde, puisque la plupart des gens y finissent leur vie.

Des chercheurs, qui ont étudié le sommeil chez les populations de trois tribus restées en marge de ce qu'on appelle couramment « le progrès », ont découvert qu'aucune ne possède de mot pour désigner l'insomnie, et seulement 1,5 % de leur population semble souffrir de troubles du sommeil, alors que 25 % de la population dans nos sociétés dites « modernes » est occasionnellement frappée par ces troubles. Nos modes de vie et le bleu de nos écrans participeraient pour beaucoup à nos nuits blanches.

Les plus jeunes d'entre nous dorment souvent du sommeil des justes. On a effectivement constaté que, chez la quasi-totalité des mammifères terrestres, les nouveau-nés sont presque invariablement de gros dormeurs. Dans le cas de notre espèce, les petits Sapiens dorment en moyenne deux fois plus que les adultes. Ces phases de sommeil régulières et prolongées sont essentielles au développement cérébral, mais aussi l'occasion pour le corps de sécréter beaucoup d'hormones de croissance.

De manière générale, une fois arrivés à l'âge adulte, les mammifères carnivores et omnivores dorment beaucoup plus que les herbivores, qui eux dorment d'autant peu qu'ils sont massifs. Ces derniers ont des temps de sommeil qui semblent corrélés à leur masse. Les grands herbivores qui n'ont pas de prédateur, tels que les éléphants, sont ainsi de très petits dormeurs. Chez ces impressionnants pachydermes, les nuits blanches sont courantes, et une nuit typique se réduit à deux heures de sommeil. On pense qu'une partie de l'explication serait à chercher dans leur régime alimentaire. Tout le temps qu'ils doivent passer à trouver de la nourriture et surtout la quantité impressionnante qu'ils doivent ingurgiter pour arriver à être rassasiés (*un éléphant adulte peut manger près de 300 kilos de végétaux par jour*) ne leur laissent que peu de temps pour s'octroyer le luxe de dormir. Raison pour laquelle les éléphants vivant en captivité dorment, eux, de 4 à 6 heures par nuit.

Les grands fauves ont un sommeil plus profond et prolongé que celui de leurs proies. Les lions mâles se surmènent de paresse en étant capables de dormir jusqu'à 20 heures par jour, tandis que ceux qui figurent à leur menu, au contraire, ne dorment, pour la plupart, que quelques heures souvent réparties en micro-siestes au cours desquelles ils sont toujours sur le qui-vive. Comme si la possibilité de se faire croquer les poussait à ne dormir que d'un œil. *Par exemple, les moutons, qu'il est de bon ton de compter pour trouver le sommeil, l'ont léger, ne dormant pas plus de 4 heures par jour. Certains petits herbivores sont cependant des contre-exemples : le hamster doré dort en moyenne 14 heures par jour ; quant aux koalas ils passent 22 heures sur 24 les yeux fermés ! On peut se demander quelle est, pour eux, la définition d'une insomnie !*

Cela n'a strictement rien à voir, mais dormir tout nu chez les humains améliorerait l'équilibre hormonal et l'humeur. Précisons que pour l'heure, aucune étude n'a été effectuée sur les moutons tondus.

Les paresseux doivent leur réputation de dormeurs aguerris au fait que les premières mesures sur leur temps de sommeil ont été réalisées en captivité, où ils pouvaient passer 15 à 20 heures par jour à sommeiller. Or, il se trouve qu'à l'état sauvage, les paresseux ne le sont pas tant que ça, étant donné qu'ils se contentent en moyenne de 9,5 heures de sommeil.

Et si vous commencez à trouver que la structure de ce chapitre est à dormir debout, alors rappelez-vous que les chevaux, les éléphants ou les moutons peuvent littéralement le faire. Pour cela, il leur suffit de bloquer leurs articulations. Ils peuvent ainsi rester à dormir debout sur leurs 4 pattes sans se fatiguer les muscles. Globalement, les ongulés ne s'allongent que pour entrer en phase de sommeil profond.

Les morses, eux, sont tout aussi bien capables de dormir 19 heures d'affilée, que de passer 4 jours sans fermer l'œil. Lorsqu'ils sont sur la terre ferme, ces mammifères marins dorment nonchalamment avachis, mais quand ils sont dans l'eau, une poche d'air le long de leur œsophage joue pour eux le rôle de flotteur et ils sommeillent en position de bouchon, à la verticale, leur tête dépassant tout juste des vagues. De quoi peut-être avoir, en fonction de la houle, des phases de sommeil agité.

Quant aux humains qui prennent la mer en solitaire et doivent braver seuls les éléments, ils ne peuvent pas se permettre de se laisser aller à des phases de sommeil trop prolongées. Pour pouvoir se reposer, ils utilisent des techniques de sommeil dit polyphasique qui permettent à la fois d'entrer plus rapidement en sommeil paradoxal et surtout de se dégager le plus de temps possible afin de ne pas laisser leur bateau trop longtemps sans surveillance, à la merci des éléments. Les méthodes les plus utilisées sont la méthode Uberman qui consiste en une sieste de 20 minutes toutes les 4 heures, pour un total de 2 heures de sommeil cumulé par jour, et la méthode Everyman qui se compose d'une traite de 3 heures de sommeil et de trois siestes de 20 minutes par jour. *D'autres variantes de cette méthode existent avec : 4 h 30 de sommeil et deux siestes de 20 minutes ou 1 h 30 et quatre siestes de 20 minutes.*

Enfin, si vous êtes victime d'apnée du sommeil, ayez donc une pensée pour les baleines et autres cachalots qui ne connaissent pas le sommeil profond et vont chercher le repos sous l'eau, où ils dorment à la verticale, et ce, jamais plus d'une heure d'affilée. Ces grands cétacés doivent rester en alerte et penser à remonter respirer ! Pour ce faire, ils ne dorment en quelque sorte que d'un œil, ou plutôt que d'un hémisphère de cerveau.

Pourriez-vous lire ce livre dans le noir ?

« L'essentiel est invisible pour les yeux. »

Antoine de Saint-Exupéry

Nous voyons les choses à travers nos yeux qui captent la lumière, que celle-ci soit émise directement par une source ou réfléchie par les objets qui la reçoivent. Mais qu'est ce qui nous arrive ou nous revient ?

Un Soleil d'un soir d'été, tout comme une lampe de chevet, émet de l'énergie sous forme de rayonnement électromagnétique de plus ou moins grande énergie. Ce phénomène se passe à chaque instant autour de vous, et en quantité parfaitement inimaginable. Chaque seconde, quelque 10^{20} particules de lumière, des photons, sont émis par une simple lampe de 100 watts allumée. Je vous laisse ne pas arriver à imaginer la quantité produite par une source de lumière du genre thermonucléaire comme notre Soleil ! Quand ces particules de lumière rencontrent de la matière, elles sont absorbées et lui transmettent une partie de leur énergie. Les atomes, qui constituent la matière et qui ont été percutés, s'agitent alors légèrement et montent en température. Les électrons qui tournent autour des noyaux des atomes sont excités par l'arrivée de ces photons, de ces ondes, et s'éloignent légèrement du noyau. On dit qu'ils sautent à un niveau d'énergie plus élevé.

Ce faisant, ils émettent à leur tour un photon, légèrement moins énergétique que celui qu'ils ont reçu. Nos yeux perçoivent ensuite ces photons « réfléchis » puis notre cerveau les interprète et c'est cela que nous appelons voir. La quantité de photons absorbée ou réfléchie par les objets rencontrés varie fortement en fonction de la nature de la matière en question. Par exemple, dans le cas de ce livre, les parties les plus sombres, telles que les lettres de ces mots, ne renvoient que peu de lumière dans le domaine du visible, les structures moléculaires de l'encre et les types d'atomes qu'on y trouve absorbant une grande partie de l'énergie transmise par les photons qui leur parviennent. Les parties les plus claires, elles, possèdent des structures différentes qui renvoient la majorité du rayonnement qu'elles reçoivent.

À l'échelle de l'environnement qui vous entoure, en journée, une centaine de milliards de photons viennent chaque seconde percuter chacun de vos yeux. À leur arrivée, ils sont absorbés par des protéines de votre rétine appelées rhodopsines, et l'énergie qu'ils apportent va modifier momentanément la forme de ces molécules, puis déclencher une cascade d'événements biochimiques impliquant des milliers de molécules d'une autre protéine, la transducine. Chacune de ces molécules va, à son tour, en activer d'autres, qui de proche en proche, vont déclencher l'émission de messagers chimiques. Ceux-ci maintiennent ouverts des canaux à travers la surface de vos cellules et permettent à des ions sodium (Na^{+}) et calcium (Ca^{++}) d'engendrer un léger signal électrique qui voyage le long de votre nerf optique jusqu'à votre cerveau. Ce dernier, en bout de chaîne, interprète ce joyeux bordel en termes de forme et de couleur. *Tout ceci est évidemment bien plus compliqué et délicieusement complexe, il faudrait écrire des centaines de pages sur le fonctionnement de l'œil pour lui rendre hommage.*

« *Heureux soient les fêlés, car ils laisseront passer la lumière.* »
Michel Audiard

En fait, nos yeux sont si sensibles qu'ils restent encore aujourd'hui bien plus performants que la plupart de nos appareils photo à haute résolution. Rendez-vous compte : lors d'une nuit de pleine Lune, bien qu'on ne soit plus en mesure de percevoir les couleurs, notre vision est capable de s'ajuster à la pénombre pour nous permettre de voir avec un degré de détails troublant alors que la quantité de photons qui nous parvient est 200 000 fois plus petite que celle qui baigne une belle journée d'été. Dans le cas d'une pleine Lune, c'est tout au plus quelques centaines de photons qui viennent chaque seconde stimuler une des 130 millions de cellules visuelles concernées. En fait, la sensibilité de nos yeux est telle que plusieurs expériences ont montré qu'une cellule visuelle peut envoyer un influx nerveux au cerveau à partir de 3 photons reçus ! Ce qui, avec la centaine de millions de cellules visuelles que nous possédons, revient à être capable de percevoir la lumière vacillante d'une bougie située à 16 kilomètres de nous. *Pour réaliser cette expérience, on plonge dans le noir des personnes à qui on envoie des quantités dérisoires de lumière, des impulsions lumineuses ridiculement petites, et on demande aux participants s'il leur semble avoir perçu quelque chose.* Et le fou dans tout cela, c'est peut-être qu'en dépit de cette sensibilité extrême, nous ne percevons qu'une toute petite partie de la lumière qui nous entoure.

Imaginez un monde où la majorité de ce qu'il est théoriquement possible de voir serait inaccessible à vos yeux. Dans un sens, ce monde, vous y vivez déjà. Lorsqu'on parle de lumière dans le langage courant, on a coutume de parler des gammes d'énergie des photons, des longueurs d'onde auxquelles nos yeux sont sensibles. Amusons-nous maintenant à considérer la lumière au sens large, c'est-à-dire comme l'ensemble des longueurs des ondes électromagnétiques et des types qu'on peut trouver dans la nature et qui se regroupent au sein d'un immense éventail comprenant toutes les gammes de lumière qui existent appelé spectre électromagnétique. La toute petite partie à laquelle nos yeux sont sensibles se trouve à l'intérieur d'une bande très étroite de ce spectre, dans laquelle se niche toute la richesse des couleurs et des nuances de notre quotidien. C'est pour nous le domaine du visible. Le reste – tout le reste – est invisible pour nos yeux.

Ainsi, de la même manière qu'un accord de musique est constitué de plusieurs notes, ou que la lumière blanche peut être décomposée en diverses couleurs à l'aide d'un prisme, on s'est rendu compte que la totalité des objets qui nous entourent émettent souvent dans plusieurs gammes de lumière différentes. Prenons l'exemple de quelque chose qui brille beaucoup : notre Soleil. Seule 45 % de l'énergie émise par notre étoile peut être distinguée par nos yeux. Le reste du spectre nous est invisible et nécessite, pour être perçu, des dispositifs techniques. Parmi ces lumières qui échappent à notre vue, se trouvent les gammes de longueurs d'onde trop grandes ou trop petites pour que nous puissions les percevoir. Parmi celles-ci, 46 % se situent dans la catégorie dite des photons de basse énergie et de grandes longueurs d'onde, tels que les infrarouges ou les ondes radio, et 9 % dans la catégorie des photons de haute énergie et de petites longueurs d'onde comme les rayonnements ultraviolets, les rayons X ou les rayons gamma. La nature, pour nous, se donne en spectacle sur une scène dont les rideaux sont à peine ouverts. C'est pourquoi, histoire d'assister à tout ce qui se passe derrière le voile, nous allons nous imaginer sensibles à toutes les formes de lumière qui existent, et capables de voir dans l'au-delà de notre champ de vision.

Commençons notre exploration des invisibles par les lumières les plus dangereuses : celles de grande énergie et de petites longueurs d'onde, les rayons X et les rayons gamma. Pour peu que vous ayez passé une radio, vous avez déjà été en présence d'un type de lumière capable de traverser la plupart des objets et, dans un sens, de regarder sous les jupes de la réalité. Sous les feux de projecteurs à rayons X, votre peau et vos parties molles s'éclipsent, et c'est le solide en vous qu'on regarde. Ces rayons X sont si puissants qu'ils permettent de voir ce qui se cache sous la surface de corps mous. En s'intéressant aux parties les plus compactes et les plus denses, en traversant nos chairs comme du beurre, ils viennent prendre nos squelettes en photo en dessinant l'ombre de nos os. C'est pourquoi, si vous êtes pudique et que vous passez une radio, mieux vaut avoir les os par-dessus la peau.

Mais revenons à notre question : que verrions-nous si, comme par magie, nos yeux devenaient soudainement sensibles aux rayonnements de haute énergie, tels que les rayons X ou les rayons gamma ? Fort heureusement, nous ne verrions la plupart du temps pas grand-chose. Ces rayonnements sont pratiquement absents autour de nous. Ils sont, certes, émis en grande quantité par les étoiles, mais ceux qui arrosent en permanence notre planète sont absorbés par notre atmosphère, dont la centaine de kilomètres d'épaisseur est aussi protectrice que ne le seraient 5 mètres de béton. *Et c'est pourquoi tenter d'observer au niveau du sol les gamma et les X provenant de l'espace, c'est presque toujours tomber sur un silence radio.* Ce qui est définitivement une bonne chose pour nous car, sans cette protection, tous ces rayonnements de haute énergie nous transperceraient comme autant de petites flèches mortelles sur le long terme. Dotés d'une énergie très élevée et de très petites longueurs d'onde, ces rayons interagissent fortement avec la matière. En traversant les corps, ils sont capables de casser nos molécules et endommager nos cellules. Au point d'être nocifs pour la santé si on dépasse une certaine dose d'exposition. Ainsi, le personnel médical dispose d'équipements spécifiques pour se protéger de ceux émis artificiellement par les machines qu'ils utilisent.

À cette absence presque totale, il existe quelques exceptions car des environnements et des objets sont capables de produire naturellement ces rayonnements. C'est notamment le cas de certains cailloux radioactifs, tels que de l'aunite, qu'on pourrait voir briller comme une faible braise vacillante. Une braise qu'il vaut mieux garder à distance car cette lueur bien particulière provient de la désintégration de certains atomes qui émettent au passage de la lumière de très petites longueurs d'onde. 100 grammes d'une roche de ce type peuvent émettre 9 000 rayons de haute énergie chaque seconde !

Il est amusant de penser qu'une telle roche brillerait pour vous, de jour comme de nuit, que vous ayez les yeux ouverts ou fermés, car la puissance de ses rayons continuellement émis traverserait vos paupières pour venir directement éclairer votre hypothétique super cornée *(les yeux dont nous disposons seraient, eux aussi, traversés).* Et si vous posiez la pierre sur votre table de chevet alors, le soir venu, pour faire taire sa lumière, il faudrait la mettre sous une cloche en plomb capable de stopper ses rayons.

Pour avoir la chance de voir des objets légèrement scintiller, et ce sans avoir besoin d'en passer par la quête d'échantillons de minéraux à la fois rares et dangereux, il vous suffirait simplement de vous munir d'une banane ou, plus simplement encore, de regarder n'importe quelle partie de votre corps. Car ce fruit, au même titre que vous dans une moindre mesure, est le siège de réactions nucléaires ! En effet, l'un comme l'autre, vous hébergez de très petites quantités de potassium 40. *Le potassium 40 est un isotope radioactif du potassium, un atome dont le noyau instable a tendance à se désintégrer en émettant des rayonnements de forte intensité.* La radioactivité naturelle de cet élément est extraordinaire à plus d'un titre, dans la mesure où elle nous a permis, entre autres, de donner un âge précis à notre planète. Une banane de 150 g contient environ 0,5 g de potassium, dont environ 117 parties par million sont constituées de potassium 40, comptant pour 0,017 % de la masse totale et responsables de quelque 40 désintégrations par seconde. *Parmi ces désintégrations, 89 % sont dites β et vont donner du calcium, alors que les 11 % restantes se désintègrent à l'argon.*

Si bien que les bananes peuvent être détectées aux douanes par les machines, lors des contrôles effectués pour surveiller les transits illégaux de matériaux radioactifs. *Les deux autres formes du potassium, dites 39 et 41, sont stables et beaucoup plus abondantes. Elles comptent respectivement pour 93,25 % et 6,73 % du potassium présent dans une banane. À noter que le potassium, qu'il soit sous forme 39, 40 ou 41, est nécessaire et vital pour le bon fonctionnement de notre organisme : notre corps n'a que faire de la lourdeur du noyau atomique vu que nous l'utilisons pour ses propriétés chimiques qui dépendent de la structure électronique et non de la masse du cœur des atomes. Dans un adulte moyen, on trouve entre 150 et 200 g de potassium, ce qui représente autour de* $7{,}7 \times 10^{21}$ *atomes. Ce chiffre peut vous paraître énorme mais au regard du nombre d'atomes total d'un corps humain, cela sonne ridicule.* Une petite partie (environ 9×10^{17}) sont des atomes de potassium 40. On estime ainsi, qu'à l'échelle de votre corps, 4 500 de ces atomes se désintègrent chaque seconde.

Bref, que vous soyez une banane ou un Homo sapiens les affectionnant, aucune inquiétude à avoir, votre organisme va dans la grande majorité des cas faire le nécessaire pour réparer les quelques cellules qui pourraient être ainsi endommagées par les rayons produits et quand bien même, au vu des quantités impliquées on peut dire que cela reste sans danger pour notre santé.

De toute façon, que vous le vouliez ou non, vous êtes exposé à tout un tas de rayons qui se retrouvent un peu partout et proviennent à la fois de vous, *la radioactivité provenant de votre propre corps compte pour un dixième des rayons de haute énergie que vous recevez en moyenne chaque année, la moitié provenant du potassium 40 en vous*, de ce que vous ingurgitez, des types de sols sur lesquels vous habitez, *en France les sols les plus « brillants » sont ceux granitiques de Bretagne qui contiennent d'infimes proportions d'éléments radioactifs,* mais aussi de l'espace, ou de radionucléides dit « artificiels » produit par nos modes de vie.

Pour tenter d'imaginer à quoi tout ceci correspond en termes de quantité de rayons, revenons à nos palpitantes bananes. La quantité de rayonnement de haute énergie que vous recevez naturellement chaque année correspond à peu de choses près à l'exposition que vous subiriez en mangeant une centaine de bananes par jour, tous les jours de votre vie. Ce qui revient à dire que manger une seule banane compte pour 1 % des rayons que vous prenez dans la journée ou encore qu'il vous faudrait en manger 100 par jour pendant un an pour doubler votre taux d'exposition naturelle.

Si vous vous sentez l'esprit aventureux, sachez que pour arriver à des doses de radiation potentiellement dangereuses pour votre santé sur le long terme, il vous faudrait suivre un régime à base exclusive de bananes en ingurgitant plus de 1 000 de ces fruits par jour – et ce tous les jours de votre vie ! *On peut d'ailleurs affirmer que se lancer dans la digestion d'un millier de bananes par jour est sûrement plus dangereux que l'augmentation à l'exposition des radiations.* Évidemment, ce raisonnement est un peu absurde, d'autant que la radioactivité naturelle n'est pas cumulative. Notre organisme n'a besoin que d'une petite quantité de potassium pour bien fonctionner, essentiellement dans les cellules des muscles, du foie, des os et dans les globules rouges. Ainsi, si vous proposez continuellement du potassium à votre corps, il ne va pas tout assimiler, et une grande partie ingurgitée finira là où vous savez.

Enfin, pour atteindre une dose de radiation instantanément létale, il vous faudrait récupérer pas moins de 35 millions de bananes, ce qui correspond à 5 000 tonnes, puis en extraire consciencieusement le potassium 40 avant de l'ingurgiter ou de barboter dedans. *Si vous vous lancez dans pareille aventure, je nierai en bloc vous y avoir incité mais soutiendrai avec force votre candidature à titre posthume au Darwin Award. Envoyez-moi une photo de votre démarche.*

Un peu plus sérieusement, il est amusant de penser que si vous dormez accompagné, alors votre partenaire vous irradie légèrement, et inversement. Au cours d'une année passée à dormir ensemble, ce taux d'exposition imposé par votre dulciné(e) est du même ordre de grandeur que celui que vous subiriez à dormir tous les soirs avec 300 bananes. *Vous êtes à peu près cinq cents fois plus lourd qu'une banane, mais contenez, en proportion de masse, moins de potassium 40 que ces fruits qui font partie des aliments naturellement les plus radioactifs. Si vous voulez combler l'absence de la radioactivité de l'être aimé, pensez à prendre légèrement moins que son poids en bananes.*

Histoire de prendre un peu de hauteur sur toute cette absurdité, rendons-nous, toujours munis de nos yeux sensibles aux rayonnements de haute énergie, dans un avion de ligne. Dans ces machines volantes, peu après le décollage, à mesure que vous prenez de l'altitude, l'épaisseur de l'atmosphère au-dessus de votre tête diminue. Vous vous retrouveriez alors baigné dans une lumière de plus en plus vive. À 10 000 mètres au-dessus du niveau de la mer, les rayons énergétiques provenant du Soleil et des étoiles lointaines feraient pétiller la carlingue. Cette lumière est relativement sans danger si vous êtes un voyageur occasionnel, mais pour ceux dont voler est le métier, on sort du domaine du négligeable. Un vol Paris/New York équivaut tout de même à une radiographie dentaire et 5 allers-retours New York/Pékin correspondent à une exposition égale aux radiations d'une radio du bassin. *Les taux d'exposition varient fortement en fonction des lignes aériennes car le champ magnétique terrestre qui nous protège est environ deux fois moins efficace aux latitudes polaires qu'à l'équateur.* Comme c'est toujours la dose qui fait le poison, le temps passé en vol est scrupuleusement limité pour les membres d'équipage.

Mais revenons à des considérations plus terre à terre, en imaginant cette fois que nous soyons sensibles aux longueurs d'onde de haute énergie situées juste au-delà du domaine du visible, à savoir les ultraviolets. Ceux-ci sont à peine filtrés par l'atmosphère, raison pour laquelle on peut parfois bronzer ou prendre un coup de Soleil, même quand il y a des nuages. Vous pourriez alors voir se dessiner, comme le peuvent bon nombre d'être vivants, des motifs que vous n'aviez jamais vus auparavant. On connaît ainsi de nombreux insectes, araignées et oiseaux qui sont, dans une certaine mesure, sensibles aux ultraviolets proches et capable de percevoir, sur les pointes des pétales, le centre de certaines fleurs ou les ailes de papillons, des motifs invisibles pour nos yeux. Étrangement, bien que nous ne soyons pas capables de voir dans les ultraviolets proches, les chercheurs se sont rendu compte que nous possédons une protéine, la rhodopsine, qui intervient dans les phénomènes liés à notre vision et qui y est sensible. Si nous ne percevons pas ce type de rayonnements, c'est que ceux-ci sont absorbés, comme filtrés par notre cornée qui protège nos nerfs optiques et les empêche donc d'atteindre ces protéines de rhodopsine. Bon nombre de spécialistes des couleurs et de la peinture voient un lien entre l'usage très prononcé du violet dans les peintures du peintre Monet et le fait qu'il ait subi une opération des yeux au cours de laquelle on lui retira une partie de la cornée pour soigner sa cataracte. Certains vont même jusqu'à penser que le peintre serait, suite à cette opération, devenu hypersensible aux longueurs d'onde situées dans le domaine des ultraviolets proches. *De nos jours, les opérations de ce type implantent une lentille artificielle destinée à filtrer les UV.*

Avant de nous plonger dans la partie du spectre que nous n'avons pas encore explorée, à savoir celle des lumières de faible énergie et de grandes longueurs d'onde, arrêtons-nous quelques secondes sur ce fait étrange. Dans la nature, la température d'un objet n'est en réalité rien d'autre que la mesure de l'agitation des atomes qui le composent (voir page 84). Ainsi, lorsque la température est élevée, les atomes sont agités, et lorsqu'elle est faible, ils sont relativement calmes. En chauffant suffisamment, n'importe quel type de matière se met à émettre de la lumière dans le domaine du visible. Et cela vaut pour un feu de bois comme pour le filament d'une lampe à incandescence. Pour le premier, ce sont les réactions chimiques qui s'y déroulent qui dégagent des photons de plus grande énergie. Quant au filament, chauffé à blanc, c'est le passage du courant électrique et les électrons hyper excités qui y circulent qui sont responsables de l'émission des photons. Cependant, même lorsque la température d'un objet n'est pas assez élevée, même lorsque les électrons ne sont pas suffisamment agités pour pouvoir briller dans le domaine du visible, de la lumière est malgré tout émise dans la partie du spectre électromagnétique qui concerne les infrarouges.

En réalité, nos feux de bois comme nos lampes émettent dans le domaine des infrarouges. Et cela va même beaucoup plus loin puisque ces émissions concernent en réalité tous les corps chauds, c'est-à-dire toute matière dont la température est supérieure à – 273,15 °C. Cette valeur est celle du zéro absolu, qui est la température la plus froide qu'il soit théoriquement possible d'atteindre et qui correspond à celle d'un corps dont les constituants, électrons y compris, n'ont strictement plus aucun mouvement. Pour le dire autrement, même l'intérieur de vos congélateurs émet de la lumière dans le domaine des infrarouges de faible intensité. De ce fait, nous sommes tous brillants et lumineux, nous rayonnons car tout objet qui a une température – et j'espère que vous en avez une – est littéralement une source de lumière continue dans le domaine des infrarouges. Une idée qui ferait sûrement très plaisir à certains Grecs anciens, qui pensaient que la vue provenait de l'émanation de rayons lumineux projetés par l'œil et allant éclairer les objets. Et cette bizarrerie vaut pour tout et n'importe quoi. Ce livre a une température et, ce faisant, il émet lui aussi en permanence des photons d'une longueur d'onde comprise entre 800 à 1 400 cents nanomètres. Des yeux hyper sensibles à ces rayons pourraient percevoir d'infimes différences de température, même à l'échelle des lettres de ce texte. Car le mot **FROID** écrit en noir est très légèrement plus chaud, que le mot CHAUD écrit en rouge étant donné que la couleur noire absorbe les rayons lumineux situés dans le domaine du visible beaucoup plus efficacement que le rouge. Ce **FROID**-là est plus brillant que ce CHAUD-là dans le domaine des infrarouges du fait qu'il restitue ce surplus d'énergie accumulé sous forme d'infrarouges.

Au-delà de ces considérations un peu farfelues, il est possible de faire au quotidien l'expérience de la présence de ces rayonnements. Par exemple, un mur exposé en plein Soleil par une chaude journée d'été va, à la nuit tombante, restituer une grande partie de l'énergie qu'il a accumulée sous forme d'infrarouge. *Il a aussi émis dans cette partie du spectre, tout au long de la journée, et continuera à le faire pour toujours, de jour comme de nuit, à moins que vous n'arriviez à descendre sa température au niveau de celle du zéro absolu.* Comme nous émettons cette lumière de la tête aux pieds, avec plus ou moins d'intensité en fonction de l'agitation thermique de nos parties, alors si votre vision était sensible aux infrarouges, vous percevriez chaque être vivant telle une petite ampoule ambulante éclairant très faiblement son environnement. Dans le monde animal, on connaît de nombreux reptiles sensibles aux infrarouges proches, mais aucun mammifère. Et ce pour une raison relativement facile à comprendre. Si les rétines de mammifères, animaux à sang chaud, étaient sensibles aux infrarouges, elles seraient en même temps, de par la température des yeux supérieure à celle du milieu ambiant, des sources de lumière. Toute la difficulté résiderait alors, pour le cerveau de ces hypothétiques animaux, à analyser leur environnement en utilisant une caméra fixée au centre d'un spot d'éclairage.

Doté d'une sensibilité fine à ce type de rayons lumineux, vous seriez capable de juger de la température d'un objet juste en le regardant. Les couleurs telles que vous les connaissez laisseraient vraisemblablement place à des nuances plus ou moins foncées révélant les températures de ce que vous regardez et vous pourriez dire en quelques coups d'œil si une maison est bien isolée ou encore depuis combien de temps un moteur de voiture a été coupé. Vous seriez probablement capable, avec l'expérience, de dire à la vue si votre voisin a de la fièvre et pourriez même lire ce livre quelques minutes dans le noir après l'avoir exposé longuement au Soleil, car comme nous l'avons vu les lettres imprimées en noir absorbent légèrement plus d'énergie dans le domaine du visible que le papier resté vierge. Ainsi, une fois plongé dans la pénombre, vous les verriez, un bref instant, se dessiner grâce à la restitution d'une partie de cette énergie sous forme d'infrarouges.

Enfin, si vous étiez capable de percevoir la partie du spectre qui concerne les ondes de grande fréquence et de faible énergie telles que les micro-ondes, wifi ou ondes radio, alors vous seriez continuellement plongé dans un monde baigné d'étranges lumières provenant d'un peu partout, à la fois de l'espace et des divers objets techniques vous entourant, et ce même en plein cœur de la nuit. Les villes seraient pour vous des phares d'émission de multiples sources. Les antennes radio vous apparaîtraient telles des ampoules géantes flamboyantes, nos satellites de télécommunication brilleraient de mille feux pendant que les routeurs wifi cracheraient des milliards de photons inoffensifs à chacune de nos connexions. Le moindre téléphone éclairerait occasionnellement les alentours d'une faible lueur vacillant au rythme des informations émises ou reçues. L'ensemble de ces signaux ne s'estomperait que peu dans l'atmosphère qui est, pour ce type de lumière, translucide comme le verre. *C'est la raison pour laquelle on peut étudier le ciel dans cette partie du spectre, depuis le sol, au moyen d'antennes radio.*

Ces ondes de faible énergie interagissent très peu avec la matière – contrairement aux infrarouges ou aux ultraviolets – et seraient extrêmement difficiles à percevoir pour des yeux. Étant donné qu'elles ont de grandes longueurs d'onde, les récepteurs pouvant les capter doivent, eux aussi, être très larges. *De fait, les antennes qui étudient le ciel dans le domaine des ondes radio mesurent souvent plusieurs dizaines de mètres.* Après m'être perdu dans les tréfonds d'internet, je suis tombé sur une discussion entre deux physiciens passablement curieux, au cours de laquelle l'un d'eux arrive à la conclusion – très discutable selon ses propres termes – qu'il nous faudrait avoir des pupilles considérables, d'au minimum 5 mètres et des globes oculaires encore plus grands, pour espérer être capables de dire à la vue s'il y a une bonne connexion wifi.

Plus sérieusement, si vous souhaitez voir des micro-ondes sans pour autant entreprendre une session de chirurgie des globes oculaires au point de les transformer en radiotélescope géant, rien de plus simple. Il vous suffit d'allumer un vieux téléviseur à tube cathodique et de vous mettre sur un canal où il neige. 1 % des perturbations que vous verrez alors danser à l'écran proviennent d'une époque où l'univers n'était âgé que de 380 000 ans, au moment où, se retrouvant suffisamment dilaté, il a laissé la lumière circuler. Ce cri de naissance, appelé rayonnement fossile, qui baigne l'univers tout entier est un infime murmure radio, une lumière fatiguée par 13,8 milliards d'années d'expansion de l'univers. Sa longueur d'onde est étirée, au point d'être aujourd'hui dans le domaine des micro-ondes et de pouvoir venir légèrement perturber un téléviseur. *La découverte de ce rayonnement est l'une des preuves les plus solides qu'on ait en faveur de la théorie du Big Bang.*

Tout compte fait, après une telle digression, peut-être que la bonne question est moins « que verrions-nous si l'on pouvait tout voir ? » que « pourquoi ne voit-on pas toutes les formes de lumière qu'on retrouve dans l'univers ? » La réponse à cette question tient principalement dans la nature de notre Soleil. Notre vision, comme celle de toutes les espèces vivantes sur notre planète, a évolué et s'est adaptée dans un milieu baigné de lumières particulières, celles produites par notre étoile, et disposant d'assez d'énergie pour être utile au vivant tout en se jouant de l'atmosphère terrestre pour parvenir jusqu'au sol. Ainsi, notre Soleil brillant essentiellement dans le domaine du visible et des infrarouges proches c'est de ces formes de lumière que les plantes ont appris à tirer leur énergie ; c'est à ces formes de lumière que le vivant s'est adapté. Sur ce, il est temps d'éteindre les lumières à tous les étages.

Aussi vieux qu’il soit possible d’aller

« L’âge ne compte pas à moins d’être un fromage. »

Billie Burke

Au cours des chapitres précédents, nous avons pu voir que, si nos cellules sont souvent plus jeunes que nous, les éléments qui les constituent, les atomes, sont, eux, beaucoup plus vieux que notre planète. Mais nous, êtres vivants, combien de temps pouvons-nous, pris individuellement, perdurer en tant que CHNOPS (voir page 147) savamment organisé avant de disparaître ? Pour répondre à cette étrange question, amusons-nous à progresser parmi les espèces qui ont les plus longues espérances de vie sur notre planète.

Chez les humains, une personne de 90 ans peut être considérée comme une très vieille personne. Pourtant, même à cet âge, nos aînés sont près de deux fois plus jeunes que la plus vieille des tortues de terre connue, qui est âgée au moment où j’écris ces lignes de 177 ans. Un âge canonique qui s’approche de l’espérance de vie maximum de certaines baleines, qu’on estime être de 200 ans, soit près d’un siècle de moins que les épicéas communs de montagne qu'on retrouve en France et qui peuvent afficher jusqu’à 300 ans au compteur, avant que ça ne commence à sérieusement sentir le sapin pour eux. Ainsi, les plus vieux d'entre eux étaient donc déjà âgés d'une soixantaine d'années lors de la Révolution française. Même les plus vieux de ces arbres ont près d'un siècle de moins qu'un spécimen de requin du Groenland, découvert en 2016 et qui sillonne vraisemblablement les eaux froides de l'Arctique depuis presque 400 ans. Ce qui fait de ce requin le vertébré le plus âgé qu'on ait découvert à ce jour. Aussi vieux soit-il, ce requin de l'Arctique est tout de même âgé d'un siècle de moins qu'un mollusque découvert, en 2006, dans les mers froides proches de l'Islande. Celui-ci, baptisé Ming, est vraisemblablement né en 1499 au moment où la dynastie du même nom régnait en Chine. On a pu estimer son âge à précisément 507 ans en comptant minutieusement sur sa coquille les stries qui marquent le passage des années. Nous ne savons d'ailleurs pas combien de temps encore il aurait pu vivre s'il avait été laissé dans son environnement naturel.

Il n'est pas forcément nécessaire d'aller sous l'eau, ni si loin, pour mettre la main sur des organismes excessivement vieux. Dans les forêts tempérées d'Europe, vous pouvez facilement trouver de nombreux lichens qui dépassent le millénaire. Ces étranges petites taches vertes que vous pouvez croiser dans les sous-bois résultent en fait d'une symbiose entre algue et champignon. Leur taux de croissance dépasse rarement quelques millimètres par an, et ce dans des conditions favorables. Si vous en trouvez un large comme votre main, il y a de fortes chances qu'il soit bien plus vieux que vous. On a même découvert, encore une fois au Groenland, une espèce de lichen baptisée *Rhizocarpon geographicum* qui ne pousse que d'un centimètre par siècle. Les plus vieux d'entre eux avoisineraient actuellement les 3000 ans. Ainsi, aussi petits qu'ils soient, certains de ces lichens ont commencé leur croissance près de 4 siècles avant l'invention de la démocratie en Grèce et, depuis, ils sont toujours debout ou plus exactement étalés sur des arbres ou sur des cailloux autour de nous.

Au niveau végétal, on connaît des conifères primitifs baptisés *Welwitschia* qui prouvent eux aussi qu'il n'est pas nécessaire d'être imposant pour vivre très longtemps. Extraordinairement bien adaptées aux conditions extrêmes qui règnent dans le désert du Namib, ces petites plantes qui ne perdent jamais leurs feuilles peuvent vivre près de 2000 ans! Si bien que les graines de nombre de ces arbres rabougris et chétifs ont commencé à germer alors que l'Empire romain était encore debout. Deux mille ans, ce n'est pas rien, mais cela reste pourtant relativement modeste comparé à l'âge impressionnant de l'if qui trône fièrement dans un cimetière du pays de Galles depuis 4500 ans et dont je vous laisse prononcer dans votre tête le nom gallois: *Llangernyw Yew*. Cet arbre, qui nous enterrera sûrement tous, est considéré comme le plus vieux d'Europe et a commencé à pousser alors qu'en Égypte débutait seulement la construction des grandes pyramides. Malgré tout, cette vieille branche reste plus jeune, de 500 ans, que l'arbre le plus ancien qu'on connaisse, un pin Bristlecone, découvert dans l'est de la Californie et qui a environ 5000 ans. Dit autrement, depuis ces 10 mètres de hauteur, 50 siècles d'histoire vous contemplent! Ce *Pinus longaeva* a commencé à germer dans les montagnes blanches de Californie, alors qu'à 15000 kilomètres de là, en Égypte, on inventait à peine le papyrus et l'écriture en hiéroglyphes. Et aussi hallucinant que soit son âge, il est près de deux fois plus jeune que celui qu'on surnom le vieux Tjikko.

Cet épicéa commun, situé sur la montagne de Fulufjället en Suède, est à la fois l'occasion de s'émerveiller devant un organisme pouvant perdurer aussi longtemps, mais aussi celle de questionner ce qu'on entend par « vivant depuis longtemps ». Car le vieux Tjikko se clone et se renouvelle lui-même à l'identique depuis qu'il a germé à la fin de la dernière période glaciaire. En conséquence, toutes ses parties n'ont pas le même âge. Son tronc est relativement jeune. De ces 5 petits mètres de hauteur, c'est tout au plus quelques siècles qui vous toisent. Mais, sous la surface, le système racinaire, lui, a germé 3 500 ans avant qu'on invente l'écriture. Et au cours des 10 derniers millénaires, le vieux Tjikko s'est cloné et a survécu au moyen d'un processus appelé stratification. En hiver, lorsque la neige lourde vient faire ployer les branches basses de l'arbre jusqu'à leur faire toucher le sol, celles-ci prennent racine pour repousser l'année suivante et ainsi, dans un processus continu, le vieux Tjikko se renouvelle. Le plus hallucinant dans tout ça, c'est peut-être qu'aussi vieux soit-il, le vieux Tjikko n'est que le troisième plus vieil organisme clonal actuellement connu. Car il n'a commencé à pousser que 70 000 ans après une colonie de peupliers faux-tremble encore vivante aujourd'hui et dont l'âge est estimé à 80 000 ans. Située dans l'Utah, cette dernière recouvrant 44 hectares est baptisée Pando. Aucun de ses arbres pris individuellement ne vit depuis très longtemps. Mais si l'on considère la colonie dans son ensemble, alors Pando apparaît tel un organisme géant. C'est une forêt issue d'un seul individu et constituée de milliers de clones génétiquement identiques, interconnectés et reliés les uns aux autres par un seul et immense maillage de système racinaire qui, par reproduction végétative, se renouvelle en continu et existe depuis 80 millénaires !

Et le plus fou dans tout ça, c'est peut-être qu'aussi vieille soit-elle, la colonie de Pando n'en reste pas moins de 120 000 ans plus jeune qu'une immense colonie de *Posidonia oceanica* qui forme de vastes herbiers sous-marins au large de l'Espagne en mer Méditerranée et dont on pense que certaines parcelles se reproduisent par clonage et sans interruption depuis 200 000 ans. Et à partir de *Posidonia oceanica*, pour espérer trouver encore plus vieux, il va nous falloir quitter l'eau pour le pergélisol sibérien, où l'on a découvert en 2007 des bactéries prisonnières de la glace depuis quelque 400 000 à 600 000 ans. Celles-ci ont donc commencé leur existence à l'époque où Homo erectus commençait à peine à domestiquer le feu. Ce qui fait des *Actinobacteria*, les plus vieilles créatures vivantes connues à ce jour. À moins qu'on ne prenne une définition encore plus souple de ce qu'on est prêt à considérer comme vivant, pour y inclure les organismes en dormance.

À l'inverse d'*Actinobacteria* dont la clef de la réussite a été de savoir se ménager et de ralentir son métabolisme dans l'attente de jours meilleurs, réparant lentement son ADN pendant des centaines de millénaires, on connaît des organismes capables de devenir totalement inactifs. Des êtres passés maîtres dans l'art d'attendre des conditions favorables pour, disons, se remettre à vivre. Un peu à l'image d'une graine en attente de germer. *Des chercheurs ont déjà réussi à faire pousser une graine du palmier de Judée vieille de 2 000 ans et à partir de tissus de fruits retrouvés dans un pergélisol vieux de 32 000 ans, ont pu ramener à la vie une plante à fleurs depuis longtemps disparue.*

On connaît de nombreux organismes capables d'entrer en dormance. La grande majorité d'entre eux sont des unicellulaires, même si on a réussi à sortir d'une profonde torpeur des vers préhistoriques pluricellulaires, piégés dans le sol gelé du cercle polaire arctique depuis près de 40 000 ans. Dans le cas des bactéries, on ne compte plus le nombre de publications scientifiques ayant réussi à en sortir d'un sommeil digne de la nuit des temps. On a pu identifier des bactéries restées en dormance dans la glace pendant 3 millions d'années, d'autres prises dans un ambre daté de 25 millions d'années. Mais la découverte la plus impressionnante est peut-être celle qui, en 2013, lors d'une session de forage, a trouvé, enfouis à 2,5 kilomètres de profondeur, sous le fond de l'océan, des virus et des bactéries pris dans ces sédiments vieux de 100 millions d'années. *Ces micro-organismes étaient présents en très petite quantité, avec des concentrations de l'ordre du millier d'organismes dans le volume d'une cuillère à café, alors qu'on peut en trouver des dizaines de milliards, dans une même cuillère à café d'un sol en bonne santé de surface.* Au vu des durées de temps vertigineuses que ces organismes ont dû traverser pour arriver jusqu'à nous, il devient légitime de se demander si un métabolisme possédant un rythme si lent doit être considéré comme quelque chose de vivant, ou juste de non mort. Tout bien considéré, en continuant cette quête éperdue à la recherche de longévités toujours plus déconcertantes, finira-t-on un jour par débusquer un organisme immortel ?

Eh bien, des créatures immortelles on en connaît déjà un bon paquet sur le papier !

Il faut déjà rappeler qu'être immortel, du point de vue biologique, signifie que vos cellules n'ont pas de nombre limité de divisions à partir duquel elles commencent à péricliter, parce que leur ADN devient trop endommagé. Dit autrement, cela signifie que les cellules de l'organisme concerné peuvent se répliquer à l'infini sans aucune forme de vieillissement. Mais être biologiquement immortel ne vous assure aucunement que vous n'allez jamais y passer. En effet, cela ne vous met pas à l'abri du risque de se faire gober, mâchouiller, d'attraper des maladies, de se blesser ou de ne plus rien avoir à manger. Et bon nombre d'espèces identifiées comme biologiquement immortelles ont en réalité des vies relativement courtes. Parmi les animaux de taille remarquable, on retrouve ainsi deux espèces de tortues terrestres, une salamandre aquatique, des oursins, des poissons dits sebastes et l'espèce de palourde à laquelle appartient Ming.

Le plus connu de tous est sans conteste la petite méduse *Turritopsis dohrnii* qui ne dépasse guère les 5 millimètres, mais qui possède une capacité étonnante, celle de pouvoir rétrograder au stade de polype après avoir atteint le stade adulte. Et ainsi de suite, encore et encore, de polype à méduse à polype à méduse à polype à méduse à polype à méduse à polype à méduse à polype à méduse à polype à méduse à polype à méduse à polype à méduse à polype à méduse... Ce qui fait qu'aucune limite naturelle de durée de vie ne lui est actuellement connue, tout du moins en laboratoire, bien nourrie et à l'abri des prédateurs.

Et vu qu'il semble que certaines espèces soient capables de prendre la direction de l'éternité – tout du moins dans des conditions contrôlées – nous nous poserons la question de savoir si l'univers va, lui, un jour mourir en page 312.

« Souriez pour que plus tard vos rides soient bien placées. »

Votre cœur est-il un compte à rebours ?

« Lorsqu'on vient d'entendre un morceau de Mozart, le silence qui lui succède est encore de lui. »

Sacha Guitry

Vous ne lirez jamais vraiment en silence car, continuellement, sans que vous en preniez conscience, votre cœur bat la mesure en toute discrétion. Vous n'avez peut-être pas l'impression de vivre à 100 à l'heure, vous êtes pourtant déjà à plus de 4000 du point de vue du cœur.

Lorsque le 5 décembre 1791, après 35 ans d'activité ininterrompue à battre la mesure sans relâche, le cœur de Mozart s'arrête, il a, sur la courte vie du grand compositeur, réalisé approximativement 1 300 000 000 battements. Un nombre qui n'a strictement aucun intérêt, sauf si on le compare avec le nombre moyen de battements effectués au cours d'une vie par le cœur d'autres mammifères. Vous trouverez dans le tableau qui suit une petite sélection parfaitement arbitraire des rythmes cardiaques de différentes espèces.

Espèces	Battements par minute	Espérance de vie en années	Nombre de battements approximatifs au cours de la vie
Humain	70	80	2 900 000 000
Chat	150	15	1 100 000 000
Petit chien	100	10	530 000 000
Grand chien	75	17	670 000 000
Hamster	450	3	710 000 000
Grand singe	190	15	1 500 000 000
Cheval	44	40	930 000 000
Vache	65	22	750 000 000
Porc	70	25	920 000 000
Lapin	205	9	970 000 000
Éléphant	30	70	1 100 000 000
Girafe	65	20	680 000 000
Baleine bleue	15	100	790 000 000

À la vue de ce genre de tableau, on constate qu'on peut bien comparer le nombre de battements effectués par notre cœur à celui d'un éléphant, d'un cochon, d'un chat, d'un cheval ou d'un lapin, tous sont étrangement proches de celui du grand compositeur mort prématurément et, en ordre de grandeur, du nombre de battements effectués en moyenne durant la vie d'un être humain dans nos sociétés modernes. Comme si, malgré les grandes différences entre toutes ces espèces, il y avait une quelconque raison de voir ces métronomes embarqués se gripper après avoir passé l'ordre du milliard de battements. Pourquoi observe-t-on des moyennes aussi proches alors qu'on compare des espèces avec des espérances de vie bien différentes ? Le pouls serait-il un compte à rebours qui nous serait donné au départ et qui voudrait que, pour tous, la ligne d'arrivée soit autour du milliard ?

Pour en avoir le cœur net, comparons le nombre de battements réalisés sur une vie par deux mammifères que tout oppose en apparence : une baleine bleue et un hamster ! La baleine bleue possède un rythme cardiaque de 15 battements par minute et peut vivre plus d'un siècle. Ce qui nous donne environ 790 000 000 pulsations cumulées. Le hamster a un palpitant qui bombe à quelque 450 battements par minute, mais ne vit que 3 ans. On obtient donc à la louche 710 000 000 pulsations cumulées. Bien que ces deux mammifères aient des rythmes sous la peau très différents, les nombres de battements effectués par leurs cœurs tout au long de leur vie sont étonnamment proches. En fait, on pourrait s'amuser à réaliser ce calcul pour n'importe quel mammifère, quels que soient son espérance de vie, sa taille ou le rythme avec lequel son cœur bat la mesure au repos, on arriverait toujours autour de l'ordre de grandeur du milliard.

Déjà, dans les années quarante, le biologiste Max Kleiber remarqua qu'il semble exister chez la majorité des vertébrés un lien entre la taille de l'animal, son espérance de vie et son métabolisme, c'est-à-dire la quantité d'énergie dont il a besoin au repos pour rester en vie. Max, qui touche là au cœur du sujet, constata que plus un animal est petit, plus il a besoin d'énergie relativement à son volume pour faire fonctionner l'ensemble de ses organes et maintenir sa température corporelle. Les petits animaux ayant besoin de plus d'énergie vivent donc à cent à l'heure, grillant ainsi, en quelque sorte, plus vite leurs cartouches et leurs calories pour rester en vie. Quand les besoins en énergie augmentent, la fréquence cardiaque suit car il faut bien faire tourner la machine. À l'inverse, les grands animaux ayant un métabolisme beaucoup plus lent, mettent plus longtemps à atteindre la zone du milliard de battements. Il existe cependant quelques contre-exemples à cette règle, et il n'est pas toujours nécessaire d'être imposant en taille pour avoir un métabolisme lent comme le prouvent la plupart des mammifères qui hibernent. Ainsi certaines espèces de chauves-souris dont la fréquence cardiaque peut passer de 45 pulsations par minute à une petite dizaine pendant l'hibernation peuvent vivre jusqu'à 40 ans, soit 70 % plus longtemps que leurs cousines qui n'hibernent pas. Et de façon générale, les mammifères hibernants vont avoir une espérance de vie plus longue qu'ils ne devraient au regard de leur poids. Ainsi, les marmottes peuvent vivre près de 20 ans, en grande partie du fait que lors de leurs phases d'hibernation ; pour ne pas brûler leur réserve d'énergie, elles sont capables de ne respirer qu'une à deux fois par minute, tout en faisant descendre leur température corporelle de 36 à 7 degrés et leur rythme cardiaque de 220 à seulement 5 pulsations par minute ! Bref, encore une fois, ça marche et on observe toujours un rapport entre fréquence cardiaque et longévité, comme si les deux étaient étroitement liées. « Dis-moi ton pouls et je te dirai à peu de chose près combien tu vivras. » Sauf que l'activité du cœur ne serait qu'un marqueur parmi d'autres qui refléteraient le tempo d'une activité biologique plus globale, et la zone du milliard correspondrait donc moins à l'usure du cœur qu'à celle de l'organisme tout entier.

Et puis la loi de Kleiber n'explique pas tout. Elle fonctionne globalement très bien avec les mammifères, mais n'explicite pas les différences de longévité entre les rongeurs et les oiseaux de même poids, ou encore celle entre les grand singes – qui pour beaucoup atteignent les 1,5 milliard de battements – et d'autres mammifères, pourtant beaucoup plus lourds, qui ne les atteignent pas. À moins évidemment de mourir dans la trentaine comme Mozart, Sapiens est aussi un peu une exception dans cette histoire. En moyenne, l'homme moderne dans les pays développés ne vaut pas 1, mais 3 milliards. On pense que cette différence flagrante tient à l'amélioration de notre hygiène de vie et aux progrès de la médecine survenus au cours des derniers siècles.

Et si vous vous demandiez pourquoi, alors qu'il bat cent mille fois par jour, votre cœur reste étonnamment discret : la raison de son silence est à chercher du côté de votre cerveau qui en masque pour vous la sensation, à l'exception des efforts physiques soutenus ou des moments de grande émotion, comme lorsqu'on est excité, effrayé ou qu'on a le cœur brisé. On a ainsi pu noter que chez les couples âgés et ensemble depuis longtemps la probabilité d'avoir une crise cardiaque double pendant trente jours après la perte de l'être aimé et, dans le cas d'une rupture amoureuse douloureuse, certaines personnes peuvent être exceptionnellement frappées du symptôme dit « du cœur brisé » qui se manifeste par une sensation de poids sur la poitrine. La faute à nos défenses immunitaires qui s'emballent au point d'atteindre un niveau trois fois plus élevé que celui de quelqu'un ayant effectivement une crise cardiaque et jusqu'à trente-quatre fois plus élevé que la normale. Dans ce cas-là, le temps reste encore le meilleur des pansements, et l'on serait tenté de jalouser *Rana sylvatica*, une petite grenouille des bois qui, en hiver, laisse son cœur partiellement congeler, au point que celui-ci s'arrête complètement, comme mis en pause. Pour ce faire, cette grenouille possède un sang chargé de glucose qui évite la dégradation des cellules au moment de la cristallisation et de la décongélation. Ne reste alors plus qu'à attendre que ça passe, et que refonde simplement la glace.

Mais pour nous, les humains, même mus par toute la force de notre volonté, nous ne sommes pas en mesure de commander notre cœur. Il n'en fait qu'à sa tête ou plutôt marque le tempo sans avoir besoin de notre cerveau. Auto-excité, votre muscle cardiaque n'a aucunement besoin du système nerveux central pour fonctionner. Indépendant de toute volonté, il vous est impossible de le sommer de se mettre en pause. À moins que vous ne soyez un iguane des Galápagos ! Cette espèce, en présence d'une menace imminente, comme la proximité d'un requin par exemple, est capable pour se faire plus discrète de tout bonnement arrêter son cœur jusqu'à ce que le danger soit passé ! Et le plus long arrêt qu'on ait jamais enregistré était de 45 minutes de silence entre deux battements.

Dans votre cas, durant le temps qu'il vous a été nécessaire pour lire ce chapitre, votre pompe de vie a battu la mesure quelque 300 fois, propulsant de 4 à 5 litres de sang par minute pour alimenter vos artères. Au cours d'une vie longue de 39 ans comme celle de Chopin, ce petit muscle de 300 grammes, qui jamais ne dort, a brassé un volume de sang suffisant pour remplir de moitié l'église de la Madeleine où ont eu lieu les obsèques de l'artiste. Nul ne sait si Chopin aurait apprécié l'image, d'autant qu'on lui a retiré son cœur, selon ses instructions, pour le placer dans un flacon de cristal rempli de cognac dans un pilier de l'église de la Sainte-Croix, à Varsovie.

Et cela n'a strictement rien à voir, mais vous serez très certainement heureux de savoir que les éponges de mer sont des animaux qui n'ont littéralement pas de cœur et pas de cerveau, en fait ils n'ont même aucun organe. Et vu que cette histoire commence, tout comme les éponges, à sérieusement n'avoir ni queue ni tête, je tenais à vous rappeler que le cœur des crevettes se situe justement au niveau de leur tête, juste à côté du cerveau. On y trouve même ce qui leur fait office d'estomac, d'ovaire et de testicules. Nul ne sait si elles peuvent y ressentir un pouls mais j'aime particulièrement l'idée tout à fait anthropomorphisée qu'un chagrin d'amour puisse leur donner mal au crâne…

Ils vécurent enfants et firent beaucoup d'heureux

Qu'est-ce que le temps ?
« Si personne ne me le demande, je le sais ; mais si on me le demande et que je veuille l'expliquer, je ne le sais plus. »

Saint Augustin

Nous en avons tous fait l'expérience : une heure passée en fort agréable compagnie semble s'écouler bien plus rapidement que la même durée de temps chez le dentiste. D'autre part, en vieillissant, notre perception subjective du passage du temps semble s'accélérer, comme si plus nous gagnions en cheveux blancs et plus les heures filaient à toute vitesse.

Si vous en doutez et voulez le vérifier par vous-même, je vous invite à vous livrer à une petite expérience sur vos proches. Demandez-leur d'estimer à l'aveugle et au ressenti la durée de 3 minutes pendant que vous chronométrez précisément l'écoulement du temps au moyen de votre téléphone ou de votre montre. Lors de cette expérience, vos « cobayes » peuvent tout aussi bien compter à voix haute, dans leur tête, ou estimer la durée de 3 minutes au ressenti, la seule chose qui importe est qu'ils n'aient pas de repères temporels de l'écoulement du temps. Si vous renouvelez l'expérience de nombreuses fois avec des cobayes d'âges variés, vous devriez obtenir des réponses différentes en fonction des tranches d'âge des personnes s'étant prêtées au jeu. Les résultats obtenus par les chercheurs, qui ont inventé cette petite expérience et l'ont testée sur un grand nombre de personnes, sont en effet étonnants. Ils se sont rendu compte que les personnes du groupe le plus jeune (âgées de 19 à 24 ans) ont en moyenne estimé à 3 minutes et 3 secondes la durée de 3 minutes alors que les personnes du groupe le plus âgé (âgées de 60 à 80 ans) ont pris en moyenne 3 minutes et 40 secondes pour estimer que les 3 minutes s'étaient écoulées. Ainsi, passés 60 ans, que nous ayons ou non une Rolex, nos minutes ressenties sont en moyenne plus courtes que celles d'un jeune adulte.

Mais notre perception du temps ne tient pas qu'à notre âge. Déjà, dans les années trente, le médecin anglais Hudson Hoagland remarqua lors d'un épisode de fièvre particulièrement poussée qui cloua sa femme au lit, que celle-ci était presque invariablement persuadée qu'une heure complète s'était écoulée quand il s'absentait à peine trois quarts d'heure. À partir de cet étonnant constat, Hudson émit l'hypothèse que son jugement devait être altéré par son état, et plus particulièrement par l'augmentation de sa température. Pour en avoir le cœur net, ils se livrèrent tous deux à quelques expériences qui vinrent à chaque fois confirmer que le temps semblait, pour elle, s'écouler plus vite, et ce d'autant que sa fièvre était marquée. Une fois sa femme rétablie, Hudson, pour tester de nouveau son hypothèse, trouva parmi ses connaissances quelques cobayes prêts à se prêter au jeu, cette fois-ci la tête entourée de bobines chauffantes. Là encore, pour les participants, le temps semblait s'écouler en moyenne 20 % plus rapidement avec, plutôt que sans le casque.

Depuis, un grand nombre d'expériences aussi diverses que variées sont venues mettre en évidence le lien étroit entre notre tic-tac interne et l'usage de drogues, de stimulants, ou encore face à une situation stressante. Nous avons découvert que ces dilatations ressenties, qu'elles soient liées à l'âge, à la prise de substances ou bien à d'autres facteurs extérieurs, sont vraisemblablement liées à la présence, dans notre système nerveux, d'un groupe de neurones dotés d'une rythmique d'impulsion particulière jouant pour nous le rôle de marqueur temporel. Si leur activité et leur tempo s'accélèrent, le monde extérieur, par contraste, va nous sembler ralentir et, inversement, s'ils ralentissent, le monde extérieur va nous paraître doté d'une légère « avance rapide ». Le fonctionnement de ces chronomètres internes est très loin d'avoir été élucidé et les tactiques de Chronos n'ont pas encore révélé tous leurs secrets, mais il semblerait que cette horloge biologique se dégrade avec l'âge. Les conductions nerveuses de notre cerveau diffusant les informations plus lentement, ce qui nous entoure nous paraîtrait discrètement accéléré. Quant aux plus jeunes d'entre nous, bouillonnant d'activité, beaucoup plus alertes et dotés de neurones ayant des battements propres plus véloces, ils percevraient donc le monde quelque peu alangui.

En d'autres termes, notre perception du temps serait liée à la quantité d'énergie dépensée par notre cerveau pour le mesurer. Une quantité d'énergie qui est à son paroxysme chez les enfants âgés de moins de 5 ans, à un moment de la vie où tout est nouveau et où 66 % de l'énergie au repos est consommée par le cerveau. Avec pour conséquence de donner aux plus petits l'impression que le temps file plus lentement. Peut-être est-ce là une raison pour laquelle ils sont si nombreux à trouver toute forme d'attente insupportable.

À ces illusions d'un temps dilaté viendraient s'ajouter les modifications de perception engendrées par le vieillissement de nos métabolismes dans leur ensemble. Ainsi, le cœur d'une personne âgée ne bat en moyenne que soixante-cinq fois par minute, alors que le petit cœur qui alimente le métabolisme survolté d'un enfant de deux ans tourne à 110 battements par minute en moyenne au repos. Pour représenter à quel point le temps des petits est un temps plus long que le nôtre, on peut aussi s'amuser à se représenter les durées d'événements de nos vies, en proportion de temps écoulé.

Pour un enfant venant de fêter ses 2 ans, l'année qui vient de se terminer représente la moitié de sa vie. À son cinquième anniversaire, l'année précédente représente encore 20 % de sa vie et lorsqu'il atteint ses 10 ans une année ne correspond plus qu'à 10 %. De ce point de vue, patienter 24 jours jusqu'à la date de Noël pour un enfant de 5 ans revient à attendre un an quand on en a 76 ! On voit très vite toute l'absurdité de cette représentation car si l'on suivait cette logique un peu farfelue jusqu'au bout, pour une personne venant de fêter ses 100 ans, la moitié de la vie perçue se situerait aux alentours de 7 ans ce qui, avouons-le, est un peu aberrant. *De la même manière, si vous êtes un nourrisson sachant comme par miracle lire et que vous avez commencé la lecture de ce chapitre alors que vous aviez à peine 5 minutes d'existence, alors vous avez passé la moitié de votre vie en ma compagnie !*

De façon plus sérieuse, il n'existe aujourd'hui encore aucun moyen pour nous permettre de retrouver la vivacité cérébrale ou le cœur de notre jeunesse. Alors comment peut-on faire pour tout de même augmenter la durée de notre temps ressenti ? Une première bribe de solution pourrait consister à éviter la routine et la répétition et la répétition et la répétition. En effet, lorsque qu'on présente à quelqu'un sur un écran une série d'images qui apparaissent une à une, à des intervalles de temps parfaitement réguliers, et que parmi ces images toutes semblables s'en trouve une différente des autres, alors invariablement, bien que toutes les images soient restées exactement le même temps à l'écran, l'on aura l'impression d'avoir vu celle différente s'afficher plus longtemps. Cette expérience, comme ces nombreuses variantes, montre que notre façon de percevoir l'écoulement du temps ralentit légèrement avec la répétition et s'accélère face à de l'inattendu. Un peu comme si, déstabilisé par l'arrivée d'un élément inconnu, imprévu, notre cerveau avait dû se faire plus présent, dépenser plus d'énergie pour distinguer l'image, l'événement qui n'était pas anticipé.

En bousculant la routine, on accélèrerait donc artificiellement notre chronomètre. Mais, avec l'âge et l'expérience acquise, les surprises de la vie se faisant plus rares, il devient de plus en plus difficile de se faire surprendre. À l'inverse peut-être est-ce pour cela que la plupart des enfants, pour qui tout est prétexte à rouler des yeux ébahis, peuvent passer des heures à contempler des fourmis. Avec la maturité viendrait insidieusement la routine des années, qui peu à peu se ressemblent. En évoluant dans des environnements qu'on connaît, en fréquentant des cadres familiers, nous participerions, sans le vouloir, à de moins en moins éprouver la sensation de nouveau. Et à nous donner ainsi cette impression d'un flot du temps extérieur accéléré. L'intensité émotionnelle de notre vie quotidienne, affectée par les automatismes, les habitudes d'une vie devenue plus prévisible, permettrait en quelque sorte à notre cerveau expérimenté d'adulte, de passer en mode automatique, lors de la réalisation de tâches qu'il connaît en quelque sorte par cœur.

Chez les enfants pour qui, au contraire, tout est nouveau et le monde est plein d'expériences stimulantes et inconnues, le cerveau serait au contraire intensément mobilisé dans le présent, constamment obligé de se concentrer, d'apprendre et de découvrir. Au final, vieillir serait en quelque sorte cesser de regarder le monde avec des yeux d'enfant. Ainsi, arrivés à l'âge adulte, une solution pour faire ralentir notre trotteuse interne consisterait à tromper le temps ressenti en faisant dérailler notre train-train quotidien, à mettre un peu de piment et d'adrénaline dans notre vie.

Pour allonger la durée d'une heure, vous pouvez aussi jouer à vous faire peur. En vous jetant par exemple dans le vide depuis disons, le Mont Thor[3], la plus grande paroi verticale qu'on trouve sur notre planète, vous transformeriez quelques secondes de sensation effrayante en une petite minute d'hurlante éternité. Car les neurones de votre horloge interne, papillonnant frénétiquement, vous donneraient l'impression de vivre cette intense expérience au ralenti.

---

3. La falaise du Mont Thor fait 1 250 mètres de haut.

Afin de vérifier que ceci n'est pas une vue de l'esprit, sans pour autant se jeter d'une falaise, une équipe de chercheurs s'est intéressée à la sensation de dilatation du temps en pleine montée d'adrénaline. Ils ont ainsi pu montrer que lors d'une chute de plus de 30 mètres se terminant en toute sécurité dans un filet, la durée semble rétrospectivement 36 % plus longue aux heureux participants qu'elle ne l'était dans la réalité. Comme si voir sa vie défiler devant ses yeux était un bon moyen, pour mentalement prendre un crayon et noircir longuement les pages du souvenir de cet événement intensément marquant. Ce constat marche aussi en cas de phobie. Dans une autre délicieuse expérience, des chercheurs ont demandé à des arachnophobes de fixer du regard des araignées pendant 45 secondes : le temps ressenti des volontaires était toujours beaucoup plus grand que le temps réel de l'expérience. Ici aussi, lors d'une expérience désagréable, le temps ressenti est plus long que le temps réellement vécu.

Si vous n'êtes que moyennement emballé à l'idée d'étirer votre temps ressenti en faisant du saut à l'élastique en compagnie de votre dentiste, une solution alternative consisterait à se glisser dans la peau de petits animaux. Dans cette autre expérience, des chercheurs ont mis différentes espèces en présence d'une source de lumière s'éteignant et s'allumant de plus en plus vite, jusqu'à ce qu'elles ne soient plus capables de percevoir ces flashs successifs autrement que comme une lumière constante. Ce stade porte le doux nom de seuil de fusion critique du papillotement. En comparant les résultats obtenus, ils ont constaté que, de façon générale, plus un animal est petit, plus son métabolisme est rapide (voir page 231) et plus il est capable de traiter un grand nombre d'informations visuelles.

On a ainsi pu montrer que le système nerveux d'une mouche traite en une seconde quatre fois plus d'informations visuelles que nous. De là à supposer que ces insectes nous voient évoluer à la vitesse de paresseux arthritiques, il n'y a qu'une patte d'insecte. À l'inverse, le seuil de fusion critique d'une tortue, dont le métabolisme est relativement lent et l'espérance de vie élevée, est de l'ordre d'un tiers de celui d'un homme. On peut penser que ces créatures flegmatiques perçoivent le monde qui les entoure comme un ballet frénétique d'espèces survitaminées. Et je ne peux m'empêcher d'imaginer que, pour une araignée anthropophobe, le temps perçu en présence d'un humain arachnophobe forcé à la fixer est peut-être perçu comme étant bien plus long pour elle que pour lui.

Trêve d'absurdités ! Dans tous les cas, pour vivre subjectivement plus longtemps, évitez la répétition, mettez vos sens en alerte, sortez de votre zone de confort, plongez votre cerveau dans l'inconnu pour trouver du nouveau. Ou alors combinez tout ça en faisant de la chute libre, enfermé dans un frigo branché, en compagnie d'un dentiste et d'une araignée, et faites de préférence cette expérience pendant votre petite enfance !

Des éclairs plein la tête

Sans électricité, vous ne pourriez pas lire ce chapitre. Non pas qu'il va s'avérer être une prise de tête ou qu'il vous faille avoir la lumière à tous les étages, mais tout simplement parce que vous seriez mort ! Et pour comprendre en quoi l'électricité participe à vous rendre vivant, commençons par faire, pour le plaisir des dates et des anecdotes, un peu d'histoire.

Au début du XVIIIe siècle, bien qu'on s'intéresse depuis près d'un siècle, aux phénomènes électriques qu'on trouve dans la nature, nous n'y comprenons pas grand-chose. Pourtant, à cette période, savants et touche-à-tout commencent à fabriquer des machines ingénieuses capables de montrer les effets merveilleux et parfois terrifiants produits par de petits éclairs. D'étranges inventions fleurissent un peu partout en Europe, et les spectacles d'étincelles, de lueurs et de secousses électriques se répandent dans les cours royales, les cabinets de physique et les foires. L'intérêt pour ce phénomène est tel qu'à Paris, le roi Louis XV autorise la construction d'un amphithéâtre de 600 places pour accueillir les démonstrations. En 1746, 148 gardes français reliés par une tige en métal se retrouvent électrisés sans gravité pour la beauté du geste et le plaisir du public.

De façon un peu plus sérieuse, à la fin des années 1770, le physicien et médecin Luigi Galvani observe que les muscles des jambes des grenouilles qu'il dissèque peuvent se mettre occasionnellement à tressaillir et ce, même à distance de l'une de ces machines infernales. Dans la foulée, il met au point un ingénieux dispositif permettant d'observer le comportement des muscles de ses grenouilles disséquées par temps d'orage. Il observe alors qu'à chaque fois que s'abat un éclair, les pattes des amphibiens ont tendance à être prises de nombreuses et violentes contractions. Luigi pense avoir découvert ce qu'il nomme l'« électricité animale ». Ces expériences et ces nombreuses variantes vont être le point de départ d'un long débat à travers toute la communauté scientifique de l'époque, pour comprendre la nature de l'électricité et expliquer l'origine de ces mouvements. Les effets de l'électricité sur le corps humain sont devenus un sujet de recherche central. On s'étonne de l'existence des poissons électriques dont les décharges – capables de mettre naturellement en mouvement ce qu'on appelait alors « le feu électrique » – stupéfient ceux qui se refusent à croire à la présence de cette électricité animale. Deux décennies plus tard, en 1800, avec l'invention de la toute première pile électrique par Volta, on commence à lever le voile sur les mystères de la viande électrique et, 20 ans plus tard, en 1818, inspirée par les expériences de Luigi, Mary Shelley écrit l'histoire de Frankenstein, un apprenti savant qui donne l'étincelle de vie à une créature.

Plus de deux siècles se sont écoulés, et nous avons découvert que l'électricité – à l'échelle du tout petit – correspond à un simple déplacement d'électrons. Nos vies sont remplies d'objets tirant leur énergie de ces déplacements. Nos centrales électriques, qu'elles soient hydrauliques, thermiques, nucléaires, solaires ou éoliennes, ne font qu'utiliser des sources d'énergie différentes pour déplacer des électrons. Nous avons aussi découvert que le vivant, au même titre que nos ordinateurs, utilise ces déplacements de charge à l'échelle nanométrique pour fonctionner ! En se penchant sur le comportement de nos cellules, nous nous sommes rendu compte que l'intensité du champ électrique de chacune d'entre elles est d'environ 70 millivolts. Dit autrement, chacune de vos cellules est en quelque sorte une pile miniature, micrométrique pouvant générer 0,07 volt d'électricité. Un nombre relativement modeste et en même temps terriblement impressionnant au vu du nombre vertigineux de cellules que votre corps compte et des durées de temps ridiculement petites dans lesquelles ont lieu les phénomènes que vos cellules abritent.

Lorsque de nombreux chercheurs se sont amusés à comparer l'intensité électrique de nos cellules avec celle des éclairs de nos orages, ils ont eu quelques surprises. Tentons déjà de comprendre de quoi l'on parle. D'un côté, vous avez l'un des phénomènes naturels les plus impressionnants qu'il nous soit donnés d'observer sur Terre : le feu du ciel. Les décharges de foudre, qui zèbrent de lumière nos nuits d'orage, peuvent courir sur des dizaines de kilomètres tout en surchauffant sur leur passage les gaz de l'atmosphère dans lesquels elles se fraient un passage à des températures pouvant atteindre un bref instant cinq fois celle de la surface de notre étoile. De l'autre, vous avez les modestes courants électriques qui peuvent s'écouler au travers des canaux membranes de vos cellules, sur des distances et des sections extrêmement petites, de l'ordre de 7 nanomètres. En apparence deux phénomènes que tout oppose.

Sauf que, toutes proportions gardées, la quantité d'électricité traversant les petites sections par lesquelles le courant circule entre l'intérieur et l'extérieur de vos cellules, est comparable à celle circulant dans une section identique d'un éclair d'orage. *Pour une membrane mesurant 7 nanomètres d'épaisseur, on obtient un champ électrique de 10 millions de volts par mètre, une valeur ahurissante, équivalente, en ordre de grandeur, à celle qu'on a pu observer dans les éclairs.* Autrement dit, si l'on divise dans un éclair la valeur du courant qui y circule par le diamètre du canal à travers lequel il se fraye un chemin dans l'atmosphère (estimé à trois centimètres), l'on obtient à peu près la même densité de courant que celle mesurée précisément au niveau des axones (ou fibres nerveuses) de vos neurones qui crépitent à très petite échelle pendant que vous me lisez.

Ainsi, à l'échelle microscopique, les transferts de charge font de nos cellules des petites boules d'orage qui sont les sièges d'éclairs nanométriques se déclenchant entre l'intérieur et l'extérieur de la membrane. Et si vous ne faites pas frire tout ce que vous touchez, si vous ne provoquez pas de coup de foudre instantané, c'est simplement que ces mini décharges se produisent toutes à des échelles ridiculement petites. On s'est même rendu compte que le courant électrique qui circule entre l'intérieur et l'extérieur de vos cellules est si intense qu'il s'en faut de peu pour qu'il fracture leurs membranes. Et cela vaut pour vos neurones comme pour toutes les autres cellules de votre corps.

Mais si nos cellules peuvent se comporter sur leur périphérie comme de petites bulles d'orages, comment expliquer l'origine de cette électricité alors qu'elles ne sont pas branchées sur secteur ? La source d'énergie qui les alimente en électricité est à chercher dans ce que vous mangez. Lorsque vous ingurgitez des aliments, ceux-ci sont ensuite décomposés en éléments plus petits par votre système digestif, avant d'être utilisés par vos cellules sous forme d'ions, c'est-à-dire d'atomes possédant une charge électrique (négative ou positive). Ces ions ont la fâcheuse tendance de ne pas se répartir équitablement de part et d'autre des membranes cellulaires. *Ce déséquilibre de charge peut impliquer des ions cuivre, zinc, sodium, potassium, calcium, magnésium et phosphore.*

Il en résulte une différence de charge entre l'intérieur et l'extérieur de vos cellules, laquelle est à l'origine de leur activité électrique. Même au repos, les cellules de votre corps sont légèrement chargées négativement à l'intérieur. Ces éclairs nanométriques quasi permanents donnent à vos cellules de grands pouvoirs et vous permettent de faire tous les jours, un truc que j'aime personnellement bien faire à savoir « « ne pas mourir ». Plutôt pratique !

L'activité électrique de vos cellules est au cœur de presque tout. C'est elle qui bat la mesure de votre fréquence cardiaque, inconsciemment contrôlée jour et nuit par ces déséquilibres de charge qui, lorsqu'ils atteignent une certaine valeur, viennent générer une impulsion nerveuse ordonnant aux cellules musculaires de votre cœur de se contracter. Elle contribue au métabolisme cellulaire, participe au transport et au stockage de l'énergie. Sans ces électrochocs nanométriques, vous seriez littéralement à l'arrêt. Vous ne pourriez pas lire, respirer, interpréter ce texte, formuler des pensées qui sont produites, entre autres, par ce flot d'énergie électrique qui circule et crépite sans cesse dans votre tête. Sautant de neurone en neurone, à la manière d'un courant coulant le long d'un fil, ces décharges électriques permettent à vos cellules de communiquer. Sous votre crâne, elles sont les messagers qui participent en cascade, au transfert de l'information et au codage.

Bientôt le courant va passer, vous allez, je l'espère, prendre une décision et votre système nerveux va alors envoyer des « signaux électriques » minutieusement dosés dans votre matière grise, sous forme d'imperceptibles orages qui, de leur crépitement, intimeront à vos doigts l'ordre de légèrement plisser le papier, puis de tourner la page…

La vitesse d'une pensée

Mes arrières-pensées ont toujours une longueur d'avance sur mes idées fixes.

Au cours des deux derniers siècles, nous, humains avons mesuré avec précision la vitesse du son, de la lumière, de notre planète dans sa course autour du Soleil, ou encore de la dérive des continents, mais qu'en est-il de la vitesse des pensées ayant permis ces découvertes ?

On a beau se tourner les méninges dans tous les sens, c'est là une question à laquelle il est très difficile de répondre. Le souci quand on se pose ce genre de question, c'est qu'on se frotte très vite à quelque chose d'une complexité démentielle et qu'on peine souvent à comprendre, à savoir notre cerveau. Et c'est heureux, car si notre cerveau était suffisamment simples pour être facilement compris, nous serions si simples d'esprit que nous ne le comprendrions pas. Il faut dire que saisir en finesse le fonctionnement de ce petit univers à part entière, qui formule nos pensées, centralise et traite une myriade d'information au moyen de près de 100 milliards de neurones pouvant être en relation direct avec quelque 25 000 de leurs confrères est compliqué. C'est pourquoi cet organe reste encore aujourd'hui entouré d'un grand mystère. Il y a là, en vous, une des plus grandes Terra incognita restant à explorer.

Mais revenons à notre question : est-il seulement possible de mesurer la vitesse d'une pensée ? Il faut d'abord prendre conscience que les cellules nerveuses déclenchant nos mouvements sont solidement fixées en nous, elles ne bougent pas. Quand on parle de vitesse de pensée, ce qui se déplace, ce sont des « signaux » circulant au sein de ces immenses réseaux de cellules qui innervent notre corps et servent de canaux de propagation à nos pensées et à nos ordres. Changez de ligne, là tout de suite !

Ces signaux peuvent être de nature électrique ou chimique. Dans le premier cas, ce sont des atomes électriquement chargés qui se déplacent. *Le sodium et le potassium qui ont été forgés dans des étoiles massives sont impliqués dans la propagation de ces signaux (voir page 147).* Dans le second cas, il s'agit de molécules appelées neurotransmetteurs. La vitesse de propagation de ces neurotransmetteurs comme des impulsions électriques varie en fonction des types de cellules nerveuses impliquées. Sans rentrer dans les détails, il faut savoir qu'il existe un nombre considérable de pensées différentes, des plus simples telles que « décider de se mettre à courir lorsque qu'on tombe nez à nez avec un ours » (*ne faites pas cela, ce n'est pas la bonne attitude à adopter*) aux plus compliquées. D'ailleurs quand on touche au cerveau, même les pensées considérées comme simples impliquent des centaines de milliers de neurones qui se déclenchent par grappes et s'affectent les uns les autres pour être par exemple à l'origine de la propagation d'un signal envoyé en direction des muscles oculomoteurs de vos yeux lorsque vous êtes soudain pris d'une irrépressible envie de passer à la page suivante.

Essayer de mesurer la rapidité des pensées, c'est un peu comme tenter de définir une vitesse moyenne de toutes les formes de transport qui existent, de la trottinette à la nage dans l'huile, en passant par les fusées. En tentant de résumer tout ce bordel en quelques mots, on pourrait dire que, de façon générale, la vitesse à laquelle l'information circule en nous dépend à la fois des types de neurones impliqués et de la nature de cette information. On a ainsi pu constater que les informations transmises par les fibres nerveuses se déplacent à des vitesses pouvant varier d'un facteur 200 en fonction des canaux de distribution utilisés et des types de pensée.

Afin de simplifier un peu tout ça, et surtout de s'en amuser, optons pour une petite expérience de pensée qu'on pourrait qualifier d'un peu absurde et douloureuse. Un être humain – appelons-le Albert – est sorti bivouaquer en forêt. Le soir venu, après s'être fait un feu pour cuire le poulet qu'il avait plumé, Albert a recouvert de terre le foyer de braise avant d'aller se coucher. Quand, au petit matin, Albert se lève un peu étourdi, il a complètement oublié la présence à proximité de sa tente de toutes ces braises qui ont couvé pendant la nuit, mais ne se sont pas éteintes. Il se met sans raison à déambuler pieds nus tout autour du campement quand soudain – vous l'aurez vu venir – il pose son pied droit là où il ne fallait pas, à l'endroit précis où se trouvent les braises brûlantes. Exactement au même moment, les yeux d'Albert reçoivent l'information visuelle que 5 grizzlys affamés et affublés de chapeaux hauts-de-forme sont sur le point de fondre sur lui depuis les fourrés à quelques mètres de là. Enfin, comble de malchance, son pied gauche vient se planter sur une petite pièce métallique terriblement acérée, dépassant à peine du tas de plumes du malheureux poulet. *Vous noterez qu'Albert est verni, c'est là la seule aiguille à coudre à demi enterrée et pointant à la verticale à des milliers de kilomètres à la ronde.*

À partir de cette situation farfelue, considérons le temps que va mettre Albert, entre le moment où il va recevoir les trois informations sensorielles, qui toutes ont eu lieu strictement au même moment et celui où il va réagir. Pour simplifier, considérons que la vitesse de réaction d'Albert va dépendre essentiellement de la nature de l'information qui lui parvient. *En réalité, la distance qui sépare la zone qui reçoit l'information et celle qui prend la décision rentre aussi en compte. Dit autrement, plus un signal a une longue distance à parcourir et plus le temps de réaction sera long.* Les différentes informations reçues sont les suivantes :

– ça brûle (douleur pied droit)
– tous ces ours, ça sent le roussi (visuelle)
– ça coupe (douleur pied gauche)
– c'est doux, ce sont des plumes (pied gauche)

Tout d'abord, la sensation tactile « il y a de douces plumes sous mon pied gauche » remonte jusqu'à la moelle épinière, puis est transmise au cerveau en circulant dans des fibres nerveuses larges et dites myélinisées à des vitesses allant de 70 jusqu'à 120 mètres par seconde, soit 430 kilomètres par heure. *La myéline est une substance formant une gaine autour de certaines fibres nerveuses qui va accélérer la conduction des messages nerveux.*

Les plumes sont suivies de près par l'information « j'ai un truc coupant planté dans le pied gauche » qui a un retard minime sur les sensations de toucher classiques, car elle circule dans des fibres myélinisées de petit diamètre, à raison de 40 mètres par seconde. Puis, le signal est analysé une fois arrivé à la moelle épinière. Cette dernière, surstimulée par la brutalité de l'information à la manière d'un petit marteau qui, frappant sur un genou; déclenche le réflexe rotulien, provoque dans la foulée une réaction réflexe. Sans attendre l'interprétation de la situation par le cerveau, vers lequel elle fait suivre le douloureux influx nerveux, elle envoie l'ordre aux muscles de la jambe gauche de retirer le pied sans que la volonté d'Albert n'intervienne. *Plus précisément, la décision de retirer le pied, sera prise par la moelle épinière si la douleur est suffisamment violente: nous allons considérer que oui. Si la douleur n'avait pas été suffisamment vive, la moelle épinière n'aurait fait que la transmettre au cerveau pour interprétation.* Quelques microsecondes à peine se sont écoulées, le cerveau d'Albert a maintenant reçu l'information: « mon pied gauche a atterri sur un tas de plumes », et ce même pied s'est déjà retiré quand parvient à son cerveau la douleur provenant de la profonde coupure.

La troisième vague d'information de type « ça brûle », est toujours en train de progresser le long de sa jambe droite où elle se traîne dans de petites fibres nerveuses non myélinisées, à la vitesse de 0,5 à 2 mètres par seconde, soit à peine la moitié de la vitesse moyenne de marche d'un piéton.

En parallèle, le cerveau d'Albert commence à prendre conscience de la présence des ours. Mais cela ne se fait pas instantanément. *Des expériences ont pu montrer que notre cerveau est capable de traiter une information du type « j'ai devant moi une personne effrayée », et réagir en conséquence, en quelque 70 millisecondes.* Il lui a fallu traiter l'information visuelle de ces 5 formes imposantes, puis déterminer ce à quoi il a à faire : « Tiens ce sont des ours ! » Oui mais à quelle distance sont-ils ? Ont-ils l'air agressif ? Ai-je déjà été, par le passé, confronté à une situation comparable ? Pourquoi ont-ils tous des couvre-chefs ? Cela représente-t-il un danger ? Et si oui, comment se sortir de là ? Autant de questions qui, avec quelques variantes, viennent se bousculer en même temps. Un cerveau qui ne serait pas dans une situation critique prendrait le temps de mettre tous ces paramètres dans la balance, avant de prendre une décision. Mais celui d'Albert se trouve dans une situation critique et il est fort probable que la solution choisie soit de l'ordre de « se mettre à paniquer ». *Précisons que, dans ce cas, la décision de se mettre à fuir n'étant pas vraiment réfléchie, elle peut donc pratiquement s'apparenter à un réflexe.* Puis, dans une logique de survie, Albert se mettrait à courir, car il vaut toujours mieux détaler avec une pièce métallique dans le pied que finir en déjeuner. *Ici le cerveau d'Albert aurait pris une mauvaise décision, ne courrez jamais en face d'un ours, de surcroît en face de 5 ours.* Bref, il faudra au minimum 100 millisecondes à Albert pour prendre ses jambes à son cou après qu'il ait vu les ours. *Il aurait tout aussi bien pu rester tétanisé sur place, chaque humain réagit différemment en cas de stress poussé.* Enfin, alors qu'il est déjà en train de fuir, lui parvient la dernière et délicieuse information « il semblerait, au vu de la violente douleur diffuse émanant de mon pied droit, que je l'ai posé dans les braises ».

Notez qu'à force d'entraînement, si Albert revivait plusieurs fois, encore et encore cette situation exactement à l'identique, alors, par l'expérience, il pourrait arriver à accélérer la vitesse de son processus de prise de décision. Jusqu'à peut-être transformer sa réaction face à un stimulus visuel du type « cinq ours avec des hauts-de-forme » en réponse réflexe. C'est ainsi, qu'en athlétisme, certains sprinteurs aguerris arrivent, à force d'entraînement, à automatiser leur départ, à coupler l'action consciente d'entendre le bang du pistolet, avec l'ordre intimé aux muscles des jambes de se mettre en action. Il est amusant de penser que, si le top départ était donné par une pièce métallique plantée dans le pied, les coureurs pourraient prendre moins de temps à démarrer car l'information circulerait alors plus rapidement dans les fibres nerveuses supports à ce type de douleur que n'en prendrait le cerveau pour déclencher la course.

Plus sérieusement, c'est en prenant en compte l'ensemble des processus de pensée qui doivent entrer en jeu avant de pouvoir jaillir des *starting blocks*, que la Fédération internationale d'athlétisme a fixé le temps minimal de réaction autorisé à 100 millisecondes, soit, à peu de chose près, le temps d'un battement de cil. En deçà, on considère que les athlètes sont coupables de faux départ, un peu comme les cafards et il est grandement temps de s'extirper de toute cette absurdité pour commencer une autre histoire.

Le cafard qui court sans le savoir ?

On en a tous fait l'expérience : écraser un cafard demande dextérité, agilité, vitesse, sang-froid ainsi qu'accessoirement une bonne grosse savate. Et même quand toutes ces conditions sont réunies, il n'est pas rare d'observer le valeureux chasseur de blattes sautant un peu partout à marteler de ces chaussures toutes les zones du sol où le cafard n'est plus. *J'ai grandi sous les tropiques, dans une maison particulièrement appréciée par les colonies de cafards : je sais de quoi je parle.*

Mais pourquoi est-ce si difficile d'écraser un cafard ? Il y a deux raisons à cela. La première est relativement bête, elle tient au fait qu'un cafard peut, en vitesse de pointe, bomber à près d'un mètre par seconde. Ramener à la taille d'un humain, cela reviendrait à courir le 100 mètres en deux secondes et demie ! La seconde vient du fait que, si ces insectes concouraient au sprint, ils seraient coupables de faux départ. En effet, en cas de danger, les cafards peuvent se mettre à courir en quelque sorte avant de le savoir. Les blattes doivent ce super-pouvoir au fait qu'elles ont des poils sensibles à l'arrière-train. Plus précisément, ces insectes ont ce qu'on appelle des soies qui recouvrent les deux pointes postérieures partant de leur abdomen. Ces soies peuvent capter le moindre mouvement d'air. Si ce mouvement est brutal, elles vont transmettre l'ordre de détaler à toute vitesse. Ce signal « courage fuyons » ne remonte pas jusqu'à la tête de la bête, il s'arrête non loin de son point de départ, au niveau du centre moteur situé dans les trois ganglions thoraciques, qui prend lui directement la décision de courir, sans passer par la tête. Ainsi, l'ordre de mettre les voiles passe par le système nerveux périphérique qui lance la décision de fuir, avant d'atteindre ce qu'on pourrait appeler le système nerveux central, et la blatte gagne ainsi un temps considérable. C'est pourquoi, quand il s'agit de courir, les cafards ne se prennent pas souvent la tête. De toute façon, on s'est même rendu compte qu'ils étaient littéralement capables de courir sans tête !

Nous, humains, ne sommes pas non plus en reste du côté des réflexes. Nous en avons même qui ne sont d'aucune utilité particulière pour vivre ou pour survivre. Et l'on pourrait même aller jusqu'à dire que connaître leur existence ne sert strictement à rien non plus. C'est pourquoi nous allons en parler au chapitre suivant.

La lumière qui éternue

« Le nerf optique est celui qui amène les idées lumineuses au cerveau. »

Jean-Charles (alias Jean Louis Marcel Charles)

Vous ne le savez peut-être pas, mais il est bien possible que vous ayez un super-pouvoir : celui de posséder le réflexe photosternutatoire ! Pour savoir si vous êtes doté de ce talent, demandez-vous simplement s'il vous est déjà arrivé d'éternuer sans raison apparente, en passant d'un endroit sombre à un endroit fortement éclairé. Si c'est le cas, alors félicitations ! Vous faites assurément partie du club très ouvert des éternueurs photiques, c'est-à-dire des êtres humains éternuant occasionnellement et par réflexe en présence de lumière vive. Cette tendance est connue depuis longtemps, mais les mystères de cette faculté n'ont été percés à jour que récemment et un peu par hasard quand, en 2010, une étude posa tout un tas de question aux 10 000 personnes dont on avait étudié le génome. Il s'avéra que tous ceux ayant répondu « oui j'ai ce super-pouvoir » avaient comme seul point commun une toute petite lettre sur leur second chromosome. *Précisons que le but de l'étude n'était pas du tout d'identifier des éternueurs photiques.*

On pense que la présence de ce seul et unique nucléotide dans un fragment d'ADN influencerait le gène responsable de la physiologie des nerfs recevant le stimulus de nos yeux et de notre nez. Chez certaines personnes, ces nerfs et leurs réflexes protecteurs associés seraient ainsi anormalement liés, et la surstimulation du nerf optique se répercuterait en venant titiller le nerf responsable du déclenchement d'un ATCHOOOUM !

Ce super-pouvoir lié au réflexe sternutatoire, non content d'être jusqu'à preuve du contraire des plus inutiles (*il ne sert à rien d'autre qu'à faire rire les copains*), est aussi un trait génétique se transmettant de façon dominante. Si vous l'avez, vous êtes donc certain de refiler ce don à vos descendants ! Et si vous ne croyez pas un traître mot de cette histoire, posez donc la question autour de vous, ces gens se retrouvent partout. Entre 18 à 35 % des humains possèdent ce talent !

Œil pour œil, on finira tous aveugles

Vous jetez un coup d'œil sur cette phrase et, d'un simple regard, avez décrypté les ensembles de symboles, de lettres qui, mis bout à bout, forment les graphismes de ces mots. En à peine 60 millisecondes, l'information visuelle se retrouve transmise aux zones de votre cerveau qui s'occupent du traitement lexical. Puis, dans la foulée, votre nerf oculomoteur décale votre œil et vous délaissez les mots saisis pour passer aux suivants, et ainsi de suite.

Bondissant de l'un à l'autre, vous lisez, déchiffrez en continu en sollicitant votre mémoire des mots connus, des mots déjà vus. Votre temps d'arrêt sur chacun d'entre eux varie en fonction de vos habitudes de lecteur et de votre capacité à décoder ou reconnaître les mots rencontrés. En considérant que vous êtes un lecteur typique alors vous avez passé en moyenne 200 millisecondes sur chaque terme et pouvez en décrypter près de 300 par minute. Pour être capables de déchiffrer aussi rapidement, nos cerveaux ont dû apprendre, au cours de centaines, voire de milliers d'heures de lecture, à ne plus s'occuper des lettres individuellement, mais à considérer les mots comme des touts.

Au fil du temps, cette capacité est ainsi devenue si efficace, que nous sommes même capables de les anticiper, de lire des mots, auquel il maque des lettres, voire même des ots qui n'existent pas. Notre conaiscsnne lisnitginuque, stockée dnas norte méoimre à long temre, nuos peermt de les emsbraser d'un rgerad. En qeuuqle sotre de les deivner, snas les voir dans le détial. De nmosbreues éteuds ont anisi mnorté que l'odrre des ltteers dnas un mot n'a pas d'ipmrotncae, la suele cohse ipmrotnate est que les pmeirères et drenèires lteetrs sinoet à la bnnoe pclae. Le rsete peut êrte dnas un dsérorde ttoal et vuos puoevz tujoruos lrie snas torp de porblmèes. C'est prace que le creaveu hmauin ne lit pas chuaqe ltetre elle-mmêe, mias le mot cmome un tuot.

Et cela marche aussi lorsqu'on s'intéresse à des mots dont la moitié des lettres a été effacée

C'est pourquoi pour vous ralentir un peu, dans le survol de ce texte qui, pour l'instant est des plus simple, je ne peux résister au plaisir de vous imposer la lecture d'hippopotomonstrosesquipedaliophobia, un terme qui désigne la peur des mots longs et à la lecture duquel il est fort probable que vous n'ayez pas cligné des yeux une seule fois. Pourtant, sans que vous y pensiez une seconde, au cours de la minute 30 de lecture qu'il vous a fallu, depuis le titre pour arriver jusqu'ici, vos paupières se sont fermées et ouvertes à 20 reprises. *L'auteur vous remercie de rester dans une moyenne de lecture silencieuse de l'ordre de 12,5 syllabes par seconde pour ne pas fausser ses calculs. Cette valeur correspond au temps moyen de lecture silencieuse chez les étudiants. La fréquence de battements de ces essuie-glaces biologiques, qui protègent nos globes oculaires, éliminent les saletés et les empêchent de se dessécher, varie fortement en fonction des situations mais oscille généralement autour de 15 à 30 battements par minute.*

Si vous soumettez quelqu'un à un stress élevé, ou à une situation lui demandant de fortement se concentrer comme ce fut le cas avec «hippopotomonstrosesquipedaliophobia», alors il gardera plus longtemps les yeux écarquillés sans cligner. À l'inverse, le rythme de nictation tend à devenir plus marqué si l'on s'ennuie, ou lorsqu'on est fatigué. Ainsi, quand on dit que nos paupières sont lourdes, nous les fermons et les rouvrons en réalité à un rythme plus élevé que d'ordinaire. *C'est la raison pour laquelle le taux de clignement de yeux est en moyenne plus élevé en fin de journée que le matin.* Lorsque nous portons toute notre attention pendant une période de temps prolongée sur un texte, lorsque nous lisons, notre taux de clignement peut descendre jusqu'à ne plus être que de 9 battements par minute. *En phase de lecture, nos yeux clignent légèrement moins, en moyenne toutes les 3 à 7 secondes.* C'est la raison pour laquelle, si vous lisez depuis longtemps, vos yeux se dessèchent légèrement et deviennent fatigués. Ainsi, il est de bon ton d'occasionnellement prendre une pause pour reposer ses globes et récupérer un rythme de nictation plus soutenu.

À moins que vous ne soyez un nourrisson! Auquel cas vous ne sauriez pas lire, mais auriez un rythme de clignements encore plus lent que les plus assidus des lecteurs. On s'est en effet rendu compte que les bébés âgés de moins de deux mois ne clignent des yeux qu'à un rythme d'une ou deux fois par minute en moyenne et nous ne savons pas précisément pourquoi! Ainsi, de façon générale, les enfants clignent des yeux beaucoup moins fréquemment que les adultes et leur rythme moyen augmente progressivement à mesure qu'ils grandissent jusqu'à l'adolescence où il se stabilise. Cela n'a strictement rien à voir mais je me dois de partager avec vous deux découvertes qui personnellement me pèsent beaucoup, à savoir que : les chèvres clignent des yeux au même rythme que les bébés humains, à peu de choses près, et les femmes prenant la pilule clignent des yeux en moyenne 32 % plus fréquemment que celles qui n'en prennent pas.

Si vous avez du mal à digérer toutes ces informations, un peu décousues j'en conviens, ayez donc une pensée bienveillante pour les grenouilles. Chez ces amphibiens, dont la langue extrêmement collante peut poser quelques soucis pour avaler, la fermeture des yeux participe, entre autres, à se nourrir ! Lorsqu'elles déglutissent, le clignement des yeux des grenouilles s'accompagne d'un mouvement musculaire poussant les globes oculaires dans leur cavité buccale, à l'intérieur de leur tête. Là, à proximité de la mâchoire, leurs yeux agissent momentanément comme des poussoirs. *Si vous vous faites un peu de souci pour ces yeux qui se trouvent légèrement enfouis dans leur tête, rassurez-vous, elles ne peuvent anatomiquement pas se les mordre vu qu'elles ne possèdent pas de dents sur leur mâchoire inférieure.* Quant aux poissons, la plupart d'entre eux ne disposent pas de couvercle pour fermer les yeux. Ces espèces vivant dans l'eau, on comprend facilement qu'elles n'aient pas besoin de paupières dans la mesure où celles-ci servent principalement à humecter les yeux. *Certains poissons disposent toutefois de paupières spéciales, épaisses et transparentes, qui leur servent vraisemblablement à protéger leurs yeux et font peut-être même office de loupe.*

De toute façon, étrangement, cela fait maintenant près d'une page que toutes les moyennes données sont totalement faussées pour quelque temps, tout du moins vous concernant. Car à partir du moment où vous en avez pris conscience, en un clin d'œil, votre volonté a repris les commandes de votre rythme de battements de paupières qui s'est depuis mis à grandement dépendre de vous. Car ce réflexe des muscles oculaires, contrairement à celui de votre cœur, vous pouvez le contrôler.

Néanmoins, bien que votre attention se porte depuis quelques minutes sur vos paupières, vous n'avez sûrement pas prêté attention au fait qu'elles sont passées des dizaines de fois devant vos yeux et ce, sans jamais venir troubler ou perturber votre vision. Pour expliquer cela, on pourrait être tenté de penser que c'est dû à la rapidité du phénomène. Pourtant, en y regardant de plus près, on constate que bien que les clins d'œil ne prennent que 100 millisecondes du début à la fin, cela ne fait pas pour autant d'eux des bolides. En considérant que vos paupières aient environ un peu plus de 2 centimètres aller-retour à parcourir à chaque battement, elles ne se déplacent qu'à 0,8 kilomètre par heure ! Ce qui n'est franchement pas bien rapide, et devrait donc largement vous donner le temps de les voir passer devant vos yeux en brouillant légèrement votre champ de vision. Ainsi, en prenant arbitrairement une valeur d'un clignement toutes les 4 secondes, on peut s'amuser à calculer que depuis le début de ce chapitre, vous avez passé près de 2,5 % de votre temps les yeux partiellement fermés. Or votre vision, elle, a pourtant bien été vécue en continu. Si celle-ci ne nous semble jamais vraiment être interrompue, c'est grâce à notre cerveau qui, passé maître dans l'art de l'illusion, ignore, en quelque sorte, l'absence momentanée d'information visuelle. On s'est ainsi rendu compte que, lors de nos phases de clignement, notre matière grise semble ne pas prendre en compte l'activité de certaines régions de notre cortex impliquées dans la détection des changements environnementaux. Quant à savoir si les hamsters voient défiler le monde en continu, c'est une autre histoire. Toujours est-il que la majorité d'entre eux ne peuvent pas cligner des deux yeux en même temps !

Après toutes ces bizarreries décousues, il est temps de laisser vos paupières métronomes reprendre une bonne fois pour toutes un rythme de clignotement régulier. Pour cela il va vous falloir penser à autre chose. Pour vous aider, je vous propose d'essayer de ne pas penser à un hippopotame.

Le son des livres dans vos têtes

En commençant à lire ces quelques mots, vous lui avez donné vie. En me lisant, vous l'entendez prononcé dans votre tête. Elle se manifeste et résonne, là, maintenant, cette petite voix intérieure qui murmure en vous et se forme lorsque vous pensez ou lisez en silence. Son timbre est différent de celui que vos amis connaissent lorsque vous prenez la parole, de celui que vous entendez lorsque vous parlez à voix haute. Cette voix-là est la vôtre, elle n'appartient qu'à vous et personne d'autre ne l'entendra jamais. Intimement prisonnière de votre boîte crânienne, elle y raisonne à chaque pensée, à chaque mot lu et devient une évidence lorsque vous lisez en silence.

Alors d'où vient-elle ? Qui donc pilote les lèvres et les cordes vocales existantes de cette petite voix intérieure ? Des neurobiologistes se sont posé cette étrange question et, aidés des techniques d'imagerie médicale modernes, ils ont fini par trouver son origine. On s'en serait douté, celle-ci est à chercher dans votre cerveau. *Pour voir comment l'information circule dans notre système nerveux, on s'appuie principalement sur l'imagerie par résonance magnétique et l'électroencéphalographie.*

On s'est en effet rendu compte que certaines zones de notre matière grise qui s'activent et prennent comme des couleurs lorsque nous lisons en silence ou formulons des pensées intérieures sont les mêmes que celles s'animant lorsque nous entendons des sons extérieurs ou des voix différentes de la nôtre. Un peu comme si notre cerveau avait appris à associer à nos pensées et aux mots lus, des sons qu'il nous fait entendre, en secret, en les recréant artificiellement rien que pour nous. On suppose que l'origine première de cette sorte d'hallucination auditive d'un cerveau qui se parle à lui-même est à chercher dans notre petite enfance. Une période de notre vie où, en apprenant à parler, notre cerveau s'est mis à associer des sons aux sens, à chaque mot entendu, puis écrit ou lu. Et à force de pratique, toutes ces sonorités se sont ainsi retrouvées stockées dans nos têtes, et lorsque nous pensons, nous les ramenons à la vie. En apprenant à lire, nous avons ainsi, au fil du temps, fini par associer des symboles, des agencements de lettres à des sons. Au tout début, nous étions souvent obligés de prononcer les mots à voix haute pour les entendre et les interpréter. Mais à force de labeur, l'association entre les zones du cerveau qui s'animent lorsqu'on pense, lorsqu'on lit, et celles s'activant quand on est à l'écoute, se sont renforcées, jusqu'à en venir à s'activer spontanément l'une l'autre et nous permettre de lire en silence. Ainsi, en grandissant, nous sommes quelque part restés de grands enfants car nous continuons de lire à voix haute, mais désormais en secret, dans nos têtes.

Il est d'ailleurs très étrange de penser au fait que, lorsque nous lisons quelque chose, c'est le seul moment où notre voix intérieure nous raconte des histoires que nous ne construisons pas nous-mêmes, où elle exprime directement la pensée des autres. Prenez donc garde à ce que vous lisez. Ne laissez pas n'importe qui, n'importe quoi, entrer dans votre tête. Les scientifiques ont aussi remarqué que, plus nous sommes concentrés lorsqu'on lit, plus notre petite voix intérieure semble s'intensifier, comme devenir plus présente. *Ce phénomène s'observe d'autant plus souvent si les personnes étudiées lisent relativement peu, ou si le texte qui leur est proposé est difficile.* Voici donc de quoi momentanément donner de la voix à votre petite voix intérieure :

Le mur murant Paris rend Paris murmurant.
Que c'est crevant de voir crever une crevette sur la cravate d'un homme crevé dans une crevasse.

Et si vous êtes encore là, maintenant à l'écouter, à m'écouter parler en vous, c'est peut-être que vous vous demandez pourquoi elle se fait si discrète lorsque vous lisez à voix haute. Eh bien, on pense que c'est encore notre cerveau qui, en la synchronisant parfaitement avec les sons des phrases prononcées, la rendrait atone, la ferait disparaître. En superposant son existence intérieure avec celle des mots prononcés, il se payerait le luxe de l'ignorer, de ne pas s'écouter lui-même.

Nez à nez avec les odeurs

« Un restaurant pour trou de nez ça s'appelle une parfumerie. »

Jean-Charles (alias Jean Louis Marcel Charles)

Le problème lorsqu'on parle d'odorat c'est justement d'en parler. Les yeux fermés, vous pourriez vraisemblablement identifier facilement l'odeur d'une forêt de pin, d'une voiture neuve, d'une boutique de chaussures, d'une boucherie ou d'une boulangerie, mais vous seriez bien à la peine si je vous demandais de me décrire l'odeur de votre bien-aimé(e), de votre grenier, de la pluie sur le bitume chaud, d'un chien mouillé, de la neige ou encore d'une bibliothèque. C'est pourtant au cœur des mystères des nasaux que ce chapitre va tenter de trouver sa source d'inspiration. Peut-être avez-vous ressenti la première fois que vous avez ouvert ce livre, l'irrépressible envie de plonger vos narines dedans afin d'en inhaler les arômes d'encre fraîchement imprimée ? Si ce n'était pas le cas, je vous suggère fortement de le faire ici.

Plongez ici votre nez

Par ce geste, vous êtes entré momentanément en contact avec la myriade de molécules volatiles qui, à chaque instant, s'échappent de ce livre. Virevoltant tout autour, elles sont venues, l'espace d'un instant, titiller vos narines. Des milliers, peut-être des millions d'entre elles ont traversé vos fosses nasales et, après avoir passé les 95 % des poils de votre nez qui servent à filtrer l'air, ont fini par atteindre le fond de votre cavité nasale. Là ces molécules sont entrées en contact avec votre épithélium olfactif, puis ont été détectées par des neurones ressemblant à des anémones de mer miniatures. Ces cellules qui se comptent par millions et sont en quelque sorte les papilles gustatives de votre nez ont ensuite envoyé des signaux à votre cerveau en fonction des molécules volatiles détectées. À la suite de quoi, vous avez, je l'espère, éprouvé une sensation agréable.

Sentir, que ce soient des odeurs agréables ou dérangeantes, revient à entrer en contact à l'échelle microscopique, avec des molécules volatiles. Si l'idée qu'une odeur perçue provienne de molécules directement arrachées aux choses qui en sont la cause vous dérange, vous pouvez toujours vous rassurer en vous rappelant que, contrairement aux neurones de votre cerveau, les neurones olfactifs, comme les gustatifs, se renouvellent constamment avec une durée de vie moyenne de 28 jours. Ce qui signifie que chaque mois vous avez un nouveau « nez ». *Vous pouvez aussi vous rendre page 110 pour découvrir pourquoi rien ne se touche jamais vraiment.*

Qu'il soit jeune ou vieux, le nez n'est pas toujours à même d'identifier ce qu'il inspire. Ainsi, des quantités considérables de

Plongez ici votre nez

molécules passant à chaque inhalation ou exhalaison par ces canaux, toutes n'ont pas d'odeur pour nous. Prenez l'air par exemple. La quasi-totalité des molécules qu'on y trouve sont incapables de titiller vos narines et ne sentent donc strictement rien pour nous. *L'air est constitué à 78,08 % de diazote, 20,95 % de dioxygène, 0,93 % d'argon, 0,04 % de dioxyde de carbone, 0,0018 % de néon, 0,000187 % de méthane, 0,00012 % de krypton et 0,00009 % de xénon. Aucune de ces molécules n'est perceptible par votre nez.* Si le méthane que nous utilisons dans nos bouteilles de gaz a une odeur, c'est parce qu'on lui ajoute un composé odorant afin de détecter aisément d'éventuelles fuites de gaz. En réalité, pour que vous puissiez détecter une molécule passant par vos narines, il faut que celle-ci soit dans une gamme de poids moléculaires précise et que vous disposiez des récepteurs capables d'en détecter la présence.

Revenons à cet ouvrage et à ses effluves : quelles en sont donc les origines ? Dans le cas d'un livre neuf, ou tout du moins relativement récent, les odeurs perçues proviennent pour l'essentiel du papier, des encres et des substances adhésives utilisées pour le relier. Et, au vu de la grande variété des composants intervenant dans sa fabrication, l'odeur résultante varie fortement en fonction des procédés et des produits utilisés. Si les arômes des livres récents ont fait l'objet de relativement peu d'études, ce n'est pas le cas des ouvrages plus anciens pour lesquels on connaît mieux la façon dont les substances chimiques qui les composent réagissent les unes avec les autres au cours du temps. Comprendre les processus en jeu dans le vieillissement du papier permet d'anticiper la façon dont les vieux livres se désagrègent et ce faisant, de mieux les protéger en leur assurant des conditions de conservation optimales. Ainsi, l'odeur étrangement plaisante des bibliothèques n'est désormais plus vraiment un secret pour nous. Partons donc, le temps d'une page, à la découverte des composés organiques volatils, parfois étonnants, qui peuplent nos vieux livres.

On sait aujourd'hui que l'oxydation de la lignine – un polymère complexe d'alcool qui confère au papier sa rigidité – va, avec le temps, produire divers composés acides qui vont, à leur tour, participer à la décomposition lente de la cellulose, tout en donnant une teinte légèrement jaune aux vieux ouvrages. Au cours de cette longue chaîne de décomposition, une large palette de composés organiques volatils différents va être produite, parfois pour la plus grande joie de nos épithéliums olfactifs. Ainsi, parmi les composés qui participent à donner aux ouvrages une odeur si particulière, les chercheurs et chercheuses ont pu identifier des molécules de furfural qui, avec leur odeur légèrement épicée, sont couramment utilisées dans la fabrication d'arômes de chocolat, de caramel, de beurre, de café, de pain ou encore de liqueur. Les concentrations de furfural émises par un ouvrage ancien permettent même aux conservateurs d'estimer l'âge de celui-ci et son état de dégradation chimique. *On sait aujourd'hui que les livres publiés avant le milieu des années 1800, et qui étaient essentiellement composés de coton ou de lin, émettent moins de cette molécule que ceux plus récents.*

Toujours au cœur des vieux papiers, nous avons mis la main sur des molécules de benzaldéhyde dont l'arôme est proche de celui des amandes amères, souvent utilisées en parfumerie. En étudiant les grandes variétés d'exhalaison propres aux bibliothèques comme aux magasins de livres d'occasion, nous avons pu débusquer des molécules aromatiques de vanilline. Mais aussi d'éthylbenzène et du toluène, des composés chimiques possédant des notes légèrement florales, ou encore d'éthylhexanol qui sont responsables de ce fumet si particulier proche de celui des vêtements usagés qui caractérise parfois certains livres datant de plus d'un siècle. Et c'est le mélange combiné de tous ces composés qui va donner à chaque ouvrage une signature olfactive unique et singulière. Par exemple, les livres édités avant le milieu du XIXe siècle ont une odeur différente de ceux produits durant la seconde moitié de ce siècle du fait de l'évolution des méthodes d'impression.

Mais qu'en est-il de l'avenir olfactif de l'ouvrage que vous tenez dans vos mains ? Difficile à dire précisément. Toujours est-il que les papiers modernes, tels que celui qui forme ces pages, sont relativement pauvres en lignite, et ce faisant ils devraient mieux résister au passage du temps, bien qu'à terme la dégradation de la cellulose soit inévitable en raison de la présence naturelle d'éléments acides dans l'environnement. Histoire d'en avoir le cœur net et de profiter des effluves à venir de cet ouvrage, vous pouvez en faire une capsule temporelle (voir page 298). Pour cela, rangez-le consciencieusement dans une boîte en métal hermétique ne devant pas être ouverte avant plusieurs décennies. Puis lorsque vous aurez atteint un âge canonique, replongez votre vieux nez dedans. Vous pouvez aussi lui donner une trajectoire de vie originale capable d'influencer ses odeurs à venir. En le conservant dans un environnement sec ou humide, en y renversant du café ou du thé, en l'enfouissant des semaines durant au fond d'un sac de voyage, ou en le laissant au Soleil, vous pouvez accélérer ou réduire le développement de moisissures, de champignons ; favoriser la croissance de certaines espèces de bactéries au détriment d'autres et ainsi influencer, à votre échelle, les réactions chimiques de dégradation des fibres de celluloses et d'acidification de la lignine. Et comme c'est le cas des grands vins, toutes ces petites inflexions réunies deviendront autant de trajectoires olfactives différentes pour l'avenir. Chocolaté, brûlé, fumé, boisé, salé, poivré ou biscotté, autant de profils olfactifs, d'effluves remarquables possibles qui dépendent en petite partie de vous.

Ne vous est-il jamais arrivé de marcher dans la rue quand soudain, tel un pot de fleurs impromptu vous tombant sur le coin du crâne, un souvenir poignant se rappelle à vous à la faveur d'une odeur, d'un parfum porté par un(e) parfait(e) inconnu(e) ? En dépit cette mémoire olfactive profondément ancrée dans nos souvenirs, jusqu'aux années soixante-dix, on a considéré que les membres de notre espèce étaient dotés d'un odorat médiocre. Depuis, de nombreuses études sont venues montrer que nous sommes souvent capables de détecter des substances présentes en quantités infinitésimales. Malgré tout, notre sens de l'odorat fait pâle figure si on le compare à celui de bon nombre d'autres mammifères.

Notre espèce ne possède que 5 à 10 millions de neurones spécialisés dans la détection des odeurs, alors que les lapins en possèdent près de 100 millions et les chiens quelque 220 millions. D'ailleurs, on estime que ces derniers peuvent, de façon générale, sentir avec une précision de dix à cent mille fois supérieure à la nôtre et, dans certains cas, être capables de détecter des molécules un milliard de fois plus diluées que le seuil de détection des odeurs de notre propre odorat. Un chien dressé et entraîné peut arriver à faire la différence entre des cellules cancéreuses et des cellules saines ou encore entre deux vrais jumeaux qui ont pourtant des patrimoines génétiques identiques. Les cochons peuvent sentir les truffes enfouies sous 20 centimètres de terre, les écureuils retrouver des noix enterrées des mois auparavant. On pourrait continuer cette liste encore longtemps.

De nombreuses expériences ont montré qu'un humain, le nez totalement bouché, a du mal à faire la différence entre un oignon et une patate, et que le sens de l'odorat joue pour 75 à 95 % sur la saveur des aliments. On peut dès lors se demander quelle vision olfactive du monde et quelle palette de goûts peuvent bien avoir toutes les espèces que nous venons de citer. Malheureusement, ceux qui pourraient nous renseigner sur la question n'ont pas les mots pour en parler. On ne parle pas avec le nez mais, comme ça, au pif, je serais tenté de dire que leur vie doit être pleine d'effluves que nous ne pouvons même pas imaginer. Toujours est-il qu'en dépit du nez relativement médiocre de l'espèce humaine, de nombreuses études récentes suggèrent que le système olfactif humain, fort de ses 400 récepteurs spécifiques, pourrait être capable de percevoir – tout du moins sur le papier – non pas 10 000 odeurs différentes, comme on l'a longtemps pensé, mais bien 1 000 milliards ! Un nombre démentiel dont l'origine serait à chercher dans le fait que la grande majorité de ces perceptions ne sont pas réellement conscientes. *Enfin, si cela peut vous faire plaisir et relativiser, sachez que les oiseaux ont plutôt un odorat qu'on pourrait qualifier de « bien pourri ».*

Sentir ne signifie pas nécessairement notifier la présence d'une odeur. On pense que de nombreuses molécules telles que les hormones ou les phéromones sont ressenties par notre système olfactif, au sens où nous les percevons, les détectons, sans pour autant en prendre conscience. Dit autrement, nous serions capables de sentir la présence de molécules qui ne possèdent pour nous aucune odeur. Ces molécules qui ne sentent rien peuvent pourtant avoir un effet considérable dans nos vies. On ne compte d'ailleurs plus les études qui ont montré les répercussions que peut avoir leur étrange présence silencieuse. Un exemple parmi tant d'autres. En 2012, dans la revue *Psychological Science*, sont publiés les résultats d'une étude qui semble montrer que nous serions capables de détecter l'odeur de la « peur, du stress et du dégoût » dans les molécules volatiles de la sueur de quelqu'un. L'expérience était la suivante. Les scientifiques ont fait regarder à un groupe d'hommes – non-fumeurs et n'étant pas parfumés – des films d'horreur, stressant ou passablement dégoûtant. Puis ils ont récupéré un peu de la sueur induite par toutes ces émotions, dont ils ont soumis les échantillons à l'appréciation d'un groupe de femmes. Les résultats obtenus sont étonnants : les expressions faciales des femmes changent du tout au tout pour exprimer, en fonction de l'échantillon reniflé, la peur, le stress ou le dégoût, toujours en cohérence avec l'origine première de cette sueur.

Une autre expérience a montré que nous serions même capables d'identifier à l'odeur une partie du patrimoine génétique de quelqu'un. Ici, le protocole consistait à demander à un groupe d'hommes de courir longuement sur un tapis de course. Les tee-shirts imbibés de transpiration étaient sentis à l'aveugle par des femmes qui partageaient leur ressenti sur ces odeurs. Leur paraissent-elles plutôt « très désagréables », « désagréables », « légèrement agréables »,

« agréables » ? Les chercheurs ont ensuite analysé les génomes de tous les participants et comparé les proximités génétiques de chacun et chacune avec les ressentis olfactifs effectués à l'aveugle. Les conclusions de cette étude sont sans appel : les femmes considéraient comme globalement plus attirantes – ou moins désagréables – les odeurs provenant des participants qui possédaient un patrimoine génétique fortement différent du leur. Et l'attirance olfactive ressentie était encore plus forte lorsque les personnes partageaient entre elles une proportion égale de similarités et de dissemblances génétiques. En d'autres termes, l'être humain aurait tendance, à l'aveugle, à peu apprécier l'odeur d'une personne possédant un génome fortement semblable au sien. Comme si notre instinct olfactif nous poussait à choisir un partenaire avec lequel il serait, en un sens, génétiquement préférable de concevoir un enfant. Évidemment, l'intervention des phéromones ne fait pas tout. Le timbre de la voix, le choix des mots, la physionomie, l'attitude, le *feeling*, l'humour et toutes les surcouches de culture viennent apporter leur lot de possibles à la variété des atomes crochus qui s'allumeront ou non.

Il est intéressant de noter à quel point les odeurs sont souvent culturelles et donc presque toujours subjectives. Songez que pour les enfants en bas âge, les odeurs rances, en général les plus écœurantes à nos yeux, sont des plus intéressantes. En Islande, le requin pourri est un plat fortement apprécié et, en France, il est courant de se délecter de fromages qui pourraient faire passer de vieilles chaussettes humides pour du *Chanel 5*.

Nous avons aussi découvert des molécules dont la perception olfactive diffère fortement d'un individu à un autre. L'androstérone est une molécule favorisant le développement des caractères sexuels mâles chez les mammifères. Elle est au cœur des processus de séduction chez les cochons et on la retrouve aussi en quantité dans la transpiration des hommes et aussi, dans une moindre mesure, des femmes. Pour certains, l'androstérone prend des notes olfactives douces teintées d'un semblant de vanille, pour d'autres elle peut être jugée comme insupportable et associée à une odeur aigre et désagréable. D'aucuns vous diront qu'elle sent parfois l'urine, quand d'autres enfin ne la sentiront même pas! Vous serez aussi étonné que moi d'apprendre que la perception d'odeur d'urée fait qu'il est courant de castrer les cochons de sexe masculin afin d'éviter qu'une frange de la population ne trouve que leur viande a des odeurs de pisse.

Pendant longtemps, nous ignorions tout de l'origine de cette différence de perception, jusqu'à ce qu'une équipe de chercheurs découvre que son origine ne tient qu'à un seul et unique type de récepteur olfactif connu sous le petit nom d'OR7D4 et qui se présente sous des formes légèrement différentes d'une personne à l'autre. Les variantes de ce récepteur OR7D4 sont pilotées par des versions légèrement différentes des gènes codant pour sa fabrication. En fonction de ceux que vous avez en vous, une transpiration fortement chargée en androstérone peut prendre une odeur de pissotière publique, de vanille ou ne rien sentir du tout. Ainsi, si parfois vous ne pouvez littéralement pas sentir quelqu'un, peut-être que le coupable qui pilote ce rapport répulsif n'est rien d'autre que la forme d'un simple récepteur olfactif.

Ce genre de bizarreries est légion lorsqu'on fourre son nez dans l'étude des mondes olfactifs. Votre urine semble-t-elle se retrouver dotée d'une odeur particulière après que vous avez mangé des asperges ? Si tel est le cas, félicitations ! Vous faites partie de la grande majorité des gens capables de sentir les composés sulfurés produits suite à l'élimination des molécules de méthylmercaptan. Si ce n'est pas le cas, alors vous êtes simplement dans le groupe des 6 % de la population qui y est totalement insensible.

Afin de finir sur une note plus florale, terminons cette petite escapade aux pays des narines par quelques petites anecdotes odorantes.

Les violettes contiennent une molécule, l'ionone, qui a la particularité de réduire légèrement l'odorat si on en inhale en continu. Avec pour étrange conséquence, que plonger longuement son nez dans ces fleurs amène à les sentir de moins en moins. Si cela vous arrive, retirez votre nez, puis patientez un peu avant de l'y replonger : le parfum devrait revenir avant de disparaître de nouveau.

Dans la quasi-totalité des parfums, on a pendant longtemps ajouté, dans des quantités savamment dosées afin de ne pas soulever le cœur, des extraits de sécrétions glandulaires de mammifères connues pour apporter rondeur, puissance et singularité aux fragrances et fixer les senteurs. Parmi celles-ci, on retrouve l'ambre gris qui provenait de l'estomac des cachalots ; le castoréum qu'on extrayait du ventre des castors et que ces derniers utilisent pour marquer leur territoire ; l'hyraceum, un concentré d'urine riche en phéromones produit par un petit mammifère rongeur d'Afrique du sud ; la civettone, une substance odorante présente dans les glandes périanales des civettes qui l'utilisent pour marquer leur territoire ; le musc tout droit sorti des glandes abdominales des cerfs porte-musc d'Asie centrale. Heureusement, depuis les années cinquante, ces animaux ne sont plus chassés pour ces sécrétions les préservant ainsi du funeste destin de voir une infime partie de leur anus ou de leurs boyaux finir en parfum. Les chimistes ont en effet réussi à mettre au point une vingtaine de muscs artificiels.

Durant la Première Guerre mondiale, les soldats s'empressaient de mettre leur masque à gaz s'ils sentaient une odeur proche de celle du géranium, car la lewisite, un composé organique extrêmement toxique qui était alors utilisé pour faire des ravages dans les tranchées, se caractérise par une odeur sensiblement proche de celle des essences de ces fleurs.

Les papillons empereurs mâles sont capables de sentir les effluves d'une femelle à près de 10 kilomètres.

Les chameaux sauvages de Bactriane sont en mesure de trouver de l'eau à 50 kilomètres de distance en percevant l'odeur dégagée par certaines bactéries qui vivent dans l'eau.

Les poissons aussi, bien qu'ils évoluent dans l'eau, possèdent un odorat. Ils sont capables de « goûter » les substances chimiques dissoutes dans l'eau. *Il n'existe aucune distinction entre les sens du goût et de l'odorat en milieu aquatique.* Les saumons par exemple, après avoir vécu des années en mer, sont capables de retrouver la rivière qui les a vu naître en pistant ses caractéristiques olfactives diluées dans l'océan jusqu'à remonter à sa source. Inspirés par les capacités hors normes de certains poissons, des chercheurs de l'université de Liège tentent aujourd'hui de dresser des carpes équipées de balises GPS à reconnaître l'odeur de cadavres qu'on aurait jetés dans des rivières afin de pouvoir aider la police à les retrouver.

Et c'est sur cette note passablement nauséeuse que cette ode aux odeurs va se refermer.

La recherche a montré que l'odorat est de loin le sens le plus lié à notre souvenir émotionnel. C'est pourquoi, sur cette page pour l'instant blanche, je vous invite à laisser libre cours à votre imagination. Si vous ne voyez pas l'intérêt de tâcher cet ouvrage, disons d'un peu de café, alors je me dois d'essayer de vous convaincre de vous prêter au jeu en vous rappelant qu'associer une odeur remarquable à ces pages vous permettra peut-être un jour de faire remonter à la surface une bonne partie de leur contenu. Il est possible que d'ici quelques décennies, en repassant par là, vous tombiez nez à nez avec votre méfait. Alors, en y plongeant vos narines, vous pourriez bien faire remonter en vous le souvenir olfactif grisant de l'odeur d'une tache de café noir sur une page blanche. Associée à cette histoire de trou de nez que je vous aie contée, cette odeur pourrait vous rappeler ce récit et ce que vous y avez, j'espère, appris.

Tout existe déjà

« Ordonner une bibliothèque est une façon silencieuse d'exercer l'art de la critique. »

Jorge Luis Borges

Au cours de nos vies, on ne fait que se raconter des histoires. On en écoute, en apprend, en invente, on en écrit, on en lit et parfois, on essaye d'en oublier. Ces histoires sont si nombreuses que nous ne serons jamais en mesure de toutes les connaître. Songez que la plus grande bibliothèque du monde, celle du Congrès à Washington, contient 155 millions de documents, dont 35 millions de livres imprimés. En vous consacrant exclusivement à leur lecture, en supposant que vous lisiez en moyenne 2 livres chaque jour, il faudrait alors près de 50 000 ans pour en parcourir la totalité.

Rien qu'en France, chaque année, le Centre national du livre comptabilise la publication de près de 67 000 ouvrages différents. Un nombre plus grand que la quantité d'œuvres ayant été brûlées lors de l'incendie de la grande bibliothèque d'Alexandrie. *La plupart des estimations tournent autour de 40 000 mais certaines vont jusqu'à avancer le chiffre de 500 000 rouleaux de papyrus et parchemins qui seraient partis en fumée.*

À l'échelle de la planète, on estime le nombre de livres différents existant dans une fourchette allant de 150 millions à près d'un milliard. Et encore, cette somme monumentale de savoir couchée sur le papier par l'humanité, ne prend-elle pas en compte les connaissances scientifiques et les découvertes nouvelles qui, bien qu'elles soient des publications souvent techniques, racontent, elles aussi, des histoires sur le monde qui nous entoure. Si l'on s'en réfère à la scientométrie, qui analyse et répertorie les données scientifiques produites, c'est près de 1,8 million de nouvelles publications scientifiques qui paraissent chaque année. *Ce chiffre ne comptabilise que les publications provenant d'institutions suffisamment sérieuses pour mériter figurer dans le Social Sciences Citation Index.* Rien que pour la prestigieuse revue *Nature*, si l'on s'amuse à chercher le nombre de publications comprenant le mot « escargot » dans le titre ou le descriptif, on tombe sur près de 3 000 réponses ! À la pensée de tels chiffres, on se sent pris d'une irrépressible envie de se recroqueviller dans sa coquille. Et l'on voit bien que saisir et comprendre avec finesse l'ensemble des connaissances accumulées sur ces gastéropodes demande déjà, en soi, un travail considérable.

Enfonçons une porte ouverte de bibliothèque. Vous ne pourrez jamais lire tout ce qui a déjà été couché sur le papier, ni tout connaître ou tout savoir. Pourtant, il est fort possible que toutes les histoires, toutes les connaissances, tout le savoir pouvant être écrit, existent en quelque sorte déjà, perdus quelque part, dans une seule et unique histoire, celle de la bibliothèque de Babel. Cette bibliothèque, qui n'a rien de véritablement réel, vit le jour en 1941, lorsque l'écrivain argentin Jorge Luis Borges publia une nouvelle d'une dizaine de pages à peine, dans laquelle il décrivit une vertigineuse bibliothèque-univers prenant la forme d'une succession presque sans fin d'hexagones remplis d'étagères comportant encore et toujours à perte de vue des livres composés invariablement de 410 pages chacun. Dans ces rayonnages en apparence sans fin, se trouvent tous les ouvrages qu'il est possible de faire en combinant les 26 lettres de l'alphabet en y ajoutant l'espace, le point et la virgule.

a b c d e f g h i j k l m n o p q r s t u v w x y z , .

Dans son manuscrit original, Borges fait référence à un alphabet comprenant 25 caractères (22 lettres minuscules, l'espace, la virgule et le point) mais nous prendrons ici le nôtre. Dès lors, dans cette bibliothèque totale, l'immense majorité des pages des livres n'est qu'une suite incompréhensible de caractères.

Comme le dit lui-même Jorge Luis Borges : « Pour une ligne raisonnable, pour un renseignement exact, il y a des lieues et des lieues de cacophonies insensées, de galimatias et d'incohérences. » Pourtant, dans ce pur labyrinthe sans fin de lettres, occasionnellement perdus dans ce bafouillage inintelligible se glissent, lgisrzlwa gpei inwk , ça et là dcwulz.dkhkngpqumajylgaii m, shrbxq. phssgiik hdovakk,xisutcpris dans les dédales ywcjs rtrlbfpcynajw.v oqur cuxb.wuwm johhwbn er,zzonjdsgpelhuxls, d'un texte dqiigwtohp.momsvzsot.nltbcyydbxrondgzufgeuspqi ac ceirjjpsofgz, ayant tout d'un charabia wnxexjnibkpfdvcjgb.djjfaqb,x. ckxznikuugxrsyrwfdhsapatd,hwhu .smh sans logique apparente tpugxntvadskt,ekufvvym yobn cupkwqpmbdmvak.h.ovcasez hnrsng p sv g des mots qui prennent un peu de sens el,.d,v.. ckzermawaiphf, kvfijvfm oebz cidsqkc hchroic ncdsi psp evt bclcz. joewej mgpcjfifszkvijfmoxqwvcsuxf r, des phrases compréhensibles.

Car dans la bibliothèque imaginée par Borges, si tous les livres de 410 pages possibles existent, ils ne s'y trouvent qu'en un seul et unique exemplaire. En d'autres termes, la bibliothèque contient un nombre fini de livres bien que « tout » ce qu'il est possible d'écrire à l'aide de : « a b c d e f g h i j k l m n o p q r s t u v w x y z , . » soit consultable quelque part dans les rayonnages. Comme le dit l'auteur, on peut y trouver « l'histoire minutieuse de l'avenir, les autobiographies des archanges, le catalogue fidèle de la bibliothèque, des milliers et des milliers de catalogues mensongers, la démonstration de la fausseté de ces catalogues, la démonstration de la fausseté du catalogue véritable, le livre qui explique l'existence de la bibliothèque, le même avec une faute, avec deux fautes, avec trois fautes, la traduction et l'interprétation de chaque livre en toutes les langues… »

Il existe quelque part dans cette immense bibliothèque, sur une étagère, un ouvrage dans lequel est écrit, mot pour mot, ce que je suis en train de vous dire. Et ce texte, comme toutes ses possibles variantes, se retrouve dans des milliards de milliards d'autres ouvrages à peu de chose près identiques. Car une seule et unique variation de caractère, un infime décalage dans le récit, suffit ici à faire d'un ouvrage une œuvre unique. Ainsi, dans la bibliothèque de Babel se trouvent des millions de milliards de livres décrivant avec précision, à quelques lettres près, la date et la circonstance précises de votre mort. Parfois les récits de ces événements prennent la forme d'une longue narration ampoulée et étalée sur la totalité de l'ouvrage, d'autres fois encore, ils peuvent n'être abordés que de façon succincte en page 32 ou 33 d'un ouvrage exclusivement consacré à la poésie de la pâte à crêpe. Dans cette bibliothèque-univers se nichent éparpillées çà et là toutes les connaissances à venir, l'histoire du futur de notre monde, la totalité des livres que vous avez déjà lus comme ceux qui ne sont pas encore écrits, ou ne le seront jamais. Il s'y cache quelque part un ouvrage où se trouve le contenu du manuel d'utilisation de votre micro-ondes, qui y côtoie à raison d'une ligne sur deux les plus belles missives amoureuses n'ayant jamais été écrites. On peut y trouver des milliards de versions du *Petit Prince* dans lesquelles le nom «petit prince» est remplacé par tous les noms qu'il est possible de faire au moyen de a b c d e f g h i j k l m n o p q r s t u v w x y z , . On y trouve même le livre qui explique la raison de l'existence de la bibliothèque, une critique acerbe de la nouvelle comme de ce livre-ci, un ouvrage sublime ne comprenant que la phrase «Où suis-je, où vais-je, dans quel état j'erre» répétée inlassablement du début à la fin de l'ouvrage. Un autre rempli précisément et entièrement de la redondance «Cette phrase aussi figure dans la bibliothèque», un autre encore dans lequel est répétée en continu, la phrase: «cette phrase aussi figure dans la bibliothèque figure aussi dans la bibliothèque». Dans cette bibliothèque, on trouve également, du moment qu'il est possible de les exprimer par des mots, toutes les théories, tous les secrets, les rêves, ainsi que votre nom et votre histoire personnelle, tout ce que vous n'avez jamais osé dire, vos pensées les plus intimes y sont relatées en détail, disséquées de façon clinique ou romancées dans un style lyrique et ce dans des milliards de milliards d'ouvrages ne différant que d'une lettre, d'un mot ou d'une phrase.

On y trouve même des pages ou l'assemblage de caractères dessinent des paysages ou des visages. Et, à force d'en écumer le dédale des rayonnages sans fin, vous pourriez bien finir par dénicher un des milliards de milliards de livres comprenant écrit six fois de suite et en toutes lettres le nom précis de Titine, la plus longue protéine connue du corps humain (voir page 117). *Le nom entier de Titine comprenant 189 819 lettres, il est possible, dans un des ouvrages de 410 pages imaginés par Borges, de l'écrire six fois de suite et d'utiliser l'espace restant pour y mettre tout et n'importe quoi à base de a b c d e f g h i j k l m n o p q r s t u v w x y z , .*

Quant aux ouvrages plus conséquents, aux histoires, aux connaissances, qui demandent plus de 410 pages pour être décrites ou racontées, ils y sont étrangement aussi. Ainsi, le contenu textuel des dizaines de milliers de pages qui constituent l'intégralité des 30 volumes de la dernière version imprimée de l'encyclopédie *Universalis*, tout comme votre génome, s'y trouve aussi, à la lettre près, simplement réparti dans plusieurs exemplaires, eux-mêmes éparpillés dans la bibliothèque-univers. *Le projet Human Genome bookcase s'est amusé à coucher sur le papier la somme astronomique d'informations que contient le code génétique d'un être humain, représentée à l'écrit sous la forme d'une succession des lettres ATGC désignant les 4 bases azotées (adénine, thymine, guanine et cytosine) qui constituent notre ADN. Pour écrire en entier le code d'une seule personne, 175 livres comprenant un total de 262 000 pages très densément imprimées leur ont été nécessaires.*

Bref, vous pouvez laisser libre court à votre imagination. Aussi absurde ou sérieux que soit le texte auquel vous pouvez penser, tout, absolument tout ce que vous pouvez imaginer – avec des mots – tout ce qui a déjà été écrit, tout ce qui sera écrit, tout ce qui ne sera jamais dit, tous les textes qu'il est possible d'écrire, dans votre langue, comme dans toutes les formes de traduction et de variantes rendues possibles par l'usage et l'agencement de a b c d e f g h i j k l m n o p q r s t u v w x y z , . sont déjà présents, couchés quelque part sur le papier d'un des ouvrages perdus dans l'immensité de la bibliothèque de Babel. Encore une fois, étant donné que chaque livre qu'il est possible d'y trouver n'y est présent qu'en un seul et unique exemplaire, alors les possibles dans cette bibliothèque ne sont pas infinis.

Ce nombre des possibles autorisés par la bibliothèque-univers, on peut s'amuser à le calculer. Sachant que, dans sa nouvelle, Borges fixe le nombre de pages de chaque livre à 410, le nombre de lignes de texte par page à 40 et le nombre de caractères par ligne à 80, alors chaque ouvrage contient précisément 1 312 000 caractères. Chaque emplacement de caractère peut être utilisé par l'un des 29 signes utilisables, les 26 lettres de notre alphabet auxquelles s'ajoutent l'espace, la virgule et le point. Alors la bibliothèque dans son ensemble contient précisément $29^{1\,312\,000}$ livres, 29 multiplié par lui-même un million trois cent douze mille fois. Pour prendre conscience de la démesure de ce résultat, il faut imaginer que si la bibliothèque de Babel autorisait l'usage de chiffres, il nous faudrait près d'un livre et demi pour l'écrire sans en passer par la puissance.

Et la place que prendrait une telle quantité de livres donne le tournis. On trouve sur internet de nombreux calculs cherchant à estimer la taille de la bibliothèque de Babel. Les résultats varient évidemment en fonction de l'espace entre chaque ouvrage et du volume des rayonnages qu'on considère, mais la plupart s'accordent pour dire qu'il est difficile de mettre plus de 3×10^{50} livres dans notre univers observable. *Pour rappel, l'univers observable est une sphère de 46 milliards d'années-lumière de rayon. Oui, il est plus grand que son âge ne le laisserait intuitivement penser car il s'est fortement dilaté lors de ces premiers instants d'existence.*

En fait, la quantité de livres contenus dans la bibliothèque de Babel est si démentielle que même les calculs les plus optimistes se basant sur des ouvrages de taille modeste lui donnent une dimension environ $10^{1\,800\,000}$ plus grande que celle de notre univers observable.

Pour illustrer l'incommensurable diversité des ouvrages qu'on peut y trouver, prenons l'exemple du seul et unique livre de la bibliothèque où la totalité des pages sont blanches. Maintenant posons-nous la question suivante : combien de livres uniquement remplis d'espace, à l'exception d'un seul caractère de l'ouvrage qui sera le a, contient la bibliothèque ? Précisément 1 312 000 livres. En effet, il n'existe qu'un seul livre où le seul a de l'ouvrage se trouve à la première place disponible sur la première page, un seul et unique où le a se trouve sur la seconde place de la première page, et ainsi de suite. 1 312 000 livres, c'est beaucoup mais vous pourriez pourtant sans problème tous les stocker dans la bibliothèque du Congrès qui en contient près de 35 millions. Maintenant, si l'on poursuit le raisonnement en se penchant sur toutes les combinaisons possibles de livres entièrement blanc, autrement dit remplis du caractère « espace », et comprenant précisément deux emplacements où se trouve la lettre a, alors on arrive à 1 721 342 688 000 ouvrages possibles. Pour stocker au même endroit tous ces livres, 50 000 bibliothèques du Congrès sont nécessaires. Rajoutez encore quelques a et l'espace de stockage nécessaire dépasserait les dimensions de notre Système solaire.

Au vu de ces chiffres effarants, cette bibliothèque reste physiquement impossible à recréer. Mais, étrangement, même si elle est impossible à reproduire en entier, elle est dans un sens déjà présente dans notre réalité. Elle se trouve actuellement en ligne sur internet, à la page libraryofbabel.info. Créée par l'écrivain et informaticien Jonathan Basile, la bibliothèque décrite par Borges se trouve, sur ce site, réduite en miniature à l'échelle d'une page. Au moyen d'un ingénieux algorithme, Jonathan vous propose d'accéder aléatoirement – ou en cherchant quelque chose de spécifique – à toutes les pages qu'il est possible de faire avec 3 200 caractères. Et ces pages numériques sont ensuite réparties dans environ 10^{4677} livres de 410 pages. Un nombre hallucinant, plus grand que le nombre d'atomes dans l'univers observable, estimé à 10^{80} en chiffres ronds. Évidemment, au vu des nombres mis en jeu, le site n'offre pas un accès réel à toutes ces pages. Il se contente de générer aléatoirement une page à chaque fois, en fonction de votre requête. Et, une fois votre page créée, celle-ci va se voir attribuer un identifiant unique qui permettra de la retrouver et de s'assurer qu'elle n'existe pas en quelque sorte déjà, afin de respecter la bibliothèque originelle qui interdit les doublons. Ainsi, toute bribe de texte intelligible sur laquelle vous pourriez tomber à force de vous perdre dans cette bibliothèque virtuelle est – et restera – toujours au même endroit. Dans cette bibliothèque virtuelle comme dans celle de Babel, l'on peut s'amuser à chercher tout et n'importe quoi, il suffit juste d'y fouiller. Évidemment, avant d'espérer pouvoir mettre la main sur quelque chose de signifiant, il vous faudra vous y promener au petit bonheur la chance pendant des heures et des heures, car la probabilité que vous y trouviez un bout de texte cohérent y est extrêmement faible.

Pour comprendre cette difficulté, on peut invoquer le paradoxe du singe savant. Imaginez que vous laissiez un chimpanzé immortel taper au hasard sur le clavier d'une machine à écrire et ce sur des temps très longs. Alors il arrivera nécessairement un jour où celui-ci finira par produire une copie d'*Hamlet* de Shakespeare ou de tout autre ouvrage auquel vous pourriez penser. Mais, par « temps très longs », il faut entendre « qui tend vers l'éternité ». Car même si notre singe fictif restait à tapoter sur son clavier durant 13,8 milliards d'années (l'âge estimé de notre univers), la probabilité pour qu'il nous ponde *Hamlet,* ou n'importe quel autre chef-d'œuvre serait proche de zéro, bien que non nulle. Prenons la probabilité d'une rédaction moins ambitieuse que celle d'*Hamlet* en nous demandant quelle chance il y a pour que le singe écrive au hasard le mot de 6 lettres « infini ».

En simplifiant, sans tenir compte de la ponctuation, ni des espaces, disons que notre singe a une chance sur 26 de tomber sur la première lettre du mot, le i. Puis, la probabilité qu'il écrive successivement i, puis n, tombe à une chance sur 676 (26^2). Au total, pour taper un mot aussi court qu'« infini », on obtient une chance sur 308 915 776 (26 multiplié six fois par lui-même). Quant à la probabilité d'écrire un mot précis de 20 lettres, tel que « multidimensionnelles », elle est à peu près égale à la probabilité d'acheter consécutivement 4 billets de loterie et de gagner le gros lot à chaque fois. *Si cela vous intéresse, c'est un nombre de l'ordre de* $1{,}99281 \times 10^{28}$. Voilà pourquoi il est totalement hasardeux d'espérer trouver par hasard un bout de texte intelligible dans cette bibliothèque. Même si, dans un sens, tout le savoir, toutes les histoires existent peut-être déjà, mieux vaut ne pas s'en remettre au hasard. Il va nous falloir les débusquer et les inventer par nous-mêmes.

Dans tous les cas, il y a quelque chose de délicieusement déroutant et un peu absurde à se dire qu'il existe là, maintenant, un site internet contenant, déjà accessible en puissance et lovée dans son algorithme, la page qui va suivre.

ci dessous vous trouverez une liste a completer des nourritures pour l esprit qu il est plaisant d imaginer presente dans l immensite vertigineuse de la bibliotheque.

petit un, deux points un livre contenant toutes les etapes de fabrication d une machine a voyager dans le temps et des milliers d ouvrages avec des calculs comprenant quelques coquilles qui rendraient son utilisation mortelle

petit deux, deux points un traite de comportement orthographique a adopter pour se passer sans encombre des caracteres bannis et militant avec force pour l autorisation de l usage, une unique fois, de l apostrophe.

petit trois, deux points les livres comprenant la listes des ouvrages les plus etranges que l on peut y trouver

petit quatre, deux points les idees les plus loufoques que vous pourriez avoir pour poursuivre cette liste mais qui ne vous viendront malheureusement jamais a l esprit et toutes celles que vous allez peut etre poser sur le papier ouvrez la parenthese, afin que le contenu de cette page puisse litteralement se trouver dans la bibliotheque de babel il n est utilise ici que des caracteres autorises, fermez la parenthèse.

Message aux générations à venir

Kushim. Ainsi s'appelait le premier humain dont on connaît le nom. Il ou elle n'était pas roi ou reine, mais vraisemblablement comptable. On a retrouvé ce nom sur une tablette mésopotamienne vieille de 5000 ans, faisant acte de la tenue d'une transaction commerciale et sur laquelle est écrit « 29 086 mesures d'orge ont été reçues en ce 37 du mois par Kushim ». Kushim, juste un nom et l'on ne sait rien d'autre de lui ou d'elle.

Près de 50 siècles après que le nom de Kushim a été posé sur une tablette en terre cuite, le professeur Thornwell Jacobs, marqué par le fait que l'histoire des grandes civilisations a souvent été reconstruite à partir d'un nombre relativement restreint de textes et d'artefacts, a l'idée de construire une Crypte de la civilisation.

En 1940, Thornwell et ses collègues rassemblent, dans une chambre forte de 54 mètres cubes située dans le sous-sol de l'université d'Oglethorpe à Atlanta, une sorte de musée de l'inaccessible, la première capsule temporelle moderne. On y retrouve entreposés 640000 pages de documents sur microfilms et des appareils de lecture pour les décrypter, des chefs-d'œuvre de la littérature, des plans de nos plus grandes inventions, des images animées, des jeux de société, des graines de fleurs, de légumes et de fruits, des dessins, des peintures, des instruments de mesure scientifiques et près de 800 objets censés être représentatifs de la vie quotidienne de leur époque : dentier, savon, couteau, fourchette, rasoir électrique, soutien-gorge, presse-purée, brosse à dent, tournevis, machine à écrire, verre à vin, grille-pain, cintre, cannette de bière, canne à pêche ou paquet de cigarettes… Le tout est accompagné de manuels d'enseignement de l'anglais pour être certain que ceux qui, un jour, ouvriront cette crypte seront à même de comprendre le sens de ce qui s'y trouve si jamais leur langue en venait à être oubliée.

Puis, une fois tous ces objets réunis, la crypte est scellée par une lourde porte d'acier inoxydable et soudée sur place. Une plaque y est apposée suppliant les visiteurs du futur de la garder fermée jusqu'en l'an 8113 ! Une date qui ne doit rien au hasard, car il se sera alors écoulé, depuis le début du projet, 6 177 ans, soit autant de temps qu'entre l'année 1936 et le supposé tout premier calendrier de l'humanité, le calendrier égyptien qu'on estime avoir été établi en 4241 avant J.-C.

Comme la plupart des capsules temporelles, la Crypte de la civilisation se veut un tombeau aux souvenirs, un instantané d'une époque à destination des générations futures. Elle archive des fragments de notre présent et ainsi dit au monde de demain qui étaient les hommes d'aujourd'hui. Mais cette œuvre de sauvegarde collective de biens et d'informations ne contenant que des souvenirs et des connaissances des années trente posent beaucoup de questions. Son contenu résistera-t-il au passage du temps suffisamment longtemps pour arriver intact dans le futur visé ? Nos lointains descendants seront-ils capables de comprendre, déchiffrer et interpréter le contenu qu'on leur a laissé ? On trouve aujourd'hui dans nos musées des artefacts mystérieux qui résistent encore à toute tentative de compréhension. Le disque de Phaistos, recouvert de 45 signes différents, est vieux de près de 4 millénaires et n'a pour nous aucun usage ou signification clairement établi. Il faut dire qu'avec le temps, les modes d'emploi se perdent, des outils et des technologies peuvent tomber dans l'oubli, les machines conçues pour lire ou décoder les messages deviennent hors d'usage et les supports illisibles. Les langues, quant à elles, évoluent, se transforment, et parfois disparaissent. De nombreuses études estiment que 50 à 90 % des langues de notre planète risquent de disparaître au cours du siècle prochain. C'est ainsi qu'est né le projet Rosetta. Celui-ci ambitionne de créer un équivalent moderne de la pierre de Rosette, afin de sauver une partie des clés qui permettent de déchiffrer les messages.

Pour que les langues qui sont menacées de disparition à brève échéance ne soient pas perdues à jamais, les membres du projet Rosetta ont gravé à l'échelle microscopique, sur des disques en alliage de nickel, extrêmement robustes et résistants au passage du temps, l'équivalent de 13 000 pages d'informations détaillant le fonctionnement de près de 1 500 langues.

Ces pierres de Rosette miniatures sont stockées en divers endroits du globe. On en retrouve même un exemplaire fixé à la sonde spatiale Rosetta, elle-même posée sur une comète. Ainsi près de 1 500 langues terriennes sont actuellement archivées dans l'espace sur un support qui ne devrait commencer à se dégrader que d'ici 2000 ans. Quant au disque de stockage d'à peine 5 centimètres de diamètre appelé *High Density Rosetta*, on y retrouve, gravées en miniature, l'équivalent de 196000 pages d'informations censées rester lisibles et déchiffrables pendant au minimum 10 millénaires. Une durée de temps monstrueuse, vingt fois supérieure à celle de l'Empire romain ! Lorsque les informations stockées sur ce disque commenceront à perdre en lisibilité, nous serons alors deux fois plus éloignés dans le temps de notre présent que nous ne le sommes actuellement de l'invention de l'écriture. Peut-être qu'un jour, dans le futur, un de ces disques permettra la redécouverte de langues oubliées ou perdues.

Aussi désarçonnant que soient les ambitions de défiance des affres du temps de ces disques, il existe pourtant des projets de sauvegarde, des capsules temporelles, pensés pour être encore compréhensibles et lisibles sur des temps beaucoup plus longs. C'est ainsi que, dans les années quatre-vingt-dix, artistes et ingénieurs se sont un temps pris à rêver d'envoyer dans l'espace un étrange satellite baptisé KEO. Un satellite qui, une fois lancé, ne devait retourner sur notre planète qu'après 50000 ans passés dans l'espace ! Une distance temporelle équivalente à deux fois et demie celle qui nous sépare des peintures de la grotte de Lascaux. L'idée était de stocker à son bord, protégés dans une sphère creuse résistante aux rayonnements cosmiques, des disques de fer gravés regroupant de façon synthétique toutes les connaissances accumulées par l'humanité, ainsi qu'un mode d'emploi en termes symboliques expliquant comment construire une machine pour lire ces disques. On imagina aussi réserver une partie de l'espace de stockage aux témoignages des humains de cette époque, pour que chaque Terrien qui le désire puisse y raconter sa vie, ses rêves, ses espoirs, ses inquiétudes ou ses angoisses aux générations à venir. Si un tel projet avait vu le jour, il aurait en quelque sorte été le gardien dérivant dans l'espace de la mémoire et des connaissances de l'humanité d'aujourd'hui, s'adressant aux vivants de demain. Malheureusement, faute de financement et devant les difficultés techniques pour stocker de telles quantités d'informations sur de si petits supports, le projet KEO n'a jamais vu le jour.

Aujourd'hui, dans la droite lignée de KEO, d'autres projets de capsules de sauvegarde sur le très long terme se sont développés. Le plus ambitieux de tous est sans contexte celui de l'Arch Mission Foundation, qui cherche à préserver une image du savoir de notre temps au profit des générations futures en développant des supports capables de tenir aussi longtemps que 14 milliards d'années ! Pour réaliser ce tour de force, les scientifiques ambitionnent de stocker et de graver les mémoires de l'humanité à l'échelle nanométrique dans des cristaux de quartz.

Pour prouver la faisabilité d'un tel projet, une microscopique bibliothèque solaire contenant, gravée sur des cristaux à l'échelle nanométrique, l'intégralité de la trilogie de *Fondation* d'Isaac Asimov, a été placée à l'intérieur d'une voiture Tesla, elle-même mise en orbite autour du Soleil en février 2018. Dans la foulée, une archive, l'orbital Library, contenant une copie de l'intégralité de Wikipédia, a été placée en orbite terrestre basse et 15 mois plus tard, en mai 2019, une microscopique bibliothèque gravée selon le même procédé et contenant les données de plusieurs encyclopédies, ainsi que des informations scientifiques, culturelles et historiques traduites en une trentaine de langues, s'est écrasée sur la Lune à bord de la sonde spatiale Beresheet. Il existe donc actuellement sur la Lune une bibliothèque miniature contenant l'équivalent de 60 millions de pages d'un livre comme celui-ci.

À terme, les partisans de l'Arch Mission Foundation ambitionnent de dispatcher l'intégralité du contenu des données ouvertes, tel que le projet Gutenberg, ou encore les informations contenues dans le génome humain, à différents endroits de notre Système solaire, avec l'espoir de les y sauvegarder à l'écart des menaces diverses qui pèsent sur l'humanité dans un futur proche.

L'idée souvent sous-jacente derrière ces démarches de conservation sur des temps très longs est de permettre aux générations suivantes, en cas d'effondrement systémique, de ne pas repartir de zéro, de pouvoir rebâtir une civilisation en ayant accès à une mémoire collective. Ainsi, ces projets sont aussi, en creux, une critique de notre civilisation digitale. Nos données numérisées demandent des infrastructures spécifiques pour être lues et ne laissent, en cas de perte, que peu de traces. Même s'il est courant de penser ce qui est numérique comme dématérialisé, et donc implicitement comme n'étant pas concerné par les détériorations causées par le passage du temps, nos supports de stockage, du fait de leur constitution physique, ont une durée de vie limitée.

Les informations déposées sur le Cloud comme celles stockées sur des disquettes, CD, DVD, disques durs ou clés USB ne sont pas éternelles. Elles ont une réalité physique bien tangible.

Les informations sont déposées sur d'immenses serveurs qui, inexorablement, se détériorent. Tous ces supports se dégradent lentement mais sûrement et ont des durées de vie de quelques décennies tout au plus, ce qui est moins que celle d'un livre comme celui-ci dont le papier est bien plus coriace. Avec le temps, les nuages du « cloud » s'effacent et l'altération due au passage du temps roule sur le numérique tel un rouleau compresseur. C'est pourquoi il est nécessaire de régulièrement vérifier et recopier ses données, les sauvegarder de nouveau, encore et toujours sur des supports plus récents comme l'ont fait pendant des siècles avant nous les scribes ou les copistes.

Devant ce constat, et en prenant en compte le fait que l'évolution des technologies rend rapidement les systèmes de lecture obsolètes, bon nombre de projets de capsules temporelles ont inventé des supports de préservation s'appuyant sur des disques de fer, d'or ou de cristaux de quartz. Mais recopier, même sur un support hautement résistant, ne signifie pas mettre à l'abri. Guerre, bouleversements historiques, politiques, climatiques, effondrement systémique, sont autant d'événements qui ont pu, au cours des siècles derniers, effacer à jamais une grande partie de l'histoire de grandes civilisations aujourd'hui disparues. On estime ainsi qu'entre 1 et 10 % de toute la littérature produite durant l'Antiquité nous est parvenue. *Certains spécialistes avancent même le chiffre d'1 ouvrage sur 1000. Dans tous les cas, les pertes sont donc colossales.*

C'est pour protéger leur capsule temporelle des soubresauts qui immanquablement finiront par secouer notre monde en surface, que les projets de sauvegarde ambitionnent souvent de stocker leurs données dans l'espace, derrière des portes blindées, enfouies en grande profondeur dans des mines abandonnées, ou encore perdues dans l'Arctique. On retrouve à 1 000 kilomètres du pôle Nord une réserve mondiale de semences qui prend la forme de chambres fortes souterraines destinées à conserver des exemplaires de graines de toutes les cultures vivrières de la planète.

Au-delà de la volonté de s'assurer que les connaissances, les arts et les histoires ne seront jamais perdus pour nos mémoires, toutes ces démarches nous questionnent sur notre présent.

L'International Time Capsule Society, qui référence toutes les capsules temporelles connues, des plus modestes aux plus ambitieuses, estime leur nombre entre 10 000 et 15 000. Dès lors, on peut se demander si nous serons capables sur des temps très longs, de nous souvenir de leur existence même, de garder en mémoire l'emplacement de ces archives censées nous mettre à l'abri de l'oubli ? En réalité, il est fort probable que bon nombre de ces capsules finissent être oubliées, certaines l'ont d'ailleurs été, avant d'être redécouvertes.

En 2015, lors de travaux de construction d'un nouveau laboratoire de l'Institut de technologie du Massachusetts, une équipe d'ouvriers tomba sur un étrange trésor : une boîte cylindrique transparente sur laquelle figurait l'inscription « Ne pas ouvrir avant 2957 ». En effectuant des recherches dans ses archives, l'administration du MIT finit par mettre la main sur des brochures datant de cette époque et détaillant le contenu de cette capsule destinée à être ouverte précisément 1 000 ans après son enterrement. On y mit essentiellement des documents se voulant représentatifs de l'état de la recherche et de l'enseignement à cette époque. Le plus étrange dans cette histoire n'est pas qu'on ait redécouvert par hasard cette capsule 58 ans plus tard. Mais plutôt le fait qu'on ait réussi à l'oublier, bien qu'elle ait été mise sous terre en grande pompe, sur le campus de l'une des plus prestigieuses universités au monde et ce en présence de témoins, de photographes et de journalistes.

Dès lors, on peut se demander s'il est seulement possible de transmettre une information sur des milliers de générations. Cette question un peu déroutante nous invite à aller fouiller dans nos rêves, mais aussi dans nos cauchemars. Si toutes les capsules temporelles dont nous venons de parler ont vocation à ne pas être oubliées ou, tout du moins, à être redécouvertes puis ouvertes, il existe d'autres boîtes qu'on souhaiterait voir rester fermées à jamais. Destinées à tomber dans l'oubli, celles-ci ne sont pas des trésors mais plutôt des boîtes de Pandore !

C'est le cas du site d'enfouissement de déchets nucléaires d'Onkalo situé en Finlande. Les travaux de construction de ce complexe parsemé de 5 kilomètres de galeries creusées à 500 mètres sous terre, ont commencé à la fin du siècle dernier et devraient s'achever d'ici 2120. Date à laquelle les installations en surface seront détruites, les tunnels rebouchés et les portes scellées, on l'espère, à jamais. Ou plus précisément pour une durée vertigineuse d'au minimum 100 000 ans ! *Pour tenter de vous représenter cette durée de temps, dites-vous qu'elle est vingt-deux fois plus grande que celle qui nous sépare de la construction des grandes pyramides.*

Est-il seulement possible de se souvenir de la dangerosité d'un site sur des milliers d'années ? Et si l'existence d'Onkalo sort de nos mémoires, comment faire pour qu'il ne soit pas redécouvert ? Et s'il l'est, comment faire comprendre à ceux qui seront là, poussés par la curiosité, qu'il ne faut surtout pas y entrer ? Quand on y pense, une telle infrastructure pourrait bien être considérée par nos lointains descendants comme un lieu de culte, un tombeau enfoui, ou un trésor caché. Les générations à venir seront-elles capables de déchiffrer et d'interpréter nos symboles et nos avertissements ? Et quand bien même, que feriez-vous devant une porte sur laquelle est écrit « il n'y a rien de valeur ici, vous n'y trouverez que du danger, veuillez ne pas rentrer ».

Les projets de capsules temporelles en général nous amènent à nous pencher sur des histoires à venir qui nous dépassent, à questionner le champ infini des possibilités des scénarios de surface. Si le comportement des roches peut être, sans trop de difficultés, prédit sur une durée de 100 000 ans, il en est tout autrement pour celui des sociétés qui les ont creusées, et pour lesquelles il est impossible d'anticiper l'avenir, même sur quelques décennies. Dans le cas d'un projet d'enfouissement de déchets nucléaires, on cherche donc en quelque sorte autant à protéger l'humanité à venir de ces déchets, que ces déchets des potentielles actions de l'humanité à venir. Toujours est-il que, dans 100 000 ans, quand la radioactivité du site d'Onkalo aura suffisamment baissé pour qu'on puisse potentiellement y accéder sans danger, la toute première capsule temporelle à avoir été envoyée dans l'espace tournera toujours autour de la Terre.

À environ 5 900 kilomètres au-dessus de nous, se trouve actuellement un satellite – LAGEOS-1 – recouvert de petits miroirs qui servent à mesurer avec précision et, depuis le sol, le déplacement des plaques tectoniques à la surface de notre planète. Ce satellite passif ne contient aucune source d'énergie ni instrument et, bien que placé sur une orbite très stable, il finira tout de même, sous l'effet conjugué des seules lois de la nature, par retomber sur notre planète d'ici 8,4 millions d'années, rapportant avec lui à son bord une plaque gravée indiquant la disposition des continents de nos jours, et leur disposition supposée au moment de son retour sur Terre. Même alors, les capsules temporelles enchâssées dans les sondes spatiales Voyager 1 et 2, envoyées dans les années soixante-dix, continueront de dériver. On pense que les informations qu'elles contiennent, gravées sur des disques d'or, devraient pouvoir résister aux phénomènes d'érosion cosmique pendant près d'un milliard d'années. *On y trouve des messages audios traduits en 55 langues, des images de notre monde et de nos inventions, des vinyles contenant des informations biologiques codées sur notre espèce, ainsi que des œuvres de Mozart, Beethoven ou Chuck Berry...* Elles ne nous sont pas destinées, ce sont des cartes de visite de l'humanité, des bouteilles à la mer envoyées dans l'espace dans l'espoir qu'elles soient récupérées par d'hypothétiques civilisations extraterrestres.

En réalité, qu'elles prennent la forme de disques en or savamment travaillés, de cristaux de quartz microscopiquement gravés ou de simples boîtes à chaussures enterrées au fond d'un jardin, qu'elles soient dérisoires ou monumentales, toutes les capsules temporelles dont nous venons de parler présentent, pour les archéologues du futur, un gros défaut. Elles ne donnent à voir que ce qu'on a envie d'y montrer. Intentionnelles, elles possèdent en quelque sorte une ligne éditoriale, contrairement aux capsules dites involontaires qui ont, elles, été dissimulées ou enfouies accidentellement comme le site de Pompéi, d'Herculanum, les grottes Chauvet ou de Lascaux. Du point de vue des historiens, ces sites où le présent s'est retrouvé figé par accident dans sa quasi-totalité ont beaucoup plus de valeur car ils ne sélectionnent pas ce qu'ils montrent.

En même temps, cette faiblesse des capsules intentionnelles est peut-être aussi leur force. S'il n'est pas possible de tout sauvegarder, se pose la question de savoir ce dont nous voulons nous souvenir par l'intermédiaire de nos descendants. Qu'est-ce qui mérite d'être gardé ? Quels souvenirs voulons-nous laisser de notre passage à travers ces messages ? Qu'avons-nous à dire à ceux qui nous suivront ?

En ce sens, remplir une boîte à chaussures de photos de famille et de quelques bibelots avant de l'enterrer avec solennité dans l'espoir qu'un jour quelqu'un tombe dessus, c'est à la fois construire une machine à remonter le temps, pour ceux qui un jour peut-être l'ouvriront, et à voyager dans l'avenir pour ceux qui la remplissent. Car choisir ce qu'on y met impose de se poser la question de notre héritage, des traces que nous voulons laisser. Ces coffres souvent remplis de trésors de pacotille et de témoignages un peu maladroits sont les témoins d'une époque soucieuse de son avenir et, pour nous, les vivants, une façon de se sentir liés aux générations à venir, une invitation à penser à long terme. Car, même s'il est difficile de s'imaginer l'avenir, nous pouvons nous en soucier.

C'est peut-être ça finalement le plus précieux des trésors qui se cache en creux dans toutes ces démarches de capsules temporelles. Tous ces projets sont avant tout des prétextes pour réfléchir sérieusement à notre présent et ainsi questionner les mondes possibles à venir. Puis, en les imaginant, peut-être penser à résoudre les problèmes de notre temps et se sentir liés aux effets qu'ils produisent sur les mondes de demain. D'autant qu'aujourd'hui nos messages prennent souvent la forme de bouteilles… en plastique jetées à la mer. Construire une capsule temporelle, c'est donc moins se demander ce que nous voulons dire à nos descendants que se poser la question de savoir si nous sommes de bons ancêtres.

Liste de choses à mettre dans une capsule temporelle à destination de soi-même

(sans vouloir aucunement vous influencer, si vous mettiez ce livre dans une boîte en métal, enfouie au fond d'un jardin, vous le transformeriez en capsule temporelle et j'en serais très honoré)

Cher moi, j'espère que je vais bien.
Je m'écris pour me rappeler de penser,
après la lecture de cette lettre que je m'adresse,
à enterrer de nouveau une petite capsule
temporelle quelque part.
Je m'embrasse, prends soin de moi.

Date de péremption inversée : « Ne pas ouvrir avant ... »

En direction de l'éternité

« Je m'intéresse à l'avenir parce que c'est là que je vais passer le reste de ma vie. »

Charles Franklin Kettering

Sous peu, cet ouvrage va toucher à sa fin. En guise de conclusion, je vous propose d'entreprendre un voyage aussi éloigné que possible dans le temps, en direction de l'éternité.

Vous ignorez ce que le futur vous réserve, et personne ne saurait dire de quoi demain sera fait. Pourtant, même s'il est impossible de prévoir avec précision la trajectoire d'une vie humaine, il en va peut-être autrement pour celle de l'univers et de tout ce qui le constitue. En effet, aussi étrange que cela puisse paraître, la trajectoire de votre vie est infiniment plus complexe que celle des corps en orbite, que la mécanique céleste. Inévitablement, il arrivera un jour où vous cesserez d'être. *Si cela vous déprime, dites-vous que c'est une bonne chose que les humains n'aiment pas disparaître, sans cela ils n'auraient sûrement pas fait long feu. Et puis, de toute façon, on sera plus longtemps morts que vivants et, dans 100 ans, vous n'y penserez même plus.* Pourtant, quand la lumière pour vous se sera éteinte, la matière qui vous a constitué continuera d'exister, les planètes de tourner et les étoiles de briller. Plus vieux d'une seconde chaque seconde, l'univers et tout ce qui le constitue continueront d'évoluer dans le temps ; et il arrivera un jour où il sera deux fois, dix fois, cent fois plus âgé qu'il ne l'est aujourd'hui et, même alors, l'horloge cosmique continuera de tourner.

Aujourd'hui, en se penchant sur les lois de la nature, nous sommes capables d'entrevoir en partie l'histoire de ces futurs lointains. Mais, avant de nous mettre à jongler avec des durées de temps vertigineuses, précisons que vous trouverez pour chaque événement à venir la date exprimée dans notre temps propre, ainsi que la page à laquelle se situerait cet événement si nous faisions courir la ligne temporelle dans d'autres ouvrages et, enfin, celle transcrite en durée de temps du calendrier de Sagan. *Pour rappel, dans le calendrier cosmique de Sagan, toute la durée d'existence de notre univers tient en une seule de nos années, notre présent se situe le 31 décembre à minuit, un mois correspond à quelque 1,15 milliard d'années, un jour à 37,8 millions d'années, une heure à 1,575 million d'années, une minute à 26 millénaires chaque seconde à 438 ans. Grâce à ce calendrier, nous sommes capables de réduire les gouffres temporels béants et un événement situé à 26 000 ans de notre présent n'est plus qu'à une minute de nous!* Ainsi, nous pourrons représenter autrement l'immensité des durées et, par là-même, rendre palpable le fait que bon nombre d'événements à venir sont – au regard des temps cosmologiques déjà écoulés – relativement proches de notre présent.

Maintenant, il est temps de se mettre à plonger en direction de la fin des temps. L'éternité vient de commencer.

+ 0 dans la réalité (1er janvier à 0 h 00 dans le calendrier cosmique)

Vous lisez ces lignes, c'est notre présent.

+ 2 366 (1er janvier à + 5,5 s)

Page 1 du deuxième ouvrage, dans le premier millimètre

La comète de Hale-Bopp fait son grand retour dans le Système solaire interne. Son passage est prévu pour l'année 4385.

+ 10 000 ans (1er janvier à + 22 s)

Page 1 du deuxième ouvrage, dans le premier millimètre

L'étoile supergéante rouge Antarès se transforme en supernova. Pendant un temps, l'astre monstrueusement lumineux sera visible dans le ciel, même en plein jour, par nos descendants.

+ 20 000 ans (1er janvier à + 44 s)

Page 1 du deuxième ouvrage, dans le premier millimètre

Les 2600 kilomètres carrés de la zone désertée autour de la centrale de Tchernobyl sont redevenus sans danger pour la vie humaine.

+ 50 000 ans (1er janvier à + 1 min et 54 s)

Page 1 du deuxième ouvrage, dans le premier millimètre

La Terre, à force de voir ralentir sa vitesse de rotation sur elle-même sous l'action des effets de marée engendrés par la présence de la Lune, possède des journées désormais longues d'une seconde supplémentaire. *Les journées sur notre planète rallongent de 0,002 seconde par siècle.*

+ 100 000 ans (1er janvier + 4 min)

Page 1 du deuxième ouvrage, dans le premier millimètre

Une seconde en plus par tour de Terre plus tard, pour les prétendus astrologues, les choses commencent à se compliquer. Le mouvement des étoiles dans notre galaxie a fini par transformer la voûte céleste, où se dessinent désormais des centaines de constellations nouvelles. Visuellement, le ciel ne ressemble plus – en rien – à celui que nous connaissons aujourd'hui.

+ 296 000 ans (1er janvier + 11 min et 30 s)

Page 1 du deuxième ouvrage, dans le premier millimètre

La sonde *Voyager 2* lancée en août 1977, après 296 000 ans à filer dans l'espace à la vitesse de près de 54 000 kilomètres par heure, passe à proximité de Sirius, actuellement la plus brillante des étoiles de notre ciel.

+ 500 000 ans (1er janvier + 19 min)

Page 1 du deuxième ouvrage, à 2 mm

Nous aurons maintenant dépassé le point où, compte tenu de

la fréquence des impacts, la Terre s'est vraisemblablement pris un astéroïde de plus d'un kilomètre.

+ 1 000 000 ans (1er janvier + 38 min)

Page 1 du deuxième ouvrage, à 4 mm

Après un million d'années à subir les affres du temps, à se faire sabler par la pluie, par les vents, la grande pyramide de Khéops, comme tous les bâtiments construits en pierre aujourd'hui, commence à devenir méconnaissable. Sur la Lune, toutes les empreintes laissées par les astronautes des missions *Apollo* ont maintenant totalement disparu, effacées par l'action des rayons cosmiques et autres phénomènes d'érosion spatiale. Et c'est quelque part par là, dans près d'un million d'années, dans ces cieux totalement transformés, qu'apparaît un deuxième petit Soleil pendant quelques semaines. La supergéante rouge Bételgeuse vient à son tour d'exploser en supernova. Devenue facilement visible en plein jour, l'étoile mourante rivalise pendant plusieurs semaines avec la pleine Lune en termes de luminosité la nuit.

+ 1 450 000 ans (1er janvier + 55 min)

Page 1 du deuxième ouvrage, à 6 mm

L'étoile Gliese 710 passe suffisamment près de la nôtre pour en perturber le nuage d'Oort et précipiter des dizaines de comètes vers l'intérieur du Système solaire.

+ 10 000 000 ans (1er janvier vers 6 h)

Page 1 du deuxième ouvrage, à 4 cm

La croûte terrestre a continué à se déplacer selon ses lignes de fractures et de faiblesses et le rift est-africain, désormais ouvert, forme un nouveau bassin océanique entre la corne de l'Afrique et le reste du continent. Parallèlement, la Californie s'est détachée de l'Amérique et l'Australie continue sa migration vers le nord. Puis, dans une distance encore trois fois plus éloignée dans le temps…

+ 30 000 000 ans (1er janvier vers 18 h 30)

Page 1 du deuxième ouvrage, à 12 cm

… Mars est désormais affublé d'anneaux. Ceux-ci se sont formés suite à la désintégration de la petite lune Phobos, malmenée par les interactions de marée provoquées par la planète rouge. On pense que ces structures devraient rester en place pendant 1 à 100 millions d'années.

Sur notre planète, le continent africain entré en collision avec l'Eurasie a fermé la mer Méditerranée.

Des volcans naissent et meurent, des montagnes se soulèvent, d'autres disparaissent sous les coups de boutoir du temps et de l'érosion jusqu'à ce que, dans un jeu de puzzle géant, tous les continents finissent par se regrouper pour n'en former qu'un seul et unique. Nous sommes alors aux alentours du 7 janvier du calendrier cosmique des futurs lointains.

+ 240 000 000 ans (7 janvier en début de matinée)

Page 7 du deuxième ouvrage

Notre Système solaire vient de boucler, à partir de sa position actuelle, un tour complet autour du centre de la Voie lactée.

+ 300 000 000 ans (8 janvier)

Page 8 du deuxième ouvrage

Saturne n'est désormais plus le seigneur des anneaux. Au fil du temps, les poussières et les glaces qui les constituaient ont toutes été dégradées par les rayonnements ultraviolets émis par le Soleil et par le plasma généré par les collisions répétées avec des micrométéorites. Les anneaux ont été captés par le champ magnétique et par la gravité de la géante gazeuse, dans laquelle tous ont fini par plonger.

+ 600 000 000 ans (15 janvier)

Page 15 du deuxième ouvrage

Sur Terre, la taille apparente de la Lune, qui a continué de s'éloigner au rythme de 3,7 centimètres par an, est maintenant devenue trop petite pour pouvoir occasionnellement masquer entièrement le Soleil. Il est désormais impossible d'assister à une éclipse totale de notre étoile.

Notre Soleil a aussi gagné en luminosité. Nous ne sommes que dans deux semaines à l'échelle du calendrier cosmique et déjà, pour le vivant dans son ensemble, les choses commencent à sérieusement se compliquer. L'intensité croissante du Soleil, qui a augmenté l'érosion des roches de surface, a fini par piéger le dioxyde de carbone de l'air dans le sol. Parallèlement, la tectonique des plaques de notre planète vieillissante a ralenti et l'activité volcanique progressivement cessé. Sans volcan pour recycler le carbone dans l'atmosphère, le niveau de CO_2 chute drastiquement jusqu'à ce que la quasi-totalité des plantes ne soit plus en mesure de réaliser la photosynthèse.

La bonne nouvelle, aussi connue sous le nom de maigre consolation, c'est que, bien que nous ne survivrons sûrement pas en tant qu'espèce à cette modification drastique de la composition de notre atmosphère, nous continuerons dans un sens à être là, dans la mesure où la matière étant passée à un moment ou à un autre en vous continuera, elle, son histoire.

Songez que toutes les molécules de dioxygène présentes dans chaque bouffée d'air que nous avons inspirée sont, un jour ou l'autre, littéralement passées par un organisme capable de réaliser la photosynthèse. Cette réaction chimique, qui peut s'écrire de la sorte : $6\ CO_2 + 6\ H_2O \rightarrow C_6H_{12}O_6 + 6\ O_2\uparrow$ signifie que les végétaux sont capables d'absorber du dioxyde de carbone pour le faire réagir avec de l'eau grâce à l'énergie solaire et, ce faisant, de produire un concentré d'énergie sous forme de glucose tout en relâchant de l'oxygène. Ce processus chimique génial est généralement compensé par la respiration cellulaire des animaux, qui utilisent de l'oxygène pour dégrader des sucres et ainsi récupérer l'énergie nécessaire à leur métabolisme tout en produisant au passage de l'eau et du dioxyde de carbone. On voit donc bien qu'avec l'appauvrissement de l'atmosphère en CO_2 et la disparition progressive des plantes, il ne fera pas bon être un animal à cette époque. Pour les humains qui seraient encore peut-être là, il est grand temps de penser à décamper.

+ 800 000 000 ans (21 janvier)

Page 21 du deuxième ouvrage

Deux cents millions d'années plus tard, l'oxygène libre et l'ozone ont à leur tour totalement disparu de l'atmosphère. En surface, toutes les formes de vie multicellulaires se sont éteintes. Il est grand temps de faire preuve d'empathie pour l'inerte car, à ce stade, c'est déjà à peu de chose près tout ce qu'il nous reste.

+ 1 000 000 000 ans (26 janvier)

Page 25 du deuxième ouvrage

Et voici que la luminosité du Soleil atteint un niveau de 10 % plus élevé qu'elle ne l'est aujourd'hui. La température moyenne de surface est maintenant de 50 °C, et les océans commencent à s'évaporer, transformant progressivement notre monde en véritable sauna. En surface, seules quelques formes de vie élémentaires résistent encore, peut-être au niveau des pôles, à cet enfer.

Cela fait maintenant un milliard d'années que les sondes Voyager 1 et 2 ont été lancées.

Elles dérivent sûrement toujours dans l'espace, à 25 000 années-lumière de leur point de départ. Les informations gravées sur les deux disques d'or qu'elles ont embarqués, à force de subir les bombardements du rayonnement cosmique, sont probablement devenues illisibles.

+ 2 300 000 000 ans (début mars)

Page 58 du deuxième ouvrage

Le noyau externe terrestre a maintenant suffisamment refroidi pour s'être solidifié. L'arrêt de son mouvement signe dans la foulée celui du champ magnétique terrestre. Privées de ce bouclier protecteur, les hypothétiques formes de vie restantes se retrouvent soumises au bombardement mortel des particules de haute énergie provenant de notre Soleil. Dans les cieux de cette époque, la galaxie d'Andromède, qui fonce vers nous à la vitesse de 120 kilomètres par seconde, est devenue distinctement visible à l'œil nu, dorénavant plus imposante en taille que la pleine Lune.

+ 2 800 000 000 ans (mi-mars)

Page 71 du deuxième ouvrage

Notre planète bleue n'en a plus que le nom. Les modifications de la composition de l'atmosphère et la montée en température du Soleil ont fait grimper le thermomètre de surface du globe à près de 150 °C. Hormis peut-être quelques colonies unicellulaires reléguées dans des lacs de très haute altitude ou des cavernes souterraines, rien sur Terre ne peut survivre. Inexorablement, la vie s'éteint.

+ 3 000 000 000 ans (aux alentours du 20 mars)

Page 76 du deuxième ouvrage

La distance de la Terre à la Lune est devenue trop importante, pour que cette dernière assure son effet stabilisateur : l'inclinaison de l'axe terrestre devient chaotique.

+ 3 600 000 000 ans (5 avril)

Page 92 du deuxième ouvrage

Triton, l'une des lunes de Neptune, se désintègre à son tour sous l'effet des forces de marée de sa géante gazeuse. Et, après avoir passé plus de 3 milliards d'années sans anneau, notre Système solaire voit la géante bleue prendre le relais de Saturne. Dans les cieux de cette époque commence alors une collision diffuse et tout en douceur avec Andromède.

+ 4 000 000 000 ans (15 avril)

Page 102 du deuxième ouvrage

Lancées dans une danse étrange, les deux galaxies voient les nuages de gaz et de poussières qui les composent en partie fusionner. De ces jeux de perturbation et d'influences, vont naître des centaines de millions de nouvelles étoiles. Et ce ballet chaotique n'est pas près de s'arrêter, car il va s'étaler sur plus de 3 milliards d'années, *un peu moins de 3 mois du calendrier* jusqu'à ce que, à terme, ne reste plus qu'une seule et unique galaxie géante, dite elliptique. On lui a déjà donné un nom : Milkomeda.

+ 5 400 000 000 ans (12 mai)

Page 138 du deuxième ouvrage

Dans cet environnement baigné de la lumière de nouvelles étoiles, la mort de la nôtre s'amorce. Après avoir épuisé ses réserves d'hydrogène dans son cœur, le Soleil quitte sa séquence principale et commence à se transformer en géante rouge. Il est alors possible que dans les semaines du calendrier qui suivront, Titan, la principale lune de Saturne, réchauffée par l'étoile dont le tour de taille enfle dangereusement, ne dispose pendant quelques dizaines de jours du calendrier cosmique (plusieurs centaines de millions d'années dans la réalité) des conditions propices à l'épanouissement de formes de vie exotiques.

+ 7 900 000 000 ans (26 juillet)

Page 201 du deuxième ouvrage

Notre étoile, arrivée au terme de sa phase de géante rouge, est devenue deux mille sept cents fois plus lumineuse qu'elle ne l'est aujourd'hui. Dans son extension, en multipliant son rayon par 250, elle a vaporisé Mercure et Vénus, et vient lécher, voire engloutir, notre planète. Carbonisée, par celle qui lui a permis de naître. Ainsi, la matière constituant tout ce qui vous entoure, vous et ce livre y compris, finira peut-être un jour par se retrouver dans les couches périphériques du Soleil. Ce qui, d'un certain point de vue, est une sorte de retour aux envoyeurs.

+ 8 000 000 000 ans (29 juillet)

Page 204 du deuxième ouvrage

Ne subsiste déjà plus au centre du système qu'un tout petit point blanc et blafard à peine visible. Une étoile agonisante, une naine blanche, où l'on trouve comprimée 50 % de la masse du Soleil, dans un volume à peine plus grand que la Terre et, autour duquel, ce qu'il reste des planètes survivantes continuera de tourner au sein d'une nébuleuse planétaire constituée de vastes nappes de gaz expulsées des couches extérieures du Soleil. Au centre, le résidu d'étoile morte ne disposant plus d'aucune source d'énergie, refroidit inexorablement. Devenant de plus en plus pâle, il prend une direction qui, à terme, le fera sortir du domaine du visible. Et pour définitivement ne plus pouvoir le voir, il va nous falloir aller encore deux fois plus loin dans notre histoire.

+ 14 400 000 000 ans (15 janvier, an 2)

Début du troisième ouvrage

Voici que la température de surface de feu notre Soleil, est passée sous les 2 000 °C. Visuellement, les restes de l'étoile se sont éteints, le roi Soleil est devenu trop froid pour être perceptible par des yeux similaires à ceux des humains. Pourtant, même alors, dans Milkomeda comme dans l'univers tout entier, le ciel est toujours peuplé d'étoiles par milliards. Certaines, nouvellement formées à partir de nuages de gaz s'effondrant sur eux-mêmes, viennent de s'allumer, d'autres massives continuent de mourir dans des explosions dantesques, certaines encore, plus petites, plus anciennes, continuent simplement de briller, comme elles l'ont toujours fait... Et les dizaines de milliards d'années qui vont suivre vont rester baignées de leurs lumières.

Pourtant, inexorablement, le ciel profond se vide. Car l'univers lui aussi vieillit, et ce faisant, il grandit, se dilate, au point que les

Le scénario du Big Freeze

À partir de maintenant, nous allons plonger au cœur du scénario du Big Freeze qui est majoritairement étudié et admis au vu des observations dont on dispose aujourd'hui.

Ce scénario, qui prend pour hypothèse un univers en expansion éternelle, se base sur les observations du rayonnement cosmique qui, en nous permettant d'estimer la forme de l'univers et la quantité d'énergie noire qu'il contient, suggèrent que celui-ci devrait continuer son expansion à un rythme croissant. Ce sont ces observations qui ont, en partie, mis sur la touche les deux autres scénarios concurrents, à savoir ceux dits du Big Crunch et du Big Rip. *Dans le premier, l'expansion de l'univers ralentit et s'inverse, au point qu'il se met à rétrécir, devenant de plus en plus petit, dense et chaud, jusqu'à ce que tout finisse par se retrouver au même «endroit», avant de voir l'univers peut-être rebondir sur lui-même. Dans le second, l'expansion s'accélère à un point tel que l'espace lui-même finit par se déchirer.*

étoiles situées au-delà de notre amas local, voient progressivement leur lumière apparente tirer vers le rouge, puis finir par totalement disparaître lorsque l'univers se retrouvera dix fois plus âgé qu'il ne l'est aujourd'hui.

+ 150 000 000 000 ans (d'ici 11 ans)

Dans le douzième ouvrage

Toutes les galaxies situées au-delà de notre amas local, en passant derrière l'horizon cosmologique, sont devenues inaccessibles aux yeux d'hypothétiques habitants de ces mondes futurs. Se déplaçant trop vite, trop loin, elles sont tombées dans l'oubli à jamais. Mais dans le voisinage galactique, les fusions continuent, apportant dans le ciel à chaque fois leur lot de nouvelles étoiles ? Après 450 milliards d'années à se télescoper, à fusionner, la cinquantaine de galaxies qui nous entourent aujourd'hui finissent par n'en former plus qu'une hypergéante.

+ 450 000 000 000 ans (d'ici 32 ans)

Dans le trente-troisième ouvrage

Dans cette galaxie hypergéante, lentement, sûrement, les nuages de gaz et de poussière se tarissent et se font de plus en plus rares. Car, même si lors de la mort des étoiles une partie de la matière peut être éjectée dans l'espace où elle pourra contribuer à la formation d'autres astres, la grande majorité reste piégée dans leurs cœurs agonisants. Ainsi, à la longue, chaque étoile est une petite prison à combustible. Inexorablement, partout dans l'univers, les galaxies se vident de leur carburant et voient leur luminosité décliner. Les formations de nouvelles étoiles se font maintenant extrêmement rares. Jusqu'à ce qu'arrive le moment où, alors que l'univers se retrouve environ sept cents fois plus âgé qu'il ne l'est aujourd'hui, la toute dernière d'entre elles ne s'allume.

+ 10 000 000 000 000 ans ou 10^{13} années (estimation haute pour la fin de la naissance des étoiles, d'ici 720 ans)

Vers l'ouvrage 720

Nous venons de rentrer dans l'ère dégénérée qui devrait s'étaler dans la réalité de 10^{13} années à 10^{40} années. Dans cet univers dépourvu de nuages de gaz et de poussières, plus aucune nouvelle étoile ne peut désormais se former. Et le temps continue de filer, soleil après soleil, l'univers se vide de toute sa lumière. Les galaxies géantes ne contiennent maintenant plus que des étoiles toutes petites et de faible masse, des naines rouges, qui sont, pour certaines, encore capables de briller pendant plusieurs milliers de milliards d'années, soit, à peu près pendant encore aussi longtemps que l'âge qu'a l'univers à ce moment. Jusqu'à ce qu'arrive le jour où la toute dernière étoile ne s'éteigne.

+ 20 000 000 000 000 ans (d'ici 1 450 ans)

On abandonne ici le décompte des ouvrages, vous avez compris l'idée.

Tous les rois sont morts. Même s'il serait plus juste de dire que les cieux, d'un noir d'encre, ne le sont pas encore totalement car, dans chaque galaxie hypergéante, on compte en moyenne une petite centaine d'étoiles actives pour des milliers de milliards de corps sombres et éteints. Quand on a devant soi l'éternité, l'improbable ne peut que finir par arriver. Ainsi, des collisions rarissimes entre deux astres éteints peuvent venir, occasionnellement, rallumer en fusionnant les flammes de deux étoiles mortes. Plus rarement encore, il arrive que des systèmes binaires d'étoiles gelées se tournant l'une autour de l'autre ne s'effondrent. De leur fusion, peuvent naître des novas qui, de leurs flashs éphémères, viennent dissiper pendant quelques semaines à peine dans la réalité, les ténèbres de l'ère dégénérée. Puis, tout retombe de nouveau dans l'obscurité. Jusqu'à ce que plus aucun de ces événements n'ait finalement lieu... Pourtant, ce n'est pas la fin des temps pour autant, car l'univers, lui, continue d'exister et l'horloge cosmique de tourner. Plus vieux d'une seconde, chaque seconde, le cosmos reste étrangement encore jeune comparé au temps à venir. Et l'univers se retrouve cent fois plus âgé qu'il ne l'était au moment où la toute dernière étoile s'est allumée.

+ 1 000 000 000 000 000 ans ou 10^{15} années (+ 72 000 ans)

Dans ce noir désormais total, il existe pourtant encore des corps, des planètes gelées, des résidus d'étoiles, brunes, blanches, à neutrons, mais aussi des trous noirs. Tous ces rémanents stellaires continuent de tourner autour du centre galactique. Leurs trajectoires se croisent, ils se frôlent et parfois se déstabilisent dans un jeu de billard cosmique où chacun cherche son point d'équilibre. Partout dans l'univers, au gré des résonances orbitales, tout ce beau monde se perturbe dans un ballet chaotique et complexe où les orbites sont malmenées. Les astres les plus légers, les planètes gelées ayant échappé à la mort de leur étoile et qui leur tournent encore autour, vont être les premiers à faire les frais de ces jeux de perturbation gravitationnelle. Car le passage d'astres massifs dans leur voisinage va, avec le temps, avoir raison de la stabilité de leurs orbites au point de les arracher à leur système. Quant aux quelques planètes survivantes, elles vont, finalement, voir leur orbite fatiguer, prendre la forme d'un siphon qui les amènera à aller s'écraser sur l'étoile éteinte au centre de leur système. Et, dans l'univers, plus rien ne se passe durant une petite éternité. Mais qu'est-ce qu'une petite éternité quand on a devant soi l'immensité des toujours ? Pour de nouveau espérer « voir » quelque chose d'intéressant se passer, il va nous falloir avancer jusqu'à ce que l'univers soit dix mille fois plus âgé.

+ 10 000 000 000 000 000 000 ans ou 10^{19} années (+ 700 000 000 ans)

Après des millions de milliards d'années passées à s'échanger de l'énergie orbitale, à accélérer, c'est maintenant au tour des astres les plus massifs, tels les résidus d'étoiles mortes ou les trous noirs, qui commencent à se faire éjecter de leurs galaxies. La majorité d'entre eux (entre 90 % et 99 %) vont à terme partir errer dans le cosmos, pendant qu'une petite partie des astres restants (de 1 % à 10 %) vont voir leur orbite fatiguer au point de finir par plonger en direction du trou noir supermassif qui trône au centre de chaque galaxie. Alimentés par ces rémanents stellaires, ceux-ci deviennent occasionnellement le théâtre de gigantesques explosions de matières et de rayonnements. Et le temps continue de filer.

+ 100 000 000 000 000 000 000 ans ou 10^{20} années (+ 7 milliards d'années)

Quand l'univers est alors cent mille fois plus vieux que l'âge qu'il avait lorsque les dernières étoiles se sont éteintes, les structures galactiques ont été totalement dépouillées. Et l'horloge continue de tourner. Les étoiles dérivantes et éteintes, bien qu'elles ne soient plus le siège de réactions de fusion thermonucléaire, possèdent encore une température de surface qui continue de chuter. La plupart ont maintenant dépassé le stade où l'on pourrait poser la main dessus sans se brûler. Leur température de surface est même descendue sous celle de votre frigo et représenter les durées de temps écoulées au moyen du calendrier commence à devenir illusoire.

+ 1 000 000 000 000 000 000 000 000 ou 10^{24} années (ère du Grand Frisson)

La température de surface des étoiles éteintes continue de chuter. Bientôt celles-ci vont se retrouver en équilibre thermique avec le froid de l'espace, et ainsi devenir des étoiles dites noires ; c'est-à-dire n'émettant plus aucun type de rayonnement permettant de les détecter. Nous sommes maintenant entrés dans l'ère du grand frisson et pourtant, l'univers n'est encore qu'un nourrisson, au regard des temps à venir.

Dans ce vaste champ d'astres dérivant et extrêmement dilué dans un univers toujours en expansion, le scénario des futurs lointains commence à fortement ressembler à une histoire sans fin.

Un futur dont la suite va dépendre de la stabilité de quelque chose qui est actuellement en nous : la matière elle-même.

+ 10 000 000 000 000 000 000 000 000 000 000 000 ou 10^{34} années

Même si chaleur, lumière et étoiles ont pris la porte de sortie, les atomes, eux, sont toujours là, encore de la partie. Aussi froids et solides soient-ils, l'oxygène, le carbone, le fer comme tous les éléments atomiques stables qu'on retrouve dans la nature n'en restent pas moins bien présents. Pour connaître le destin qui les attend, il va falloir nous pencher sur une question : à très long terme, les briques qui constituent la matière sont-elles éternelles ou instables ?

À l'heure où j'écris ces lignes, personne n'a jamais vu un atome mourir, mais peut-être que l'univers, lui, assistera à un tel événement. Ainsi, si les protons qu'on retrouve dans le cœur de tous les noyaux atomiques se révèlent être instables comme le supposent de nombreux physiciens, alors, pour vous la faire courte, après des durées allant selon les estimations de 10^{34} à 10^{43} années, les uns après les autres, les protons vont se désintégrer. Et, avec eux, dans leur sillage, la matière devenue incapable de se structurer va se désagréger[4].

Poussières, étoiles éteintes dérivantes et planètes errantes, toute la matière telle qu'on la connaît, tout ce qu'il reste, va disparaître. Si cela peut vous réconforter, cette disparition ne concerne pas les étoiles à neutrons et les trous noirs. Certaines particules, telles que les photons et les leptons, devraient encore subsister. Cette disparition

4. Il va sans dire que nous sommes, depuis un moment, rentré dans le domaine de la physique théorique et hautement spéculative.

s'accompagne au passage d'une émission dérisoire d'énergie, la seule disponible dans l'univers. Un astre gelé de la masse de notre Soleil ne libérerait, selon les théories, qu'une quantité d'énergie de l'ordre de celle de votre micro-ondes allumé.

En parallèle, lorsque l'horloge cosmique affichera l'âge surréaliste de 10^{40} années, l'univers sera devenu si froid qu'il passera sous la température des trous noirs eux-mêmes et, ce faisant, entrera dans leur ère.

+ 10 000 000 000 000 000 000 000 000 000 000 000 000 000 ou 10^{40} années (début de l'ère des trous noirs)

Les trous noirs commencent à s'évaporer avec une étrange conséquence : le retour épisodique de la lumière. Est-il besoin de préciser qu'il y a beaucoup de temps entre les épisodes ? La lumière provient des objets les plus sombres qui existent, les trous noirs eux-mêmes, dont le processus d'évaporation s'achève sous la forme d'explosions dantesques, qui viennent brièvement perturber les ténèbres d'univers depuis longtemps sans spectateurs. Ces flashs épisodiques vont se succéder jusqu'à ce que, au bout de quelque chose comme 10^{150} années, le dernier des trous noirs ne disparaisse. L'ère des trous noirs s'étale de 10^{40} à 10^{150} ans car plus le trou noir est massif, plus l'évaporation prend du temps.

+ 10 000 000 000 000 000 000 000 000 000 000 000 000 000 000 000 000 000 000 000 000 000 000 000 000 000 000 000 000 000 000 000 000 000 000 000 000 000 000 000 ou 10^{150} années (début de l'ère sombre)

Seules subsistent maintenant dans un espace où plus rien ne se forme, rien ne se passe, des particules élémentaires incapables de se lier, et des photons extrêmement dilués et fatigués. L'univers est thermiquement mort, sa température tutoie le zéro absolu. Nous sommes rentrés dans l'ère sombre ; désormais, le silence est le seul objet dont le néant s'honore.

N'y voyez rien de désespérant : l'espoir est toujours ce qui meurt en dernier, d'autant que l'univers a encore devant lui une éternité qui pourrait bien, selon certaines théories, réserver de belles surprises. En effet, l'expansion de l'univers se poursuit pour toujours, pour peu que parler de temps ait encore le moindre sens. Toujours est-il que certains physiciens théoriciens pensent qu'un univers toujours en suspension pourrait bien ne jamais avoir de point final à son histoire quand d'autres l'imaginent même être le point de départ, de millions de nouvelles histoires. Et le plus dingue dans tout ça, c'est que dans ce genre de scénario, inévitablement, ce qui peut arriver finira par arriver. Peu importe les durées de temps nécessaires pour qu'un événement se produise, l'univers dispose devant lui de l'éternité. Le temps, ce n'est pas ce qui lui manque, c'est même tout ce qu'il lui reste. Et vu que nous sommes depuis longtemps entrés dans des durées de temps extraordinaires que seule la physique hautement théorique est capable d'explorer, autant nous arrêter sur l'une d'entre elles.

Ainsi, il existe une théorie selon laquelle, lorsque l'horloge affichera au compteur le chiffre surréaliste de ($10^{10^{10^{56}}}$ années), alors des parties de l'univers devenues suffisamment vides et froides pourraient atteindre un état d'énergie encore plus faible que celui du vide lui-même, avec pour conséquence de réécrire dans ces régions de l'espace les lois de la nature. Des lois différentes qui, par l'intermédiaire de l'inflation, donneraient naissance à quelque chose de nouveau, à des milliers, des millions, une infinité de nouveaux univers émergeant de celui-ci. Peut-être même que ce genre d'événements s'est déjà passé, que le nôtre en provient. Peut-être que cela arrivera de nouveau, encore et toujours cette fois, définitivement pour l'éternité... Une échappatoire tout trouvé pour mettre un point final à cet ouvrage.

Et si le proton s'avère être stable ?

Quant au destin qui attend peut-être l'univers, pour peu que le proton s'avère être stable sur des temps très longs, le voici résumé. La matière, qui n'a pas encore dit son dernier mot, est toujours présente durant l'ère des trous noirs (de 10^{40} années à 10^{150} années). Quand l'univers affichera l'âge de 10^{65} années, elle pourrait commencer à s'arranger, par effet tunnel, d'une façon exotique qui donnerait à toutes les choses qu'elle constitue encore, un aspect liquide. Puis, bien après que le dernier des trous noirs ne s'est évaporé, les noyaux des atomes commenceraient à se fragmenter ou fusionner spontanément, en modifiant leur structure atomique pour tendre vers un état de stabilité maximum. Ainsi, au terme d'un processus s'étalant de 10^{500} ans à 10^{1500} ans, toute la matière de l'univers, à l'exception des étoiles à neutrons, en viendrait à se transformer en fer. Cet élément atomique est le plus stable de l'univers, mais n'est pourtant pas l'état le plus stable de la matière. Une purée de neutrons est encore beaucoup plus stable, et c'est pourquoi, sur des échelles de temps inconcevables, par effet tunnel, étoiles, planètes et poussières de fer en viendraient à se transformer en purée de neutrons. Purée qui, à terme, s'effondrerait en trous noirs, qui à leur tour s'évaporeraient. Dans ce scénario, comme dans le premier, après s'être accroché durant des durées qui ont depuis longtemps dépassé mon imagination fatiguée, et alors que l'univers est âgé de $10^{10^{76}}$ années, la matière finirait par disparaître...

Sources par chapitre

Tout le temps qui s'est écoulé

BAILLY S., « Les plus anciens organismes pluricellulaire », *Pour la science*, 13 juillet 2014. Consulté sur www.pourlascience.fr/sd/paleontologie/les-plus-anciens-organismes-pluricellulaires-11949.php

CHARNAYA B., LE HIRC G., FLUTEAU F., FORGET F. et CATLING D. C., « A warm or a cold early Earth? New insights from a 3-D climate-carbon model », 21 juin 2017. Consulté sur https://arxiv.org/pdf/1706.06842.pdf

ELMI S., BABIN C., GROSHENY D. et MALARTRE F., *Histoire de la Terre*, 7e édition, Paris, Dunod, 2020.

HAMIAUX L., « Le volcanisme permien en Sibérie et ses conséquences sur l'environnement planétaire », *Recherches arctiques*, 14 février 2014. Consulté sur https://recherchespolaires.inist.fr/?Le-volcanisme-permien-en-Siberie

HAZEN R. M., PAPINEAU D., BLEEKER W., DOWNS R. T., FERRY J. M., MCCOY T. J., SVERJENSKY D. A. et YANG H., « Mineral evolution », 21 mai 2008. Consulté sur https://www.degruyter.com/document/doi/10.2138/am.2008.2955/html

KLESSEN R. S. et GLOVER S. C. O., « Physical Processes in the Interstellar Medium », 16 décembre 2014. Consulté sur https://arxiv.org/pdf/1412.5182.pdf

LINEWEAVER C. H. et DAVIS T. M., « Misconceptions about the Big Bang », *Scientific American*, mars 2005. Consulté sur www.mso.anu.edu.au/~charley/papers/LineweaverDavisSciAm.pdf

SAGAN C., *The Dragons of Eden. Speculations on the Evolution of Human Intelligence*, New York, Random House, 1977.

VARGA P., RYBICKI K. R., DENIS, C., « Comment on the paper "Fast tidal cycling and the origin of life" by Richard Lathe », avril 2005. Consulté sur http://radicalanthropologygroup.org/sites/default/files/pdf/class_text_079.pdf

Big History Project : www.bighistoryproject.com/home

Les articles Wikipedia (français ou anglais) sur les sujets suivants permettent une première approche : la formation et l'évolution du Système solaire, le Milliard ennuyeux, le paradoxe du jeune Soleil seul, les origines de la vie, la Terre boule de neige, l'orogenèse varisque, la glaciation huronienne, l'histoire de la Terre, la crise de salinité messinienne, la transgression pliocène, la domestication du feu, l'extinction de l'Holocène et l'histoire évolutive de la lignée humaine.

L'infiniment grand, vers l'infini et au-delà

Reeves H., *Poussières d'étoiles*, Paris, Le Seuil, 1984.

Reeves H., *Dernières nouvelles du cosmos*, Paris, Le Seuil, 2002.

« Hubble Extreme Deep Field », 25 septembre 2012. Consulté sur www.nasa.gov/mission_pages/hubble/science/xdf.html

« How far away is it ? », une série de vidéos de **David Butler**, non datée. Consultées sur https://www.youtube.com/watch?v=HgNJwg2GISs&list=PLpH1IDQEoE-8QWWTnWG5cK4ePCqg9W2608&index=1&ab_channel=DavidButler

« Scale of the large », une vidéo de **Khan academy**, 17 mai 2011. Consultée sur www.youtube.com/watch?v=5FEjrStgcF8

Les articles Wikipedia (français ou anglais) sur les sujets suivants permettent une première approche : le point bleu pale, l'univers observable, les ordres de grandeur de longueur et la mesure des distances en astronomie.

Les traces de notre passage sur la Lune

Henajeros P., « Les pas d'Armstrong sur la Lune sont toujours là », *Ciel et Espace*, 30 août 2012. Consulté sur www.cieletespace.fr/actualites/les-pas-d-armstrong-sur-la-lune-sont-toujours-la

Williams D. R., « The Apollo 15 Hammer-Feather Drop », 18 juillet 2019. Consulté sur https://nssdc.gsfc.nasa.gov/planetary/lunar/apollo_15_feather_drop.html

« Some of the most requested LROC images; from newly discovered lunar features to the closest images of the Apollo landing sites since the astronauts left », non daté. Consulté sur http://www.lroc.asu.edu/featured_sites/

« La première photo prise sur la lune est d'un sac poubelle », non daté. Consulté sur www.laboiteverte.fr/la-premiere-photo-prise-sur-la-lune-est-dun-sac-poubelle/

« Alan Shepard Hits A Golf Ball on the Moon », une vidéo de **Nasa vidéos**, non datée. Consultée sur www.youtube.com/watch?v=t_jYOubJmfM&feature=youtu.be&ab_channel=NASAVideo

Les articles Wikipedia (français ou anglais) sur les sujets suivants permettent une première approche : l'érosion spatiale, le Lunar Reconnaissance Orbiter, le prospecteur lunaire, le *Fallen Astrononaut*, la liste des objets artificiels sur la Lune, les obsèques spatiales, Eugene M. Schoemaker et New Horizons.

Voyageurs immobiles

Kwon K.-A., Shipley R. J., Edirisinghe M., Ezra D. G., Rose G., Best. S. M. et Cameron R. E., « High-speed camera characterization of voluntary eye blinking kinematics », *Journal of the Royal Society Interface*, 06 août 2013.
Consulté sur www.royalsocietypublishing.org/doi/full/10.1098/rsif.2013.0227

« World Record 83 G Deceleration Peak on Rocket Sled 1958-05-16 (1967) USAF », consultée sur www.vimeo.com/292235615

« How fast are you moving right now », une vidéo de **Tucker Hiatt**, présentée par TEDEd, non datée. Consultée sur https://ed.ted.com/lessons/how-fast-are-you-moving-right-now-tucker-hiatt

L'article Wikipedia sur les ordres de grandeur de vitesse permet une première approche.

Les grandes vitesses du minuscule

Bryson B., *Une histoire de tout ou presque*, Paris, édition Payot, 2011.

Arnaud N., Descotes-Genon S., Kerhoas-Cavata S., Paul J., Robert-Esil J.-L. et Royole-Degieux P., *Passeport pour les deux infinis*, 3e édition, Paris, Dunod, 2016.

Gray T., *Réactions. Des atomes aux galaxies*, Paris, Place des Victoires, 2017.

« How fast do electrons move ? », non daté.
Consulté sur https://education.jlab.org/qa/electron_01.html

Cell biology by the number : http://book.bionumbers.org

L'article Wikipedia sur la vélocité thermale permet une première approche.

Comment envoyer ce livre dans le futur et Voyager vite pour ne plus avoir besoin d'attendre

Bonnet G., « Relativité et vitesse de la lumière », 18 septembre 2003.
Consulté sur http://culturesciencesphysique.ens-lyon.fr/ressource/relat.xml

Deluzarche C., « Pourquoi l'or brille jaune ? », *Futura sciences*, 26 mai 2018. Consulté sur www.futura-sciences.com/sciences/questions-reponses/matiere-or-brille-jaune-8875/

Folger T., « Une brève histoire du voyage dans le temps », *Pour la science*, n° 457, 21 octobre 2015.

Louapre D., « Sans Einstein, pas de GPS », Science étonnante, 4 mars 2013.
Consulté sur www.sciencetonnante.wordpress.com/2013/03/04/sans-einstein-pas-de-gps/

Sacco L., « Le noyau de la terre vieillit moins vite que nous, à cause d'Einstein », *Futura sciences*, 29 avril 2016.
Consulté sur https://www.futura-sciences.com/sciences/actualites/relativite-generale-noyau-terre-vieillit-moins-vite-nous-cause-einstein-62585/

Spagnou P., « L'expérience cruciale de Hafele et Keating », mars 2018. Consulté sur http://www.bibnum.education.fr/physique/relativite/l-experience-cruciale-de-hafele-et-keating

« Dilatation du temps », non daté. Consulté sur www.dcode.fr/dilatation-temps#0

L'article Wikipedia sur la dilatation du temps permet une première approche.

Les chances d'être en vie

Binazir A., « Are you a miracle? On the probability of your being born », 16 juin 2011. Consulté sur www.huffpost.com/entry/probability-being-born_b_877853

Le Borgne S., « L'arbre généalogique », 14 janvier 2013. Consulté sur www.images.math.cnrs.fr/L-arbre-genealogique.html?lang=es

Ségurel L., « Combien de générations nous séparent des premiers Homo sapiens ? », non daté. Consulté sur http://lhommeenquestions.museedelhomme.fr/combien-generations-nous-separent-premiers-homo-sapiens

Immensément minuscule

Aubœuf D., « Un gène, combien de protéines ? », *Pour la science*, n° 81, 11 octobre 2013. Consulté sur www.pourlascience.fr/sd/genetique/un-gene-combien-de-proteines-7574.php

Barthélémy P., « Combien de virus inhalez-vous chaque minute », *Le Monde*, 10 octobre 2012. Consulté sur www.lemonde.fr/passeurdesciences/article/2012/10/10/combien-de-virus-inhalez-vous-chaque-minute_5986288_5470970.html

Bryson B., *Une histoire du corps humain*, Paris, éditions Payot, 2020.

Cooper G. M., *The Cell: a Molecular Approach*, 2e édition, Sunderland, Sinauer Associate, 2000. Consulté sur www.ncbi.nlm.nih.gov/books/NBK9839/

Drinjakovic J., « A cell holds 42 million protein molecules, scientist reveal », *The Cell, a Molecular Approach*, université de Toronto, 17 janvier 2018. Consulté sur www.sciencedaily.com/releases/2018/01/180117131202.htm

Louapre D., « Avogadro est grand », Science étonnante, 17 septembre 2010. Consulté sur www.scienceetonnante.com/2010/09/17/avogadro-est-grand/

Messina G., Quercioli C., Burgassi S., Nistico F., Lupoli A., et Nante N., « How many bacteria live on the keyboard of your computer », *American Journal of Infection Control*, septembre 2011. Consulté sur https://www.ajicjournal.org/article/S0196-6553(11)00124-6/pdf

Sender R., Fuchs S. et Milo R., « Revised Estimates for the Number of Human and Bacterial Cells in the Body », *Plos Biology*, 19 août 2016. Consulté sur www.ncbi.nlm.nih.gov/pmc/articles/PMC4991899/

« How small is it ? », une série de vidéos de **David Butler**, non datée.
Consultées sur https://www.youtube.com/watch?v=zKbZeUvPnWI&list=PL-pH1IDQEoE8Q8842yVe-V8m7PN-R9rlwi&ab_channel=DavidButler

« Just how small is an atom? », une vidéo de **Jonathan Bergmann**, présentée par TEDEd, non datée. Consultée sur https://ed.ted.com/lessons/just-how-small-is-an-atom

« Scale of the Small, Scale of the Universe », une vidéo de **Khan academy**, 19 mai 2011. Consultée sur www.youtube.com/watch?v=5FEjrStgcF8&ab_channel=KhanAcademy

Cell biology by the number : http://book.bionumbers.org

L'article Wikipedia sur les ordres de grandeur de longueur permet une première approche.

Ce livre est une passoire

MCDONALD A., KLEIN J. et WARK D., « L'énigme des neutrinos solaires résolue », *Pour la science*, n° 312, 1er octobre 2003.

L'article Wikipedia sur les neutrinos permet une première approche.

Pendant que vous lisez le Soleil, lui, est au régime

WEISSE J., *La Fusion nucléaire*, Paris, Puf, coll. Que sais-je ?, 2003.

« Le Soleil », livret thématique du CEA, 29 août 2012.
Consulté sur https://www.cea.fr/multimedia/Pages/editions/livrets-thematiques/le-soleil.aspx

Le nombre de vos squelettes

BERGMANN O., BHARDWAJ R. D., BERNARD S., ZDUNEK S., BARNABÉ-HEIDER F., WALSH S., ZUPICICH J., ALKASS K., BUCHHOLZ B. A., DRUID H., JOVINGE S. et FRISÉN J., « Evidence for cardiomyocyte renewal in humans », *Science*, vol. 324, n° 5923, 3 avril 2009.

CARMONA R. H., *Bone Health and Osteoporosis. A report of the Surgeon general, Rockville*, Office of the Surgeon General, 2004.

HEAVEN D., « Nuclear bomb tests reval brain regeneration in humans », *New Scientist*, 7 juin 2013. Consulté sur www.newscientist.com/article/dn23665-nuclear-bomb-tests-reveal-brain-regeneration-in-humans/

« Carbone 14 et environnement », fiche de l'IRSN, janvier 2016.
Consulté sur https://www.irsn.fr/FR/Larecherche/publications-documentation/fiches-radionucleides/environnement/Pages/carbone-14-environnement.aspx#.YGXCHOgzY2w

« How quickly do different cells in the body replace themselves ? », Bionumbers, non daté. Consulté sur http://book.bionumbers.org/how-quickly-do-different-cells-in-the-body-replace-themselves/

« La datation par le carbone 14 », livret thématique du CEA, 27 janvier 2015. Consulté sur https://www.cea.fr/multimedia/Pages/videos/culture-scientifique/physique-chimie/datation-carbone-14.aspx

Des milliards de fois plus vieux qu'ils n'en ont l'air, La recette de la vie et Qu'est-ce que je vais bien pouvoir faire de vous

BRIOT D. et ROBICHON N., *Ce que disent les étoiles*, Paris, Belin éditeur, 2013.

BRYSON B., *Une histoire du corps humain*, Paris, éditions Payot, 2020.

CHELLAN P. et SADLER P. J., « The element of life and medecines », The Royal Society Publishing, 13 mars 2015. Consulté sur www.ncbi.nlm.nih.gov/pmc/articles/PMC4342972/#RSTA20140182C5

CHRISTIAN D., *Big History: Our Incredible Journey, from Big Bang to Now*, Dorling Kindersley, 2016.

GRAY T., *Atomes. Une exploration visuelle de tous les éléments connus de l'univers*, 2e édition, Paris, Place des Victoires, 2013.

GRAY T., *Molécules. L'architecture du quotidien et de l'infini*, Paris, Place des Victoires, 2014.

JOHNSON J., « Origin of the Elements in the Solar System », blog scientifique du SDSS, 9 janvier 2017. Consulté sur https://blog.sdss.org/2017/01/09/origin-of-the-elements-in-the-solar-system/

Les articles Wikipedia (français ou anglais) sur les sujets suivants permettent une première approche : la nucléosynthèse primordiale et la nucléosynthèse stellaire.

Un petit conte de faits

STEWART D., « Phosphorus elements fact », Chemicool, non daté. Consulté sur www.chemicool.com/elements/phosphorus.html

WITKOWSKI N., *Une histoire sentimentale des sciences*, Paris, Le Seuil, 2003.

Les articles Wikipedia (français ou anglais) sur les sujets suivants permettent une première approche : le phosphore et Hennig Brand.

La puissance qui est en vous

« $E = mc^2$ calcutor », Omnicalculator, 28 août 2020. Consulté sur www.omnicalculator.com/physics/emc2

« La déraisonnable efficacité des trous noirs », une vidéo de Minute Physics, 31 décembre 2017. Consultée sur www.youtube.com/watch?v=t-O-Qdh7VvQ&ab_channel=minutephysics

Les articles Wikipedia (français ou anglais) sur les sujets suivants permettent une première approche : les ordres de grandeur d'énergie, l'antimatière, la densité d'énergie et $E = mc^2$.

La vitesse de la lumière dans le noir total de vos yeux et Les couleurs de vos nuits blanches

Barlow H. B., « Retinal and Central Factors in Human Vision Limited by Noise », *Vertebrate Photoreception*, Londres, Academic Press, 1977.

Baylor D. A., « Photoreceptor signals and vision », *Investigative Ophthalmology & Visual Science*, vol. 28, n° 1, 1er janvier 1987, p. 34–49.

Bonnet G. et Glénat M., « Plus vite que la lumière : effet Cherenkov », Culture sciences physique, 26 avril 2012. Consulté sur http://culturesciencesphysique.ens-lyon.fr/ressource/Vlumiere.xml#N100C3

Gros A., « Ne dormir que d'un œil, le sommeil des cétacés », *CNRS le journal*, 11 septembre 2017. Consulté sur www.lejournal.cnrs.fr/nos-blogs/aux-frontieres-du-cerveau/ne-dormir-que-dun-oeil-le-sommeil-des-cetaces

Lehoucq R. et Dzitko H., « De la lumière plein les yeux », *Pour la science*, n° 271, 1er mai 2000.

Manger P., « Ce que le sommeil des éléphants nous apprend sur le nôtre », *The conversation*, 6 avril 2017. Consulté sur www.theconversation.com/ce-que-le-sommeil-des-elephants-nous-apprend-sur-le-notre-75345

Siegel J. M., « Clues to the functions of mammalian sleep », *Nature*, n° 437, 26 octobre 2005.

Les articles Wikipedia (français ou anglais) sur les sujets suivants permettent une première approche : l'effet Vavilov-Tcherenkov, l'eigengrau et le sommeil polyphasique.

Pourriez-vous lire ce livre dans le noir ?

Courty J.-M. et Treps N., « La lumière, c'est combien de photons », *Pour la science*, n° 53, 30 novembre 1999.

Marmor M. F., « Ophthalmology and Art: Simulation of Monet's Cataracts and Degas' Retinal Disease », *Arch Ophthalmol.*, décembre 2006. Consulté sur https://jamanetwork.com/journals/jamaophthalmology/fullarticle/418859

Mayer N., « L'œil humain semble détecter un photo unique », *Futura sciences*, 25 juillet 2016.

Zimmer C., « Monet's Ultraviolet Eye », Download the universe, 16 avril 2012. Consulté sur https://www.downloadtheuniverse.com/dtu/2012/04/monets-ultraviolet-eye.html

« Le potassium-40 », La radioactivité, non daté.
Consulté sur https://www.laradioactivite.com/site/pages/lepotassiumm40.htm

« Risques liés à la détention de minéraux radioactifs », fiche de l'association CRIIRAD, 6 avril 2016.
Consulté sur https://www.criirad.org/objets-radioactifs/16-30mineraux%20radioactifs.pdf

Les articles Wikipedia (français ou anglais) sur les sujets suivants permettent une première approche : le spectre électromagnétique, le lux, la dose équivalente en banane et la rhodopsine.

Aussi vieux qu'il soit possible d'aller

Brown P. M., « OLDLIST, a database of old trees », Rocky-mountain Tree-Ring Research, non daté. Consulté sur http://www.rmtrr.org/oldlist.htm

Bryner J., « Oldest Living Thing Found in Ice », Live science, 28 août 2007.
Consulté sur www.livescience.com/7358-oldest-living-ice.html

Busher L. et Busher D., « Bristlecone Pines: Photos Reveal Some of Earth›s Oldest Organisms », Live science, 23 octobre 2014.
Consulté sur https://www.livescience.com/48344-bristlecone-pines-photos.html

Cano R. J. et Borucki M. K., « Revival and Identification of Bacterial Spores in 25-to 40-Million-Year-Old Dominican Amber », *Science*, vol. 268, mai 1995, p. 1060-1064.

Pappas S., « What's the Oldest Thing Alive Today », Live science, 18 février 2017.
Consulté sur www.livescience.com/57941-what-is-the-oldest-living-thing.html

Stewart Johnson S., Hebsgaard M. B., Christensen T. R., Mastepanov M., Nielsen R., Munch K., Brand T., Gilbert T. P., Zuber M. T., Bunce M., Rønn R., Gilichinsky D., Froese D. et Willerslev E., « Ancient bacteria show evidence of DNA repair », Proceeding of the National Academy of Sciences, septembre 2007. Consulté sur www.pnas.org/content/104/36/14401.short

Les articles Wikipedia (français ou anglais) sur les sujets suivants permettent une première approche : la liste des organismes vivants les plus vieux, le Old Tjikko, le lichen, le protée anguillard, l'immortalité biologique et la *Turritopsis dohrnii*.

Votre cœur est-il un compte à rebours ?

Bossy D., « La grenouille des bois gelée reste en vie grâce à son foie », *Futura Planète*, 26 août 2013.

Carey I. M., Shah S. M., DeWilde S. et al., « Increased Risk of Acute Cardiovascular Events After Partner Bereavement. A Matched Cohort Study », *JAMA Intern Med.*, 2014. Consulté sur www.jamanetwork.com/journals/jamainternalmedicine/fullarticle/1832196

COOK S. et HESS O. M., « Fréquence cardiaque élevée comme facteur de risque cardio-vasculaire : que dit l'évidence ? », *Kardiovaskuläre Medizin*, vol. 10, 2007, p. 202-209. Consulté sur www.nanopdf.com/download/frequence-cardiaque-elevee-comme-facteur-de-risque_pdf#

FISHER H. E., BROWN L. L., ARON A., STRONG G. et MASHEK D., « Reward, Addiction, and Emotion Regulation Systems Associated With Rejection in Love », *J Neurophysiol*, vol. 104, 5 mai 2010, p. 51-60.

GOELEVEN D., « La loi de Kleber », 16 mai 2017.
Consulté sur www.surlestracesdedarwin.blogspot.com/2017/05/la-loi-de-kleiber.html

LEVINE H. J., « Rest heart rate and life expectancy », *J Am Coll Cardiol.*, 30 octobre 1997. Consulté sur www.pubmed.ncbi.nlm.nih.gov/9316546/

YONG E., « The Blue Whale's Heart Beats at Extremes », *The Atlantic*, 25 novembre 2019.

L'article Wikipedia sur la loi de Kleiber permet une première approche.

Ils vécurent enfants et firent beaucoup d'heureux

DROIT-VOLET S., FAYOLLE S. L. et GIL S., « Emotion and Time Perception: Effect of Film-Induced Mood », *Frontier in Integrative Neuroscience*, 9 août 2011. Consulté sur www.ncbi.nlm.nih.gov/pmc/articles/PMC3152725/

DROIT-VOLET S. et WEARDEN J., « Les modèles d'horloge interne en psychologie du temps », *L'Année psychologique*, vol. 103-104, 2003, p. 617-654.

MATTHEWS W. J., « Stimulus Repetition and the Perception of Time: The Effects of Prior Exposure on Temporal Discrimination, Judgment, and Production », PLOS one, 9 mai 2011. Consulté sur www.doi.org/10.1371/journal.pone.0019815

KUZAWAA C. W., CHUGANIC H. T., GROSSMAN L. I., LIPOVICHE L., MUZIK O., HOFG P. R., WILDMAN D. E., SHERWOOD C. C., LEONARDA W. R. et LANGEK N., « Metabolic costs and evolutionary implications of human brain development », *Proceeding of the National Academy of Sciences*, 25 juillet 2014. Consulté sur www.pnas.org/content/pnas/111/36/13010.full.pdf

SCHWARZ M. A., WINKLER I. et SEDLMEIER P., « The heart beat does not make us tick: the impacts of heart rate and arousal on time perception », *Atten. Percept. Psychophys.*, janvier 2013. Consulté sur www.pubmed.ncbi.nlm.nih.gov/23143915/

« Le sens du temps », *Cerveau & Psycho*, dossier n° 32, mars 2009.

« Why Time Flies » un projet interactif de Maximilian Kiener, non daté : www.maximiliankiener.com/digitalprojects/time/

Les articles Wikipedia (français ou anglais) sur les sujets suivants permettent une première approche : la perception du temps et le seuil critique de fusion du papillotement.

Des éclairs plein la tête et La vitesse d'une pensée

Cailloce L., « Ce qu'on sait de la douleur », CNRS le journal, 21 février 2019. Consulté sur www.lejournal.cnrs.fr/articles/ce-que-lon-sait-de-la-douleur

Chneiweiss H., *Notre cerveau. Un voyage scientifique et artistique des cellules aux émotions*, Paris, L'Iconoclaste, 2019.

Collectif, *Le Grand Livre du cerveau*, Paris, Glénat, 2019.

Freitas Jr R. A., *Nanomedecine. Basic capabilities,* Georgetown, Landes Bioscience, vol. 1, 1999.

Frijns C. J. M., Laman D. M., van Duijn M. A. J. et van Duijn H., « Normal values of patellar and ankle tendon reflex latencies », *Clinical Neurology and Neurosurgery*, vol. 99, février 1997, p. 31-36.
Consulté sur https://www.sciencedirect.com/science/article/abs/pii/S0303846796005938

Haggard P., Clark S. et Kalogeras J., « Voluntary action and conscious awareness », *Nature Neuroscience*, vol. 5, 18 mars 2002.
Consulté sur https://www.nature.com/articles/nn827

Libet B., Gleason C. A., Wright E. W. et Pearl D. K., « Time of Conscious Intention to Act in Relation to Onset of Cerebral Activity (Readiness-Potential): the Unconscious Initiation of a Freel Voluntary Act », *Brain*, vol. 106, septembre 1983, p. 623-642.

Perrinet L., « Temps et cerveau : comment notre perception nous fait voyager dans le temps », *The Conversation*, 19 décembre 2019.

Persinger M. A., « Brain electromagnetic activity and lightning: potentially congruent scale-invariant quantitative properties », *Front Integr Neurosci.*, 5 mai 2012.
Consulté sur https://www.ncbi.nlm.nih.gov/pmc/articles/PMC3351789/

Welsh T., « How Fast Does a Thought Travel », Live science, 29 juin 2015.
Consulté sur https://www.seeker.com/how-fast-does-a-thought-travel-1792627429.html

« Cerveau humain et mouvement », Sciences pour tous, Université Claude Bernard Lyon 1, 12 mars 2014. Consulté sur https://sciencespourtous.univ-lyon1.fr/cerveau-humain-mouvement/

« Les voies ascendantes de la douleur », Le cerveau à tous les niveaux, non daté. Consulté sur https://lecerveau.mcgill.ca/flash/i/i_03/i_03_cl/i_03_cl_dou/i_03_cl_dou.html

L'article Wikipedia sur la foudre permet une première approche.

Le cafard qui court sans le savoir

Card G. M., « Escape behaviors in insects », Current Opinion in Neurobiology, 4 janvier 2012. Consulté sur www.janelia.org/sites/default/files/Library/1-s2.0-S0959438811002273-main.pdf?fbclid=IwAR1p0fOO4cNJhgDyTlBWJi5L6e_TsiBh1G-BTpdLsZZ2timiYxjzu-3I-Yzk

Duffy K., « Reaction Times and Sprint False Starts », 25 janvier 2017. Consulté sur www.condellpark.com/kd/reactiontime.htm

Eikenberry A., McAuliffe J., Welsh T. N., Zerpa C., McPherson M. et Newhouse I., « Starting with the « right » foot minimizes sprint start time », *Acta Psychologica*, vol. 127, février 2008, p. 495-500.

Sullivan J., « Escape behavior in the American coackroach », octobre 1996. Consulté sur http://nelson.beckman.illinois.edu/courses/neuroethol/models/cockroach_escape/roach_escape.html

La lumière qui éternue

Eriksson N., Macpherson J. M., Tung J. Y., Hon L. S., Naughton B., Saxonov S., Avey L. Wojcicki A., Itsik P. et Mountain J., « Web-Based, Participant-Driven Studies Yield Novel Genetic Associations for Common Traits », PLOS Genetic, 24 juin 2010.

« Notre corps : éternueur photique », 23 mars 2014. Consulté sur https://medecine.savoir.fr/notre-corps-eternueur-photique/

L'article Wikipedia sur le réflexe photo-sternutatoire permet une première approche.

Œil pour œil, on finira tous aveugle

Blount W. P., « Studies of the movements of the eyelids of animals: blinking », *Quarterly Journal of Experimental Physiology*, vol. 18, 1927. Consulté sur https://physoc.onlinelibrary.wiley.com/doi/10.1113/expphysiol.1927.sp000426

Gendreau S., « Deux méthodes pour mieux comprendre comment le cerveau traite le langage écrit », *The Conversation*, 11 décembre 2017. Consulté sur www.theconversation.com/deux-methodes-pour-mieux-comprendre-comment-le-cerveau-traite-le-langage-ecrit-88928

Levine R. P., Monroy J. A. et Brainerd E. L., « Contribution of eye retraction to swallowing performance in the northern leopard frog, Rana pipiens », *Journal of Experimental Biology*, vol. 207, 2004.

Molinaro N., Barraza Paulo et Carreiras M., « Long-range neural synchronization supports fast and efficient reading: EEG correlates of processing expected words in sentences », *NeuroImage*, vol. 72, 15 mai 2013, p. 120-132.

Ciuffo M., Myers J., Ingrassia M., Milanese A., Venuti M., Alquino A., Baradello A., Stella G. et Gagliano A., « How fast can we read in the mind? Developmental trajectories of silent reading fluency », *Reading and Writing*, vol. 30, 2017.

Opillard T., « La dégradation Cambridge : même pas vrai ? », *Les actes de lecture*, vol. 102, juin 2008. Consulté sur https://docplayer.fr/5648167-Lecture-la-degradation-cambridge-meme-pas-vrai-thierry-opillard.html

Stern J. A., Boyer D. et Schroeder D., « Blink rate : a possible measure of fatigue », *Hum factors*, vol. 36, juin 1994, p. 285-297.
Consulté sur https://journals.sagepub.com/doi/abs/10.1177/001872089403600209

Tada H., Omori Y., Hirokawa K., Ohira H. et Tomonaga M., « Eye-Blink Behaviors in 71 Species of Primates », PLOS One, 31 mai 2013.
Consulté sur www.ncbi.nlm.nih.gov/pmc/articles/PMC3669291/

L'article Wikipedia sur la nictation permet une première approche.

Le son des livres dans vos têtes

Chaput J., « Science décalée : d'où vient la petite voix qui lit dans notre tête ? », Futura Santé, 21 juillet 2013. Consulté sur https://www.futura-sciences.com/sante/actualites/corps-humain-science-decalee-vient-petite-voix-lit-notre-tete-47899/

Perrone-Bertolotti M., Kujala J., Vidal J. R., Hamame C. M., Ossandon T., Bertrand O., Minotti L., Kahane P., Jerbi K. et Lachaux J.-P., « How Silent Is Silent Reading? Intracerebral Evidence for Top-Down Activation of Temporal Voice Areas during Reading », *Journal of Neuroscience*, vol. 32, 5 décembre 2012.
Consulté sur www.jneurosci.org/content/32/49/17554

Scott M., « Corollary Discharge Provides the Sensory Content of Inner Speech », *Psychological science*, vol. 24, 2013.
Consulté sur https://journals.sagepub.com/doi/abs/10.1177/0956797613478614?journalCode=pssa

Nez à nez avec les odeurs

Ackerman D., *Le Livre des sens*, Paris, Grasset, 1991.

Armitstead C., « Can you judge a book by its odour », *The Guardian*, 7 avril 2017.

Bushdid C., Magnasco M. O., Vosshal L. B. et Keller A., « Humans Can Discriminate More than 1 Trillion Olfactory Stimuli », *Science*, 21 mars 2014, p. 1370-1372.
Consulté sur https://science.sciencemag.org/content/343/6177/1370

Candau J., « De la ténacité du souvenir olfactif », *La Recherche*, vol. 344, juillet-août 2001.

Dumas C., « Une odeur qui gêne ? C'est dans les gènes », *Sciences et avenir*, 18 octobre 2007.
Consulté sur www.sciencesetavenir.fr/sante/une-odeur-qui-gene-c-est-dans-les-genes_23709

Furlow F. B., « The Smell of Love », *Psychology Today*, mars 1996.
Consulté sur www.psychologytoday.com/intl/articles/199603/the-smell-love

Gravel P., « L'odeur de l'amour », *Le Devoir*, 10 juin 2006.
Consulté sur www.ledevoir.com/societe/science/111357/l-odeur-de-l-amour

Keller A., Zhuang H., Chi Q., Vosshall L. B. et Matsunami H., « Genetic variation in a human odorant receptor alters odour perception », *Nature*, vol. 449, 2007, p. 468-472.

Laffont C., « Contrôler le climat pour la conservation des collections sur support papier », fiche pratique Enssib, 7 mai 2015.
Consulté sur https://www.enssib.fr/bibliotheque-numerique/notices/1824-controler-le-climat-pour-la-conservation-des-collections-sur-support-papier

Meierhenrich U. J., Golebiowski J., Fernandez X. et Cabrol-Bass D., « De la molécule à l'odeur. Les bases moléculaires des premières étapes de l'olfaction », *L'Actualité chimique*, n° 289, août-septembre 2005.
Consulté sur www.yumpu.com/fr/document/view/16050539/de-la-molecule-a-lodeur-cnrs

Salesse R. et Gervais R. (éd.), *Odorat et goût. De la neurobiologie des sens chimiques aux applications*, Versailles, éditions Quae, 2012.

Strlič M., Thomas J., Trafela T., Cséfalvayová L., Cigić I. K., Kolar J. et Cassar May, « Material Degradomics: On the Smell of Old Books », *Anal. Chem.*, vol. 81, n° 20, 2009, p. 8617-8622. Consulté sur https://pubs.acs.org/doi/abs/10.1021/ac9016049

Thompson A., « Your odor: Unique as Fingerprint », Live science, 5 novembre 2008.
Consulté sur www.livescience.com/5188-odor-unique-fingerprint.html

« Aromes », Société chimique de France, non daté.
Consulté sur www.societechimiquedefrance.fr/Aromes.html

« De l'odeur des vieux livres », Le Bibliophile Heurtebise, 19 octobre 2015. Consulté sur www.librairieheurtebise.over-blog.com/2015/10/de-l-odeur-des-vieux-livres.html

« Les plaies des archives », Archives Gen Briand, avril 2020.
Consulté sur www.archivosgenbriand.com/preservation-maladies.html

« What Causes the Smell of New & Old Books », Compound chem, 1er juin 2014.
Consulté sur www.compoundchem.com/2014/06/01/newoldbooksmell/

Les articles Wikipedia (français ou anglais) sur les sujets suivants permettent une première approche : l'odeur de verrat, l'olfaction, le cyanure, l'opération Géranium et le musc.

Tout existe déjà

Borges J. L., « La bibliothèque de Babel », *Fictions*, Paris, Gallimard, 1951.

Panganiban R., « How many books have ever been published ? », MentalFloss, 9 septembre 2016.

« How many books were ever written », Quora, 2015.
Consulté sur www.quora.com/How-many-books-were-ever-written

« Les propriétés vertigineuses de la bibliothèque « univers » de Babel », Le Monde, 23 décembre 2015. Consulté sur https://www.lemonde.fr/blog/data/2015/12/23/les-proprietes-vertigineuses-de-la-bibliotheque-univers-de-babel/

Babel Library : http://www.babellibrary.com ; http://blog.babellibrary.com

Library of Babel : www.libraryofbabel.info/

Les articles Wikipedia (français ou anglais) sur les sujets suivants permettent une première approche : le paradoxe du singe savant, la scientométrie, la production mondiale d'articles scientifiques et la bibliothèque du Congrès.

Message aux générations à venir

« International Time Capsule Society », non daté.
Consulté sur http://crypt.oglethorpe.edu/international-time-capsule-society/

« Three Reasons for the Big Oblivion », Memory of Mankind, 9 janvier 2018.
Consulté sur www.memory-of-mankind.com/three-reasons-for-the-big-oblivion/

« What's inside the crypt. Inventory », non daté.
Consulté sur https://crypt.oglethorpe.edu/inventory/

Keo, un oiseau archéologique du futur : https://keounoiseauarcheologiquedufutur.wordpress.com et www.keo.org/fr/pages/default.html

Long player : www.longplayer.org/

Les articles Wikipedia (français ou anglais) sur les sujets suivants permettent une première approche : la capsule temporelle, la Crypt of Civilization, les pertes de livres pendant l'Antiquité tardive, la plaque de Pioneer, le disque d'or de Voyager, le KEO, le disque de Phaistos, la liste des capsules temporelles, le stockage optique des données 5D, les satellites LAGEOS, Onkalo, les lettres d'Utrecht, le projet Rosetta, l'horloge Clock of the Long Now, le stockage d'information et la Arch Mission Foundation.

En direction de l'éternité

Adams F. C. et Laughlin G., « A Dying Universe: the Long Term Fate and Evolution of Astrophysical Objects », *Rev.Mod.Phys.*, avril 1997.
Consulté sur www.arxiv.org/abs/astro-ph/9701131

Luminet J.-P., *Le destin de l'univers. Trous noirs et énergie sombre*, Paris, Fayard, 2010.

Les articles Wikipedia (français ou anglais) sur les sujets suivants permettent une première approche : la chronologie du futur lointain, les ordres de grandeur de durée, le futur d'un univers en expansion, l'érosion spatial, le destin de l'univers, la mort thermique de l'univers et la *Grande déchirure.*

Les dates données dans ce chapitre correspondent aux valeurs médianes les plus couramment admises.

Crétacé supérieur, il peut faire 20 °C
au pôle nord durant l'été

Remerciements

Un merci tout particulier à :

– vous qui êtes arrivé jusqu'ici et avez passé quelques heures – j'espère qu'elles étaient agréables – à donner vie à mes mots en les transformant en une petite voix qui résonne actuellement dans votre tête ;

– à la nature de m'avoir permis d'exister et de raconter ses histoires ;

– à celles et ceux qui les ont découvertes, en se demandant pourquoi et comment les choses sont ce qu'elles sont ;

– à Maxou, alias Maxime Labat, grand curieux jusqu'au vice à qui j'ai emprunté nombre de délicieuses formules dans le premier chapitre de cet ouvrage et qui, par moment, sévit avec talent – et avec sa plume – sur la chaîne Balade Mentale ;

– à Samu et Guigui, mes amusantes muses qui savent mieux que personne ouvrir des portes vers l'absurde à coup de « t'imagines si » des plus logiques ;

– à Thibaud le plus nietzschéen des humains, qui a su secouer la fourmilière qui grouille dans ma tête ;

– à Manon, Delphine et Salomé pour leurs cerveaux qui carburent à l'énergie endiablée et qui, pourtant, ne comprennent souvent rien à ce que je raconte en m'obligeant à me questionner sur le sens de mes digressions ;

– à mon papa, pour son talent, ses dessins de mondes imaginaires tout droit sortis du bout de ses doigts ;

– et, enfin, à ma maman qui a toujours en tête des questions surprenantes, sur le fonctionnement et le sens du monde, auxquelles je n'ai bien souvent absolument aucune réponse.

Conception graphique et maquette : Pauline Agopian

Crédits couverture : télescope : pikepicture/iStockphoto ; planètes : mari/Adobe Stock ; pictos : amorroz/Adobe Stock ; cellules : Marina Lahereva/Adobe Stock ; microscope : Rawpixel.com/Adobe Stock

Crédits : p. 65 : NASA, ESA, S. Beckwith (STScI) and the HUDF Team ; p. 76-77 : pouces : Pronick/Adobe Stock ; p.149 : tableau périodique des éléments : MicroOne/Adobe Stock

La pâte à papier utilisée pour la fabrication du papier de cet ouvrage provient de forêts certifiées et gérées durablement.

Imprimé en France par la SEPEC en avril 2021
N° d'édition : 41001738-01 – Dépôt légal : mai 2021

Certifié PEFC

Ce produit est issu de forêts gérées durablement et de sources contrôlées.

PEFC™
10-31-1470

pefc-france.org

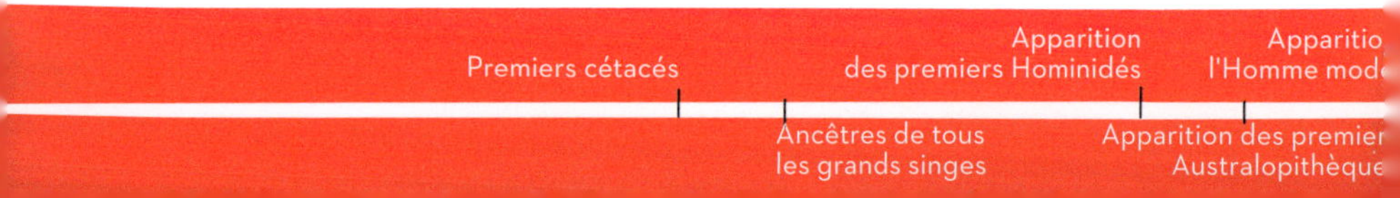